本书获"中央高校科研基本业务费"资助

本书承蒙浙江大学董氏文史哲研究奖励基金资助出版

la Révolution et les Vêtements

La culture et le politique dans les vêtements féminins

pendant la Révolution

革命与霓裳

大革命时代法国女性服饰中的文化与政治

汤晓燕 著

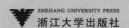

ZHEJIANG UNIVERSITY PRESS
浙江大学出版社

图书在版编目(CIP)数据

革命与霓裳：大革命时代法国女性服饰中的文化与
政治 / 汤晓燕著. —杭州：浙江大学出版社，2016.4(2017.4重印)
ISBN 978-7-308-15489-5

Ⅰ. ①革… Ⅱ. ①汤… Ⅲ. ①女性—服饰文化—关系
—政治文化—研究—法国—1789～1794 Ⅳ. ①TS941.12
②D756.59

中国版本图书馆 CIP 数据核字(2016)第 002300 号

革命与霓裳：大革命时代法国女性服饰中的文化与政治

汤晓燕 著

责任编辑　陈佩钰(yukin_chen@zju.edu.cn)
责任校对　杨利军　　田程雨
封面设计　项梦怡
出版发行　浙江大学出版社
　　　　　(杭州市天目山路 148 号　邮政编码 310007)
　　　　　(网址：http://www.zjupress.com)
排　　版　杭州中大图文设计有限公司
印　　刷　浙江印刷集团有限公司
开　　本　787mm×1092mm　1/16
印　　张　17
字　　数　320 千
版 印 次　2016 年 4 月第 1 版　2017 年 4 月第 3 次印刷
书　　号　ISBN 978-7-308-15489-5
定　　价　85.00 元

目录

导　论 / 1

大革命前夕——反奢话语与"时尚王后"

奢侈讨论中的女性

"奢侈"之意及 18 世纪之前的"禁奢令" / 22

奢侈与女性的联系 / 25

18 世纪的"奢侈之争" / 26

18 世纪的"奢侈之争"中的女性 / 33

负面的"奢侈女性"产生之缘由 / 37

摇摇欲坠的社会等级与性别焦虑 / 43

"时尚王后"

王后的奢侈与权威 / 47

凡尔赛与巴黎的风尚 / 55

针对王后的批评？抑或针对王室的批评？ / 60

王后的另一面——自然之爱的王后 / 68

18 世纪下半叶的新风尚 / 70

新的女性美观点 / 74

革命高潮时期的女性服饰及相关争议

革命时期的"亚马逊女战士"服饰

革命初年的服饰变化 / 81

激进革命女性的装束 / 86

历史上的"亚马逊女战士" / 91

佩戴武器和参战的请求 / 95

支持与反对的声音 / 99

"三色徽之争"与大革命中的女性

关于"三色徽之争"的研究及存在问题 / 109

"三色徽之争"事件中斗争双方 / 113

"三色徽之争"的客观原因 / 119

男性对"三色徽之争"的态度 / 121

"三色徽之争"的后果及影响 / 123

"白衣少女"与美德的具象化

革命节日与庆典上的白衣少女 / 126

日常生活中的白色衣裙及其流传原因 / 129

节日服装的政治化 / 134

"玫瑰节"与"玫瑰少女" / 136

革命政治推崇的女性德行 / 139

革命退潮时期女性服饰的嬗变

"热月"之后的法国社会及"绝美女人"

"绝美女人"及其佼佼者 / 152

"绝美女人"风尚出现的缘由 / 158

"绝美女人"与"金色青年" / 162

热月之后的社会风气与时尚 / 165

失序社会在外表上的重组 / 172

一种新的审美趣味和性别外观的确立

19 世纪初的新时尚 / 180

细节体现区隔 / 182

含蓄彰显身份 / 185

性别的秩序与区分 / 190

性别区分之色彩与材质 / 193

19 世纪初女性的社会角色 / 204

结　语 / 210

参考书目 / 214

附　录 / 253

索　引 / 258

致　谢 / 261

插图目录

图 1　幼年时期的路易十五/ 40

图 2　蓬巴杜夫人画像/ 41

图 3　玛丽·安托瓦内特昂贵的衣裙/ 42

图 4　18 世纪中叶法国贵族男装/ 43

图 5　贵族狩猎歇息图/ 44

图 6　贵族狩猎歇息图(细节)/ 45

图 7　18 世纪 70 年代巴黎女性发型(1)/ 51

图 8　18 世纪 70 年代巴黎女性发型(2)/ 52

图 9　18 世纪 80 年代巴黎女性发型/ 53

图 10　1775 年木版画,王后资助穷人/ 62

图 11　1777 年木版画,王后为受冤家庭伸张正义/ 63

图 12　1773 年木版画,太子妃资助穷人/ 64

图 13　盛装的王后/ 82

图 14　18 世纪 70 年代的法式宫廷裙(1)/ 66

图 15　18 世纪 70 年代的法式宫廷裙(2)/ 67

图 16　1786 年展出的玛丽·安托瓦内特的画像/ 68

图 17　1782 年的波涅克公爵夫人画像/ 70

图 18　身穿农妇装的玛丽·安托瓦内特/ 71

图 19　1789 年的夏特伯爵夫人肖像/ 73

图 20　1785 年冬季时尚杂志上的插画/ 76

图 21　1790 年战神广场上的第一届联盟节(细节图)/ 82

图 22　1790 年巴黎街头时髦女性 / 85

图 23　"亚马逊女战士"装束 / 87

图 24　革命时期巴黎女性的装束 / 89

图 25　在战神广场上训练的法国女性 / 90

图 26　以彭忒西勒亚女王为主题的绘画作品 / 91

图 27　蒙庞西耶女大公肖像画 / 93

图 28　路易十四时期的女骑士普勒蒙 / 94

图 29　攻占巴士底狱人群中的女性 / 96

图 30　大革命时期女式军装的图片 / 97

图 31　《杜歇老妈的爱国书信》封面 / 100

图 32　年轻的"女无套裤汉" / 102

图 33　贵族女性的狩猎装 / 103

图 34　玛丽·安托瓦内特骑马装 / 105

图 35　讽刺女性穿男装的漫画 / 106

图 36　"十月事件"中的巴黎女性 / 115

图 37　大革命时期的女性俱乐部成员共读《导报》 / 117

图 38　1793 年理性节上的"理性女神"和白衣少女 / 127

图 39　1794 年"最高主宰节"上的白衣少女 / 128

图 40　"农业节"上的白衣少女 / 129

图 41　1793 年苏维里男爵夫人肖像 / 130

图 42　1793 年迪普朗小姐肖像 / 131

图 43　1795 年的迪泰小姐肖像 / 132

图 44　贺拉斯兄弟的誓言 / 138

图 45　贺拉斯兄弟的誓言(细节) / 139

图 46　联盟节上的母亲形象 / 141

图 47　带领着孩子的母亲 / 143

图 48　爱国女性向国家捐赠首饰 / 145

图 49　1789 年巴黎街头的"绝美女人" / 153

图 50　塔里安夫人肖像/ 155

图 51　赫卡米夫人肖像/ 157

图 52　"金色青年"的装束/ 163

图 53　拉瓦锡和他的妻子/ 169

图 54　1807 年冬天的巴黎女性/ 170

图 55　1800 年简洁的白色高腰裙/ 171

图 56　"热月"之后的巴黎舞会/ 173

图 57　"热月"之后巴黎的社交沙龙/ 175

图 58　"热月"之后巴黎街头各阶层/ 176

图 59　里维埃小姐肖像/ 177

图 60　1815 年时尚杂志上的插图/ 178

图 61　里维埃夫人肖像/ 188

图 62　里维埃夫人肖像(细节图)/ 189

图 63　1826 年马科特夫人肖像/ 190

图 64　韦尔内小姐肖像/ 191

图 65　韦尔内小姐肖像(细节图)/ 192

图 66　1818 年的舞会/ 194

图 67　1835 年的弥撒/ 195

图 68　1830 年的男装(1)/ 197

图 69　1830 年的男装(2)/ 198

图 70　1822 年巴黎时髦女性/ 199

图 71　1829 年巴黎时髦女性(1)/ 200

图 72　1829 年巴黎时髦女性(2)/ 201

图 73　1829 年巴黎时髦女性(3)/ 203

从 18 世纪开始,法国服饰,无疑就是时尚与优雅的代名词。凡尔赛引领着最新的服饰风尚,宫廷贵妇梳着高耸的发饰,穿着花边累累的长裙,显得那么雍容华贵。巴黎街头,时尚店铺林立,年轻俏丽的女店员热情招徕顾客。杜勒伊宫花园里,散步的时髦女性个个如孔雀开屏般展示着自身的美丽。"时装布娃娃"们穿着最新款式的服装从法国出发,游遍欧洲,整个欧洲的上流女性对此趋之若鹜。甚至在当时的巴黎,已经有了每年召开"时装发布会"的惯例。然而,这一切,随着大革命的到来,却发生了天翻地覆的变化:街头花枝招展的女性再也难觅其踪,取而代之的是一群群身着国民自卫队军服的激进女性,她们手持长矛弯刀,来到国民议会请愿,要求政府赋予她们穿着男装、和男性一样佩戴武器的权利。各个阶层的女性都开始换上装点着红蓝白三色元素的简朴衣裙,昔日华丽的羽毛缎帽换成了素白的头巾。坐在听众席上、围观断头台的"女无套裤汉"们的装束成为这个时期最常见的女性形象。大革命不仅推翻了旧制度,也把之前华丽繁复的女性服饰风格掩埋进了历史。然而,简朴的风格也只流行了几年时间,一旦最激进的革命风暴过去之后,女性服饰似乎在一夜之间又重拾其多姿多彩。但是细观之,则会发现重返时尚的法国女性服饰已与革命前的那种浓墨重彩风格截然不同,它那种夸张的轻盈与裸露,相当程度是为了表达人们内心在极度压抑之后的释放。随着时间的推移,这种并非"常态"的服饰风格很快就伴随着社会秩序的重建而被人们抛弃。19 世纪的法国女装开始朝着强调女性柔美特质的含蓄优雅发展,同时,它与男性服饰之间的性别差异也日趋扩大。

所有这些服饰现象绝不只是简单的改变款式和材质,它与政治、文化和社会中出现的巨大变化紧密联系在一起。服饰上的细微变化是各类群体或个人表达他们的态度、力量以及诉求的绝佳途径。巴尔扎克曾把大革命比喻为一场丝绒与羊毛之间的斗争,因为前者是贵族的奢华象征,后者则代表资产阶级的低调克制。当代的服饰研究者也赞同这一观点。英国文化史专家乌尔里克·莱曼(Ulrich Lehmann)就曾说过,这是精美的长筒袜、骑马装与那种几乎不动声色的、暗沉的羊毛服装所表达的节制之间的一场战争。[1] 因此,简单的服饰现象背后是社会、政治、文化、性别乃至宗教等各种力量的角逐与抗衡,需要研究者深入到那个时代的具体场景中,才能细致探讨服饰现象与历史变化之间的辩证关系,以及女性自身在大革命时期所扮演的角色在整个法国女性史上所处的位置。

　　服饰的更迭,不仅仅是人们在衣着打扮上的变化,更是社会整体心态、政治文化以及社会经济等层面的深层变革的体现。从服饰入手,可以覆盖到政治斗争、社会阶层、性别冲突等多个领域。服饰文化史,是一个引人入胜的全新史学研究领域。从研究范畴而言,女性的服饰文化史跨越了服饰史、政治文化史以及性别史,这几个分属不同的研究领域。严格意义上的服饰史应归属于艺术史,但是,如果服饰变成一个研究的角度,目的是探寻其背后更为广阔的社会文化现象及动因,那么它关注的对象主体就是穿着者,而非服饰本身。但是,作为研究的切入点,女性服饰不仅是分析的基础也是本书的主体脉络,同时,特定时代的社会、政治、文化等综合因素也需要被纳入研究视野,而其中,最重要的是性别关系、性别角色以及性别意识形态之间的张力。

一

　　一个值得思考的现象是,对于专门的服饰史研究者来说,大革命时期的服饰在服饰史上几乎不占据重要位置。这一点,从他们在作品中或是直接略过大革命时段,或以寥寥数语一带而过的方式处理大革命时期的服饰现象就可明显感受到。如法国的卡米耶·皮东(Camille Piton)在出版于 1926 年的《12—19 世纪的法国民用服装》(*Le costume civil en France, du XII*ᵉ *au XIX*ᵉ *siècle*)中仅以几页的篇幅提到了大革命时期的服饰;英国当代的艺术史家詹姆斯·拉维(James Laver)在《服饰与时尚史》(*Histoire de la mode et du costume*)中则几乎没有涉笔该时段。确实,对于从博物学或者人类学的角度来研究服装史的学者而言,大革命这一短时段的历史动荡对服装史的漫长进程而言,其影响微乎其微。这一状况与服装史的传统观念有关。因为这些研究者都把注意力集中在服装材质样式的变化(比如女式裙装群裾的长

---

[1] Ulrich Lehmann, *Tigersprung: Fashion in Modernity*, Cambridge: The MIT Press, 2000, p. 20.

短,刺绣的工艺等)上,他们几乎不关心服饰发展背后的历史与社会因素。他们把服装置身于其中的社会历史环境当成是某种遥远的舞台背景,这种背景的存在只是作为展示服装这一主角的一个时空范围。[1] 罗兰·巴特认为这种不从社会史的研究中汲取养分的"自成一体"的模式一直占据着服装史研究的主流。事实上,在服装史学界,认同这一路径的研究者的确不在少数。美国著名的文化人类学家阿尔弗雷德·克鲁伯(A. L. Kroeber)即认为,女性服装一般遵循着每50年循环流行这样一个"内在的"、"本质的"规律,基本不受外部社会、政治、文化因素的影响。[2] 同样,詹姆斯·拉维也认为,研究服饰的历史就是要克制从社会史中寻找动因,而是要从服装自身的发展演变中探寻变化的趋势。因此,对于大革命这样一个属于"短时段"的历史过程,服装史家们往往只看到其前后更长时段的演变,而不太注意在这期间发生的细微的或者是转瞬即逝的变化。譬如,拉维就说过,"对于影响了大革命的服饰,一种简洁的风格,很大程度上在路易十六统治期间已经建立起来;另一方面,18世纪的主要特征,依然留存,至少到罗伯斯庇尔倒台"。[3]

二

近些年来,跨学科研究的方法也逐渐影响了传统的服饰史研究。从事服饰史工作的学者们意识到,要把服装外部的社会历史大环境与服装内部的自身结构相联系,才能更好地把握这一特殊研究对象的变化动因。美国加利弗尼亚大学的社会学教授弗瑞德·戴维斯(Fred Davis)认为时尚演变遵循着某些内在的逻辑,而当这些"规律"遭遇剧烈变动的外部环境时,它也会随之发生相应的改变或调整。[4] 于是,一些长期从事服饰艺术研究的学者开始有意识地考察大革命时期的服饰演变与其背后的政治社会因素之间的关联。

20世纪80年代,时值法国举行盛大的大革命两百周年纪念活动。法国著名的

---

[1] 再提供一例,法国著名服装史家朱尔·基舍拉(Jules Etienne Joseph Quicherat)在他被奉为经典的《从遥远过去到18世纪末的法国服装史》(*Histoire du costume en France depuis les temps les plus reculés jusqu'à la fin du XVIIIᵉ siècle*, Paris: Hachette et cie, 1875)的前言中这样写道:"只有当(历史事件)与我的研究对象有特别紧密的关系的时候,我才迫不得已讲述一下那些必不可少的事件;有时我会描绘一下某个时代的整体图景,那是因为那些时代对于读者来说太遥远了,以至于可能产生一些混淆的看法。"(前言第3页)。
[2] 克鲁伯认为女性服装遵循着每50年循环流行的规律,参见 A. L. Kroeber, "On the Principle of Order in Civilization as Exemplified by Changes of Fashion," *American Anthropologist*. New Series. Vol. 21(3) (Jul. -Sep. , 1919), pp. 235-263。
[3] James Laver, *Taste and Fashion*, New York: Dodd Mead and Company, 1938, p. 13.
[4] Fred Davis, *Fashion, Culture, and Identity*. Chicago: The University of Chicago Press, 1992, p. 105.

服饰史专家尼古拉·佩尔格兰(Nicole Pellegrin)出版了一本关于法国大革命时期服装的著作:《自由之服饰》(*Les vêtements de la liberté. Abécédaire des pratiques vestimentaires française de* 1780—1800)。书中作者用字母编序的方式,向人们展示了大革命期间法国的服饰出现的种种变化。虽说题名只标注了 20 年的时间,但是身为法国服饰博物馆的资深研究人员,佩尔格兰旁征博引,将许多服饰现象的渊源一直上溯到 16、17 世纪。除了服装本身,作者还关注大革命期间人们对身体、头发的态度。从某种程度上说,这也是一部关于法国大革命身体史的著作。佩尔格兰把服饰看成是一种语言,这种语言是组成一个社会体系的各个要素的总和。因此,她在书中一再指出,大革命期间服饰的无序实际上反映了社会秩序的混乱。[1] 不过,虽然作者大量使用 18、19 世纪的回忆录、书信集作为基本的素材,同时也关注革命时期的政治事件或民众心态与服饰现象之间的关系,但是客观地说,她的这本专著对于上述两者之间的深层次交互影响仍然只是浮光掠影地谈到,并没有作深入细致的分析研究。

在这一方面,英国服饰史专家艾琳·里贝罗(Aileen Ribeiro)显然比佩尔格兰更往前了一步。里贝罗是英国伦敦大学国王学院的艺术史教授,在研究法国大革命服饰的领域也颇有建树。她在 1988 年出版了《法国大革命的时尚》(*Fashion in the French Revolution*),详细分析了在 20 年时间里巴黎的时尚变化——从路易十六时期宫廷装束的奢靡到大革命后期金色青年们的浮夸。里贝罗一再强调,服饰变化的变化是深受政治变化的影响的,两者之间存在着紧密的联系;因此,在研究服装的同时一定得深入分析当时的政治观点和政治事件。在这部书里,她努力将服装的演变与那些关键的政治事件相结合,从中探寻政治的变化对服饰造成的影响。更重要的是,作者不仅看到政治文化与社会等诸多因素对服装变化产生重大影响,剧烈动荡的社会变迁给服装的发展所带来的冲击,也看到服装在一个全新社会的创建过程中所起到的作用。[2]例如,里贝罗注意到大革命时期的无套裤服装以及小红帽等装饰物,实际上都已化身为一种宣传的手段,强化着关于自由、平等和博爱的理想。

另一方面,该书尝试将服装史与政治史结合的特点,非常明显地体现在它所使用的材料上:不仅重视传统服装史最常用的趣闻轶事以及博物馆、档案馆内的实物史料,同时,更重视当时人对服饰的各种评论。这些评论中不仅包括如阿瑟·杨

---

[1] Nicole Pellegrin, *Les vêtements de la liberté. Abécédaire des pratiques vestimentaires française de* 1780—1800, Aix-en-Provence: Alinéa, 1989.

[2] Aileen Ribeiro, *Fashion in the French Revolution*, London: Holmes and Meier, 1988.

(Arthur Young)的游记见闻及梅西耶(Mercier)的《巴黎图景》等比较宽泛的描述,还有相当数量的回忆录、日记、通信集等,直接引用的就有20多种。其中有当时旅居在法国的英国人迈尔斯(Miles)的通信以及参加过大革命时期各种官方节日的女演员路易斯·菲西(Louise Fusil)的回忆录等。作者借助一手材料,结合当时的图像作品及时尚杂志的描述,不仅将大革命时期的服饰演变做了清晰的梳理,也把政治事件对人们情感变化的影响引入其中。

另外,法国著名历史学家丹尼尔·罗什(Daniel Roche)那本非常出色的《外观的文化:17—18世纪服装史》(*La Culture des apparences : une histoire du vêtement XVIIe et XVIIIe siècles*)虽说不是针对大革命时期的,但却是不可不读的经典。[1]在这本著作里,作者涉及17、18世纪法国服饰的方方面面,从面料生产到加工制作,从服装的销售到旧衣回收,从里昂的丝织工到巴黎的高级服装店,从乡村老农的鞋到巴黎贵族家庭的衣柜,几乎可以称之为一部旧制度的服装业百科全书。作者指出,旧制度下贵族华丽的服饰是一种身份的象征,名贵的衣料、华而不实的样式都是一个阶级自我确认的工具,也是用来树立威望与展示社会分层的一种社会机制。此外,作者通过对比大量财产清单得出这样的结论:在17世纪末期,大多数人对服装的消费已经越过了必需品的界限。在城市里,18世纪是一个转折点。尤其在巴黎,人们在服装上花费得更多了。同时,富人和穷人在服装上的差异也日益增长。[2]这样,研究者就通过研究服装消费建立起一种外观的等级制度,以及这一等级制度在经济领域及社会分布上的表现。

更重要的是,罗什的研究虽然截止到1789年,但是他所使用的研究视角、研究方法为后继者提供了很多的启示。并且,对于法国大革命对服装的影响,他也提出了很关键的看法。他认为,大革命严重影响了法国的奢侈品行业,贵族外逃,随之产生的是新的共和国品味。[3]大革命的服装使用的是另一种语言,这种语言用的是一种政治的文法,一种启蒙思想所要求的道德价值。[4]罗什的这一结论清晰概括了大革命给服装带来的影响。同时,透过服装语言的嬗变,看到道德价值的转化,这样的研究方法给人以深刻启示。此外,他还留下了很多可供继续研究的线索。比如,大革

[1] Daniel Roche, *La Culture des apparences : une histoire du vêtement XVIIe et XVIIIe siècles*, Paris: Fayard, 1989.

[2] Daniel Roche, *La Culture des apparences : une histoire du vêtement XVIIe et XVIIIe siècles*, p. 481.

[3] Daniel Roche, *La Culture des apparences : une histoire du vêtement XVIIe et XVIIIe siècles*, p. 272.

[4] Daniel Roche, *La Culture des apparences : une histoire du vêtement XVIIe et XVIIIe siècles*, pp. 486-487.

命期间不少旧的奢侈品行业改而适应新的精英们所要求的实用与舒适。罗什的这些结论对于深化认识大革命时期服饰现象所承载的政治文化意义，以及找到新的研究路径，都具有重要意义。

与上述几位研究者比较宽泛的视野相比，另一些历史学家的注意力则更集中于大革命时期出现的极具象征意义的革命服饰，如三色徽、小红帽等。并且，这些研究的焦点从服装转向了服装背后隐匿着的政治含义。服装不再是研究的主要目的，而成为一种方法，一种研究政治立场及其态度如何表达的途径和载体。

早在 1981 年，珍妮弗·哈里斯(Jennifer Harris)就发表过一篇关于大革命服饰研究的论文。[1] 她主要研究小红帽是如何随着革命的进程，被越来越广泛地接受成为热爱自由的象征。哈里斯非常注意重要革命事件对这一变化过程中的决定性作用。比如，她注意到，1792 年的自由节以及 8 月 10 日的事件之后，小红帽的流传范围一下子就变大了。而到了 1792 年年末，小红帽成为无套裤汉的政治权利的象征。关于革命服饰的流传，哈里斯认为大卫等艺术家起了很大的作用，他们通过出版物、戏剧以及其他节日，向公众宣传着这些形象。而从群众的角度出发，革命服装被广泛接受的理由之一是公民们对新制度的忠诚。她在此文中，还重点研究了关于大革命时期曾有过的设计公民制服的设想。她发现，在大卫的设计中，很多罗马元素清晰可见。而同时收到的 800 多份其他设计方案也都推崇一种理性的美。总体来说，哈里斯的文章主要侧重于厘清革命服饰如何随着革命的推进，一步步扩大流传，叙述的成分多于阐释。

关于大革命时期的公民制服，美国著名文化史家林·亨特(Lynn Hunt)在 1984 年发表的《法国大革命中的政治、文化和阶级》(*Politics, Culture, and Class in the French Revolution*)[2]中进行了进一步的研究。与哈里斯不同，林·亨特并没有停留在史实层面，她指出大卫等在设计国家公职人员的制服时竭力回避了无套裤汉式服装。她认为，这种回避显示出革命领导团体的矛盾：一方面，人民的代表简单地被看成是人民的反映，像人民，是人民的一部分。于是，每个人都应该穿上公民制服，取消一切差别。另一方面，这些代表又不同于人民，他们是教师，是统治者，是人民的引导者。因此他们的制服显然要有足够的差别用于辨认。[3] 作者指出，在定义革

[1] Jennifer Harris, "The Red Cap of Liberty: A Study of Dress Worn by French Revolutionary Partisans 1789—94," *Eighteenth-Century Studies*, Vol. 14, No. 3 (Spring, 1981), pp. 283-312.
[2] Lynn Avery Hunt, *Politics, Culture, and Class in the French Revolution*, Berkeley and Los Angeles: University of California Press, 1984.
[3] Lynn Avery Hunt, *Politics, Culture, and Class in the French Revolution*, pp. 76-77.

命实践中,服装作为外表的模式,充当了非常重要的一个部分。"没有其他的问题能比革命性的服装更戏剧化地表现出(革命者试图实现的)透明和(革命者采用的)说教之间的张力。"[1]"旧制度下,各色人等通过服饰可以一目了然地加以区别。革命者想要打破这种区别的体系,但是,他们也认识到服装还是揭示了人身上的某些东西。服装是一种政治的透明,可以透过一个人的衣着辨别出他的政治特点。极端的观点便是,任何一个共和主义者看起来都应该是相像的。"[2]

林·亨特使用的材料包括同时代观察者的记录和评述、大卫等设计者对自己的设计理念给出的解释以及官方正式的决议等,她将服饰定义为政治符号,她认为服饰不仅是权力的表现同时也是获得权力的工具,作为一种政治文化的表现,服饰承载着革命理念以及革命自身的矛盾,在大革命中扮演了极其重要的角色。[3]林·亨特的研究,已经越出了服饰史本身的范围,同时也不再满足于"服饰回应政治"这样的单一解释模式,而是通过分析革命服饰的流变、人们的态度、政治环境的变化等一系列因素,透视社会政治力量之间如何通过服饰展开角逐、区分不同的群体以及进行自我身份的定位。

20世纪90年代,不少历史学家继续研究小红帽和三色徽这两个大革命最显著的象征物。美国学者尼古拉·希利姆(Nicola J. Shilliam)在90年代初期发表了她的研究成果——《国家徽章和小红帽:法国大革命时期的象征性帽饰》。她同样采用叙述的方式详细回顾了小红帽和三色徽随着革命的进程如何在法国社会各个阶层传播,以及在传播过程引发的种种"故事"。在关于小红帽的部分,希利姆的研究并没有超越哈里斯,但是,她新加入的关于三色徽的详细研究还是弥补了当时这一领域的空白。作者认为关于小红帽的争议性及复杂性远大于三色徽。在研究革命服饰的同时,她也注意到像黑色的帽饰这类反革命的服饰几乎马上随之出现。需要指出的是,希利姆此文虽不是专门讨论女性的革命服饰,但她花了不少篇幅叙述巴黎妇女对三色徽的态度以及政府针对女性颁布的具体法律。[4]

让—马克·德沃塞勒(Jean-Marc Devocelle)在《督政府时期的徽章:一种革命象征的偏航》一文中对督政府时期的三色徽章作了细致的研究。作者认为,事实上,从1795年到1799年,三色徽在人们的视线中越来越少出现。但是,1799年(共和七年)

---

[1] Lynn Avery Hunt, *Politics, Culture, and Class in the French Revolution*, p.74.
[2] Lynn Avery Hunt, *Politics, Culture, and Class in the French Revolution*, p.82.
[3] Lynn Avery Hunt, *Politics, Culture, and Class in the French Revolution*, p.76.
[4] Nicola J. Shilliam, "Cocardes Nationales and Bonnets Rouges: Symbolic Headdresses of the French Revolution," *Journal of the Museum of Fine Arts*, Boston, Vol. 5 (1993), pp. 104-131.

却发生了一场关于三色徽的激烈争论。在作者看来,这种奇怪的偏差现象实际上更表明了当时政府对这一重要革命象征物的坚持。政府通过颁布一系列相关法律,规定严禁对三色徽的各种破坏污损行为。通过分析各派代表的发言以及相关法律的内容,他认为在共和七年的背景下中,对三色徽的态度可以用来区分政治上的不同派别。同时,这种激烈讨论本身,以及在现实中针对三色徽出现的各种行为也是各种对立的政治力量之间相互对峙的体现。[1]

到21世纪初,仍有学者持续关注这一问题。珍妮弗·霍耶尔(Jennifer Heuer)在她2002年的一篇文章里对三色徽在整个大革命期间的演变作了详细考察,涉及大量代表的发言以及政府在不同时期出台的相关法律。[2]而理查德·瑞格利(Richard Wrigley)出版于同年的《外表的政治:革命法国的服装表象》(The Politics of Appearances: Representations of Dress in revolutionary France)[3]则可以看成是对大革命期间的重要革命服饰的总结性研究。他的研究对象几乎囊括革命时期与服饰相关的所有题目,像国民自卫军的制服、军队的服装、代表们的服装以及大革命期间针对服饰的有关法律,等等。而他研究的重心则是放在革命徽章、小红帽及无套裤汉服装这三种最具有典型色彩的大革命服饰上。他指出,像无套裤汉服装这样的革命服装,往往是通过革命的节日以及某个政治危机时刻从普通服装转而带有了强烈的象征性。[4]这一点与先前哈里斯的结论并无不同,但是瑞格利进一步指出,它在革命后期的消失也象征着穿着这一服装的群体在政治上的失权的结局。[5]

更值得注意的是,瑞格利通过详细的分析揭示出很多关于大革命服饰的"套话性"误解,纠正了长期以来人们对大革命服饰认识上的误解。比如,他指出,革命服饰的流传远没有通常假设得那样广泛。这些服饰严格地限制在某些特殊的场合,比如说像政治俱乐部的会议,在那里,通常也只是主席、秘书或者是从营团过来讲话的人才穿着;或是在节日或者庆祝仪式上,它们更像是仪式物品。[6]瑞格利还认为,不

[1] Devocelle Jean-Marc, "La cocarde directoriale: dérives d'un symbole révolutionnaire," Annales historiques de la Révolution française. No. 289, 1992. pp. 355-366.
[2] Jennifer heuer, "Hat on for Nation! Women, servants, soldiers and the 'sign of the french'," French history, Vol. 16 No. 1, pp. 28-52.
[3] Richard Wrigley, The Politics of Appearances: Representations of Dress in Revolutionary France, Oxford and. New York: Berg Publishers, 2002.
[4] Richard Wrigley, The Politics of Appearances: Representations of Dress in Revolutionary France, p. 196.
[5] Richard Wrigley, The Politics of Appearances: Representations of Dress in Revolutionary France, p. 202.
[6] Richard Wrigley, The Politics of Appearances: Representations of Dress in Revolutionary France, p. 42.

论是从流传的范围还是时间长短来看,大革命中真正流传最广泛的革命服饰应该是三色徽章。大革命期间,人们不仅自己佩戴三色徽,同时还作为礼物相互赠送。一直到拿破仑时代,无论是士兵还是皇帝自己都还佩戴着这一革命饰物。[1]作者认为,三色徽没有像其他革命服饰那样湮灭在历史的尘烟之中,关键是"因为它一直作为一个统一民族的信念的象征,而这一理想,虽然被一再怀疑,但仍然是最被珍惜的"。[2]

瑞格利的研究建立在大量的图像、会议记录、回忆录及他人的研究成果之上,从个人与集体两个层面展开,详细探讨一种个人的服饰如何转变为一种大众的革命象征,同时涉及这种转变过程中的各个事件、各种讨论等相关环节,以求完整地阐释革命的政治文化如何通过修辞与合法化表现在日常经验之中。相较于之前的相关成果,瑞格利的研究更为扎实、丰富,既弥补了哈里斯等人偏重史实忽略文化分析的缺点,又弥补了林·亨特的解释所依靠的史料略显单薄的遗憾。

从上述对法国大革命服饰研究的回顾中,我们可以看出,服饰与特定的历史时代有着十分密切的关系。革命规定了服饰,改变了服饰发展的进程;但同时,服饰又用自己的方式言说着革命,透露出革命的秘密。所以,就像罗兰·巴特所说,服饰在人们的交往体系中存在着它的特殊性,"在极端的情况下,时尚服饰的能指与所指并不属于同一种语言。(服饰的)所指是往往是自治的,孤立地,脱离能指"。而作为历史的服饰,他说:"服饰应该看作是一种风俗习惯,应该在社会层面来加以研究,而不能仅仅是停留在美学或是心理学的角度上分析。历史学家或社会学家不能仅仅研究品味、潮流和方便性。他们应该厘清、协调并且解释那些(出现在服装史中的)整合、运作、限制、禁止以及抵触的规律。他们要研究的不是图像,或者风俗的特征,而是关系和价值。"[3]

三

关于大革命前后的女性研究,时至今日,已经成为法国史或者女性史研究中一个非常重要的领域。相关的研究著作数不胜数。在此,只能仅就标志性的一些作品

---

[1] Richard Wrigley, *The Politics of Appearances : Representations of Dress in Revolutionary France*, p. 122.

[2] Richard Wrigley, *The Politics of Appearances : Representations of Dress in Revolutionary France*, p. 123.

[3] Roland Barthes, "Le bleu est à la mode cette année. Notes sur la recherche des unités signifiantes dans le vêtement de mode," *Revue française de sociologie*. 1960, 1-2. pp. 147-162.

加以简单列举。

早期的代表作品当属以米什莱为主的 19 世纪中晚期的历史学家。米什莱的《大革命中的女性》[1]以其充满激情的浪漫主义的笔调给人留下深刻印象。但是,作者是站在一个"理性的男性"的立场,把大革命中女性参与革命的行为看成是一种被情感驱使的本能行为,把女性革命行为简单化为"因面包而起义"。另一方面,在书中,米什莱用其充沛的想象力塑造了一个旺代妇女在革命中的种种经历,虽说故事让人身临其境,但是很难为后世研究者提供坚实的材料证据。莱杜里耶(E. Lairtullier)所著的《法国名女人,1789—1795》[2]所持观点基本与米什莱接近。实际上,直至 19 世纪末,这样的观点——即认为在法国大革命中女性确实起了不小的作用,但是这种作用有可能并不是正面的;同时这种作用背后并不是自觉的革命意识,而是女性不克制的情感或者是传统的家庭职责在起作用——仍然是史学界的主流。比如奥拉尔在他的《大革命中的女性主义》[3]一文中仍然批评女性的愚昧盲从、女性对宗教的狂热给革命带来了很多负面影响。因此,可以说早期的研究多把大革命前后的女性看成是受情感驱使的非理性的个体。

20 世纪初,受史学界社会史兴起的影响,专注于大革命前后女性研究的学者们也开始致力于这一时期的女性社会史,这一时期,较多的研究集中讨论女性作为一个社会群体的状况。这与之前的研究主要将目光集中于个别突出的代表性女性有较大差别。同时,研究者们也不再把女性仅看成是"情感动物",而开始注意到女性行为中自觉的有意识的社会目的。其中较为经典的即为拉塞尔(Adrien Lasserre)的《大革命中法国女性的集体参与》(*La Participation collective des femmes à la Révolution française*)[4]一书。雷翁·阿邦苏(Léon Abensour)出版于 1923 年的《大革命之前的女性和女性主义》(*La femme et le feminisme avant la Révolution*)[5]试图全面考察 18 世纪女性的状况、角色以及关于她们的讨论。同样,英国历史学家乔治·鲁德(George Rudé)在他的《法国大革命中的群众》[6]中也对女

---

[1] Jules Michelet, *Les Femmes de la Révolution*, Paris: F. Chamerot, 1863.

[2] E. Lairtullier, *Les femmes célèbres de 1789 à 1795*, Paris: Librairie politique, 1840.

[3] Alphonse Aulard, "Le feminisme pendant la Révolution française," *Revue bleue*, 4th ser., 9 (1898), pp. 362-366. 转引自:Louis Devance, "Le féminisme pendant la Révolution française," *Annales historiques de la Révolution française*, No. 229, 1977, pp. 341-376.

[4] Adrien Lasserre, *La Participation collective des femmes à la Révolution française*, Paris: F. Alcan; Toulouse: E. Privat, 1906.

[5] Léon Abensour, *La femme et le feminisme avant la Revolution*, Paris: Éditions Ernest Leroux, 1923.

[6] [英]乔治·鲁德:《法国大革命中的群众》,何新译,北京:三联书店,1963 年。

性群体给予了不少笔墨,并指出在很多重要的政治事件中,虽然参加的女性数量不多,但是她们的影响和作用无法忽略。在这个世纪之交的史学家眼里,女性开始成为一个有着自身社会经济目的和诉求的群体。

在此之后,大革命女性史再次掀起热潮是在 20 世纪 80 年代前后,研究者们争论的焦点在于:18 世纪后半期女性是否开始被驱逐出公共领域,大革命在这一过程中又起到了什么样的作用。琼·兰德斯(Joan Landes)和林·亨特等人认为整个启蒙时代,卢梭有关女性的言辞更新了性别在社会角色中的重新界定,大革命直至拿破仑的《法典》则将这种界定用法律条文明确化,最终将女性从公共领域中排除出去并把她们限制在家庭的界限之内,这一性别的区隔延续了整个 19 世纪。[1]凯瑟琳·富凯(Catherine Marand-Fouquet)虽然不似她们那样强调启蒙观念中的反女性主义意识,但也同样认为大革命是将女性开始装入资产阶级模具的开端。[2]但是,另外一派以卡勒为主的研究者则持相反的看法,卡勒(Steven D Kale)在其《女性、公共领域和沙龙的坚持》一文中坚称,男性的话语权仅仅是一部分社会现实,在其他如写作出版、沙龙文化等公共领域,无论是在大革命前还是之后,女性的话语权依然保有强健的生命力,常常可以挑战甚至颠覆男权。[3]欧尔文·霍夫顿(Olwen Hufton)也对 19 世纪的女性是否比 18 世纪的女性更"居家"的观点持保留态度,她更强调分析两性不平等话语中的非理性因素是如何以理性的面目出现,以及这一因素为何导致了法国女性在获取平等政治权利的进程中严重滞后的问题。[4]与 20 世纪六七十年代社会边缘群体运动的兴起相关联,这个时期的大革命女性史研究者,强烈关注女性在这场革命中争取政治权利的要求和过程,同时结合各种关于符号表象、身体性别以及话语权力的研究,把大革命前后乃至 18、19 世纪的女性研究推进到一个全新的层面。

从 20 世纪 90 年代开始,在大革命前后的女性研究领域里,社会史和文化史交相辉映。其中最突出的是法国学者法尔热(Arlette Farge)和戈迪诺(Dominique Godineau),前者关注巴黎普通女性的家庭、情感以及暴力;后者在使用大量档案材料基础上,细致分析这一时间段内法国社会中女性的生存状况,两性之间的复杂关

---

[1] Joan B. Landes, *Women and the Public Sphere in the Age of the French Revolution*, New York: Cornell University Press, 1988.

[2] Catherine Marand Fouquet, *La femme au temps de la Revolution*, Paris: Stock Laurence Pernoud, 1989.

[3] Steven D. Kale, "Women, the Public Sphere, and the Persistence of Salons," *French Historical Studies*, 25.1 (2002), pp. 115-148.

[4] Olwen H. Hufton, *Women and the Limits of Citizenship in the French Revolution*, Toronto: University of Toronto Press, 1992.

系。戈迪诺认为,绝不能将性别问题看成是简单的此消彼长的僵化对立,这中间有影响、对抗、融合、妥协诸多形态,关注这一时期的女性史的目的就是将这种种状态之间的转化与更复杂的社会经济政治背景结合起来考察,从而掌握性别史演变的真正脉络。这一思路与研究大革命之后女性地位的美国学者戴维森(Denise Davidson)不谋而合,后者就是把 19 世纪初期的女性地位与整个社会秩序的重新建立结合起来研究。

从上面的简单概述可以看出,大革命前后也就是 18 世纪末 19 世纪初的女性研究经历了情感与个体——社会与群体——文化与权力这样一个演进的路线。这一脉络不仅可以看出女性史日益受到史学界的重视,也可以看到它的发展变化与整个史学的发展动向紧密相连。现如今,越来越多的历史工作者开始把物件、图像等非文本材料作为与文本材料同等重要的资料进行考察。然而,直至目前,还没有专门的研究把这一时期女性的外表与她们在社会中的角色地位联系起来。所以从这个方向研究大革命前后的女性地位及社会角色在国内外仍属空白地带。而我们已经初步了解到,大革命前后,在这两方面,实际上都发生了比较明显的改变,至于在改变之间的关系究竟如何,这种关系之下又是什么样的动力在推进,这正是本书希望探讨的核心问题。

因而,本书尝试从外观表象着手,通过大量的图像和原始文本材料,分析服饰与社会文化、政治以及性别之间的相互关系。这一复杂的议题可以分解为一系列问题:服饰是否只是深层社会关系的简单映射? 不同的社会力量抑或政治势力在角逐权力时,服饰是否成为其工具或途径之一? 新的统治集团一旦确立地位之后,是否会带来一种新的服饰文化? 或者,反过来说,创建新的服饰文化的过程是否也被纳入确立和巩固统治地位的进程? 作为一种表象,服饰秩序的改变是否意味着社会已然发生了结构性的改变? 通过对这一系列问题的探索,本书希望能够解答在社会文化层面上,这场剧烈的社会政治变动究竟给法国社会带来了什么变化? 这些变化又是如何通过女性服饰来展现的?

四

综观已有的研究成果可以发现,大革命服饰的各个方面,基本上都已经被涉及。尤其是具有典型意义的革命服饰,如小红帽、三色徽章等,无论是从史实还是理论层面,都已经被阐释得十分透彻了。但是,与服饰关系最为密切的那个群体——女性,她们在大革命时期的服饰却几乎从来没有被单独研究过。对于大革命时期的女性的研究目前开展得如火如荼,如妇女对革命进程的推进,女性俱乐部,妇女如何具体地参与到公共事务中去,女性的写作,等等。[1]而对于女性的服饰,则研究得非常少,直至目前,尚属空白地带。

为什么涉及大革命时期女性服饰的研究会如此之少? 出现这种状况的原因可能有两个。

第一,革命之前和之后都有专门的时尚刊物,面向时髦女性,报道各种流行前沿的信息,指导她们的衣着打扮。但在革命最激烈的年代,这类杂志几乎都销声匿迹。以前作为服装史史料之一的人物肖像画(尤指上流社会)在此期间也很式微。这种状况造成的后果就是直接相关史料的缺乏,即使有一些,也是比较零散的。例如,当时法国最著名的时尚刊物的《时尚杂志》(*Magasin des modes*)[2],从 18 世纪 80 年代中期开始出版,直至革命初年仍然在发行,但是到了革命局势日益严峻的 1792 年初便停刊了。第二,革命时期的法国,重大事件迭出,革命风暴席卷全国,国内国外战争不断,在这样的氛围里,人们大概确实不太有心情去太多关注日常的穿衣打扮,除非是一些具有特殊政治含义的服饰。而从服饰艺术史来看,有研究者相信 18 世纪女性服饰比较重要的转变基本上已经在此之前出现,因此,有些服装史甚至是跳过这段时间的。

但是,并不能因为材料的缺乏或者某些专业服饰史的忽视,就无视当时一系列服饰现象所具有的研究价值。实际上,大革命期间出现的服饰现象均与当时的整体政治氛围、民众心态以及各种思想观念的冲击有着非常紧密的关联。如革命早期出现的各种表达支持革命的发型,像"自由发型"、"国家发型"、"平等发型";另一些女性则提出妇女应该像男性一样穿长裤;更著名的是发生在 1793 年的那场"三色徽之争",关于女性要不要、能不能佩戴象征公民身份的三色徽,出现了剧烈的争论。而且,更重要的是,正如前文已述,在这场革命之前与之后,女性服装在款式、材质上出现了明显的变化。而且也正是从那时起,两性之间的服饰差异日趋扩大,这种差异

---

〔1〕 除前文已经提到的研究成果以外,还可参见: Darline Gay Levy, *Women in Revolutionary Paris*, 1789—1795, Urbana: University of Illinois Press, 1979; Dominique Godineau, *Citoyennes tricoteuses: Les Femmes du peuple a Paris pendant la Révolution française*, Aix-en-Provence: Alinea, 1988; Annette Rosa, *Citoyennes: Les Femmes et la Révolution française*, Paris, Messidor, 1988; Joan Wallach Scott, *Only paradoxes to offer: French feminists and the rights of man*, Cambridge MA: Harvard University Press, 1997; Carla Hesse, *The other Enlightenment: how French women became modern*, New Jersey: Princeton University Press, 2003; Jane Abray, " Feminism in the French Revolution, " *The American Historical Review*, Vol. 80, No. 1 (Feb., 1975), pp. 43-62.
〔2〕 自 1790 年开始,该杂志更名为《时尚与品位杂志》(*Journal de la Mode et du Goût*)。

性直至今日仍然清晰可辨。深入发掘女性服饰上的变化与大革命之间的关联,不仅可以更好地理解服饰文化与历史背景之间的相互关系,更可为研究大革命这一重大历史事件在法国女性史上究竟发挥了什么样的影响与作用提供一个全新的阐释途径。

首先,这些服饰现象本身就非常值得研究。梳着爱国发型的女性是哪些人? 为什么其中大多数是贵族女性? 身着白裙向国家捐赠的女性又是哪些人,她们的举动引起了什么样的反响? 革命期间有哪些关于女性服饰的讨论? 革命者们希望看到女性以怎样的形象在社会中存在? 各地出现的"理性节"中是如何安排年轻少女穿着统一的白裙行进在队列中? 节日策划者作此安排的寓意是什么? 他希望表达什么样的理念? 厘清这些现象,有助于我们更全面地了解女性在大革命时期的生活和政治实践;她们以怎样的一种方式在这个特定的时刻表达她们对公共事务的关注;同时,也可以了解同时代的人对她们这种行为的态度,由此更好地揭示当时法国政治文化的特点。

其次,我们还可以进一步深入分析这些现象背后极其丰富的涵义。女性提出要与男性一样穿着,是出于什么样的动机? 同属女性,为什么巴黎不同女性团体对是否应该佩戴三色徽有那么大的分歧,造成分歧的背后是否隐藏着更深的不同阶层之间的分裂? 作为革命领导者的男性如何看待这些现象,他们的意见是否达成一致? 他们对女性的服饰的态度是否能折射出他们希望女性成为的那个样子? 通过表面的服饰,我们看到了很多组对立和冲突——女性内部不同阶层之间、男性与女性之间、革命与反革命之间。切入到这些矛盾之中,可以更好地把握大革命自身的困惑和复杂性。

最后,就像前面很多的研究者已经指出的那样,大革命与服饰的关系,并非是大革命简单地借用服饰来表达自身,也不是服饰风尚的演进单向地受革命的影响,被其改变节奏;而是两者之间的互相表达与体现。在革命期间,服饰一方面受到革命当局的规范,同时各社会群体或个人也通过自己的服饰来表达他们对革命的态度、感受和诉求。因此,对大革命时期女性服饰的研究是从一个不同于以往的全新的角度去重新探讨大革命和女性的关系。从最日常的服饰出发,找出女性穿戴这些革命服饰背后的意义,将其与大革命时期女性的政治活动、大革命对女性平等的虚幻承诺、大革命对打破一切差别(包括男女差别)的幻想与启蒙思想对理想女性的态度之间的尖锐矛盾,等一系列问题相联系。

因而,大革命期间的女性时尚研究可以从多个角度进行,如文化心态、性别、政治以及阶级等,时间的跨度则可以从革命前夕延续到拿破仑时期。通过服饰研究大革命时期的女性,很可能得出一些与之前通过文本研究得出的结论不太一致的结果,这些结果将会有利于我们更加多面地理解生活在那个时代的女性,了解她们对于国家、公民、自由、平等这些大革命宣扬的美好价值的看法,了解她们身处那样一个巨大变动的年代时遇到的机会和挫折,以及她们所感受到的希望和恐惧,进而更深入地了解法国大革命及其政治文化的复杂性。

值得注意的是,纵观服装史的研究,虽然近些年来这一领域日益吸收跨学科研究的新途径新材料,但是因为太倚重服装自身的演化,对于社会政治文化背景的挖掘与分析常显得着力不够。造成的结果便是,研究某种服饰变化的时候,容易被较为表面的原因所迷惑。例如,在 18 世纪中叶,法国上流社会女性开始流行穿着白裙子,这一风潮延续直至热月政变之后。不少服装史专家从中看到了英国服装的影响、新古典主义审美趣味的兴起。这无疑是正确的。然而,一方面,他们忽视了从社会文化心态的深层背景去找寻为何在这个时期,法国女性热衷接受这样的服装,这其实与当时人们对于自然和情感的重视是紧密相连的;另一方面,如果仅从服装自身的传播演变着眼,也难以解释为何白裙子这类日常服饰在革命时期会成为节日游行庆典的统一服装,这里面不仅有审美的因素,也暗含着性别的、政治的甚至宗教的因素。服装始终只是一种表象,一个载体,无法脱离致其发生演变的内在要素而获得自足的解释。反过来,透过服饰,也能更好地理解和分析某个特定时期人们的喜好、渴望与恐惧。通过分析服饰文化及其背后诸多因素,本书尝试通过将两者紧密联系,以此能够描绘和解释 18 世纪中叶到 19 世纪初期的法国社会或者是某些特定群体的心态与行动。

五

如前所述,关于大革命时代女性服饰的原始材料,尤其是传统意义上档案材料比较缺乏,因此,本书使用的原始材料主要包括图像材料、回忆录及时尚杂志三类。此外,大革命时代的出版物作为第四类材料。

第一类:图像材料(详见"插图目录")

与历史人物或者事件不同,服饰是一个较为特殊的研究对象。它首先是一个视觉对象。有时候,花了大量篇幅去描绘某类服装的样式,效果可能远不如用一幅画来得直观。因此,在此书使用的材料中,图像资料占据了相当大的比重。这些图像资料的来源主要有以下几个途径:

首先,法国国家图书馆(文中出现,以 BNF 缩写代替)有专门的图像馆——黎塞留馆,本书使用的大量木刻画材料就是从那里而来。据法国历史学家伏维尔统计,大革命时代的木刻画中有 50% 收藏于此。这些木刻画中的一部分已经电子化,另外一部分仍然是纸版的再印本。此外,国家图书馆中还保留了大量 18、19 世纪出版的报刊杂志,这些杂志中也有很多极具参考价值的图片。本书在使用这些出版物上的图像资料时通常是通过相机拍摄的方式。

其次,图像资料的第二个来源是巴黎各个博物馆中收藏的大量人物肖像画以及城市风景画。这些藏品中广为人知的一部分可以在互联网上找到电子版本,但是仍有很多或许不太知名的画作同样可以真实地展示相关时代人们的衣着与精神面貌。尤其是一些表现人们日常生活场景的作品,对于本书来说,恰是难得的好材料。不过,在使用肖像画作为服装款式的图示时,通常需要很谨慎,因为由于种种原因,有可能画中人物的服装并不是她/他实际生活中会穿着的,因此需要对此做出仔细的甄别,考虑各种因素,最重要的是要对同时代人的肖像画做横向对比,才能得出某一肖像画是否可以用作图示证明。

最后,是相关时期的服装史画册,尤其是涉及 17、18 和 19 世纪早期的法国服装史。巴黎 Forney 图书馆是专门的服装资料图书馆,通史类的服装史画册几乎都能在那里找到。此外,巴黎歌剧院(Opéra)图书馆中藏有不少相关时代的戏剧表演服装画册,这些材料用作参考也非常有价值。

第二类:回忆录(详见参考书目中相关部分)

虽然图像资料可以直观地展现当时人们的衣着服饰,但是,后人却无法从图像中了解穿着者或者旁观者对此的评价,以及那时候的人是在一个什么样的社会环境下穿着这样的服饰。服饰背后更为广阔的社会政治背景依然需要从文本资料中去寻找。

不过,困难在于,普通人的服饰属于日常生活的一部分,所以通常很难在传统的档案材料中找到对于它们的记载,即便有,也是零星的只言片语。因此,关于日常服饰的记载只能到回忆录等较为私人的文本中去寻找。好在本书的研究对象是女性服饰,而女性对于服装总是抱以较多的兴趣,即使是在革命时代,兵荒马乱的岁月里,很多女性在撰写回忆录的时候依然会写下人们在当时当地的穿着。由此,回忆录也是本书使用得较多的一种材料,作者的身份也是多种多样,既有王后玛丽·安托瓦内特的近侍女总管康邦夫人,旧制度末年著名的女画家勒布菌夫人,也有革命时期著名的女演员菲西,这些身份经历迥异的女性在回忆录里细致地记录下了她们看到的那个时代的人的衣着打扮,以及,更重要的,人们对这些衣饰发型的看法。除此以外,人们在旅行途中,往往会格外注意当地的风土人情,因此,当时一些外国旅行者到巴黎的游记便也成为本书原始材料中非常重要的一部分。

第三类:时尚杂志(详见参考书目中相关部分及附录中的样张)

本书最后还使用了对于服饰来说相当重要的一类材料,那就是那个时代的时尚杂志。从 18 世纪中叶开始,英法两国开始出现专门面向女性的杂志,通常,这类杂志在谈及流行小说、戏剧或者奇闻逸事的同时,还会介绍最近的服装款式,最新的服装面料以及新潮的发型。这是随着消费社会的慢慢兴起而产生的新事物。时尚杂志的诞生,伴随着把服饰逐渐看成是一种女性专属事物的过程。因此,时尚杂志本身就是一个非常有趣且值得研究的题目。但在本书中,主要还是将其作为对于服饰款式的介绍和评价的重要材料来源加以使用。这类杂志主要收藏在法国国家图书馆古籍期刊分馆——阿森纳图书馆中,其量之大,保存之完好,令人叹为观止。至于 19 世纪初期的时尚杂志,则多藏于法国国家图书馆密特朗主馆善本室。19 世纪初期,是女性时尚杂志大规模兴起的时期。借由这种特殊而又集中的渠道,女性的服饰、外表、情感、婚姻以及日常生活在社会舆论中被探讨。因此,面向女性的时尚杂志将被作为主要的文本材料加以分析。其中,主要会用到《仕女和时尚报》(*Journal des dames et des modes*)、《时尚年鉴》(*Almanach des modes*)和《女精灵》(*La Sylphide*, *Journal de modes*, *de littérature*, *de théâtres et de musique*)等。这类杂志的主要内容与文风都比较接近。通常每期都以介绍最新的服装发型开篇,在详细描述服饰的材质、款式的同时,还会穿插作者的简短点评。因为在 19 世纪,时尚服饰已越来越鲜明地被划归到女性领域,所以,这类杂志总是以女性装束为主,关于男性的服装或装饰不约而同地只是寥寥数笔。与革命前主要面向女性的刊物类似,除了时尚内容之外,戏剧、音乐以及短小的文学作品也占据着这类杂志的不少篇幅。当然,与它们的前辈相比,其不同之处也是非常明显的。首先,与政治或时事相关的内容几乎消失不见。在 18 世纪中叶的《仕女报》中对于时事新闻发表看法的小文并不少见,大革命爆发前后的《时尚与品位杂志》上涉及时政的见解更是随处可见。然而到了 19 世纪上半叶,在众多时尚女报中,存在时间最长、影响最广泛的《仕女与时尚报》及《女精灵》等杂志,都只谈风月,不谈时事。这背后不仅与当局的新闻检查制度有关,也与报刊杂志作为社会舆论的导向、公众观念的载体所表现出来的关于女性角色问题的看法的改变息息相关。最后,与早期的女性杂志类似,这些女性刊物上也常常可以看到许多著名文化人的大名,尤其到了 19 世纪,巴尔扎克、雨果、大仲马等大作家的名字亦经常出现。从这点来看,虽说这类刊物面向的主要是女性读者,但是,在上面发表言论观点的,并不是处于社会边缘的无名小卒,而是占据着社会主流观点的群体。依据上述几个理由,在结合其他材料的基础上,具有代表性的女性杂志将是非常珍贵的研究文本,从中,可以找到外观服饰与女性社会角色在 19 世纪重新定位之间的内在联系。

需要指出的是,本书使用到的 19 世纪杂志材料,绝大部分尚没有电子版,均是作者从法国国家图书馆善本室拍照而得,样张请见附录。

第四类:大革命时代的出版物

如果要深入了解大革命时代的法国女性究竟是怎么穿衣打扮的,这些服饰背后又依附着什么样的观念和诉求,除上述三类原始材料以外,梅西耶(Sébastien Mercier)、布雷东(Restif de La Bretonne)、尤瑟纳(Octave Uzanne)等当时著名的社会观察家的作品是不可或缺的一手材料。他们的作品全方位地展现了当时人们生活的各个方面,他们的笔触深入到沙龙里、舞台幕后甚至是某位上流社会夫人的闺房,细致地描绘了大革命时代动荡的社会政治环境下,各阶层的人们究竟是如何生活的。

除此以外,大革命时代也是各种新旧观念剧烈碰撞,各种讨论层出不求的时期。无论是革命前夕那些讨论贵族等级价值所在的著作,还是那些借着色情小说名义攻击法国王室的匿名出版物,或者是革命时期形形色色的宣言,以及革命高潮退却之后呼吁重建社会秩序的大量小册子,这些珍贵的文本就像拼图材料一样,能大致勾勒出那个时代人们关心的话题和他们的所思所想。这些材料中的一部分已经被整理影印出版,如法国大革命时期有关妇女问题的陈情书;另外一些则散落在各个不同的材料汇编之中;另有一些年代更为久远的,则是以缩微胶卷的方式保存在法国国家图书馆,本书正文中引用时均有完整编号以供查询。

18 世纪，一场围绕着"奢侈"的大辩论在法国思想界如火如荼地展开，从费内隆到卢梭，从梅隆到伏尔泰，持续了数十年而不绝。[1]这场辩论的背后是法国人在这个世纪里面临的诸多问题——国家与秩序、农业与商业、自由与特权、个人与团体——之际，表现出来的观念上的冲撞与焦灼。对于这场大辩论，学界的研究已为数不少。[2]然而，其中很有意思的一部分却至今没有较深入的研究，那就是从古至今，在对于奢侈的责难中，女性对时尚的痴迷始终是被连带攻击的，而这一点，在 18 世纪后半叶的有关奢侈的讨论中，更为明显地凸显在各类文本中。厘清奢侈讨论中的女性话题，不仅可以帮助后人了解在消费社会兴起的早期，法国知识界对于女性与时尚问题的看法，更重要的是，可以发掘出隐匿在这些看法背后的其他问题，比如为什么"奢侈与女性"这个问题如此被关注？这中间涉及的关于性别、社会角色、社会秩序的种种观念，又是怎么样的？更进一步地说，表面上攻击女性的言辞会不会是某种隐藏的政治目的的修辞？

　　因此，本书开篇"奢侈讨论中的女性"，其主要目的并不是要详细地回顾 18 世纪法国的"奢侈之争"，而是要将其中关于女性与服饰的话题挑选出来，并侧重对这一部分内容加以阐释和分析。所以在简单回溯这个词的含义在历史上的变化以及 18 世纪之前人们对奢侈问题的看法时，也会着重注意奢侈话题中的性别及服饰的成分。

　　18 世纪下半叶，尤其是旧制度的最后二三十年，凡尔赛和巴黎上流社会的时尚女装以极度的华丽繁复为主要特点。一方面，这与消费社会及服装时尚行业的蓬勃发展有着密不可分的关联；另一方面，用时尚服饰传播的理论来解释，这是等级制度在遭受威胁时用以标明自身存在的方式。在 18 世纪下半叶的法国社会的背景下，奢华的时尚越是以惊人的速度流行，越是从侧面说明这个等级社会的根基摇摇欲坠，

---

[1]　约翰·肖福林(John Shovlin)认为奢侈之争主要发生在 18 世纪下半叶，50—60 年代主要讨论关于商业和手工业是否是导致奢侈的原因；60—70 年代，奢侈的讨论拓展到政体方面；70—80 年代，奢侈的讨论逐渐变成了一种反贵族的论调。参见：John Shovlin, *The Political Economy of Virtue*：*Luxury*，*Patriotism and the Origins of the French Revolution*，Ithaca and London：Cornell University Press，2006，pp. 6-7。但是，依据约翰·舍克拉(John Sekora)等人的观点，奢侈之争实际上从 18 世纪初期就已经展开，参见 *Luxury*，*the Concept in Western Thought*，*Eden to Smollett*，Baltimore and London：John Hopkins University Press，1977，第一章。

[2]　关于奢侈的讨论在 18 世纪西方思想史中占据着重要的地位，本书相关内容参考的文献除注①提到的 John Shovlin、John Sekora 的著作外，还有 Maxine Berg and Elizabeth Eger，*Luxury in the Eighteenth Century*，*Debates*，*Desires and Delectable Goods*，New York：Palgrave Macmillan，2003；Jeremy Jennings，"The Debate about Luxury in Eighteenth and Nineteenth Century French Political Thought，" *Journal of the History of Ideas*，Vol. 68，No. 1 (Jan.，2007)，pp. 79-105；以及 Ross Ellen 没有发表的博士论文：*The debate on luxury in eighteenth-century France a study in the language of opposition to change*，Ph. D. Diss. University of Chicago，1975。

因为森严的等级区隔已经越来越模糊，用以区别自身与他者的手段唯有浮于表面的服饰。然而，在一片繁缛华丽、珠光宝气的女装之中，有一股新的风尚悄然兴起。这就是崇尚简洁自然的趋势。这种新的风气是如何产生，哪些女性穿着这样的服装，它的流传和启蒙以来关于女性的新的观念有无关联？这些问题的探讨都将有助于我们理解当时社会舆论如何看待女性以及女性如何看待自身的。本篇"时尚王后"章将围绕玛丽·安托瓦内特及其追随者来切入这些问题。

奢侈讨论中的女性

"奢侈"之意及 18 世纪之前的"禁奢令"

"奢侈"这个词内涵丰富,历史悠久。虽然要追溯它起源已不可能,但是我们仍可以注意到它在早期使用中的两个重要方面。首先,它与某些宗教教义相关,指的是人享用了原本敬献给诸神的贡品;其次,在一些有关奴隶的案件中,这个词也会出现。[1] 有研究者认为,"奢侈"一词有两个传统的基本含义:奢华铺张以及放荡越轨。[2] 无论取哪种说法,都可以归纳出奢侈这个词的两重基本涵义,那就是"非必需"及"越界",换言之,在古典文本中,奢侈之物指的就是不需要且不应该去染指的那些东西——对杂草而言,是侵占庄稼;对奴隶而言,是追求自由;对人而言,是享用献祭给神的供品,或者是在吃穿用度上无限贪婪,不知满足。[3] 连接这两个含义的核心是"欲望",也就是说,奢侈里面隐含着一种欲求,这是一种从本分的状态中脱离出来的欲求。

对于柏拉图和亚里士多德等古希腊哲学家来说,他们猛烈攻击的就是这种"欲求",这种躁动的"渴望"。他们把这种欲望看成是臣服于身体欢愉的软弱,背离了人应该达到的那种自然和谐的充满德行的状态。他们相信,德行是本性、习俗以及理

---

[1] John Sekora, *Luxury, the Concept in Western Thought, Eden to Smollett*, preface.

[2] Ros Ballaster, "Performing Roxane: the Oriental Woman as the Sign of Luxury in Eighteenth-Century Fictions," in Maxine Berg and Elizabeth Eger, *Luxury in the Eighteenth Century Debates, Desires and Delectable Goods*, New York: Palgrave Macmillan, 2003.

[3] John Sekora, *Luxury, the Concept in Western Thought, Eden to Smollett*, preface.

性的结合。[1] 而奢侈妨碍建立一个和谐合理的秩序：它违背人的自然本性、腐蚀习俗，同时让人放弃理性，沉溺于冲动的激情。

到了罗马时期，奢侈不仅是道德问题，更与政治密切相关。豪宴一直以来就是罗马的一种政治行为，政治人物用其扩大个人的声望和影响力。罗马的最后几代皇帝，多是纵情声色的酒肉之徒。李维在《罗马史》中写道："没有任何共和国曾如此伟大、如此富有德行（sanctior），树立了如此多的良好榜样；对奢侈和贪婪如此迟晚、对贫困和简朴如此崇尚。的确，财富越少，欲望（cupiditatis）就越小。近期，财富招致了贪婪和纵欢，而奢侈和贪欲（per luxum atque libidinem），毁了我们自己，也毁了其他一切（*History*：Preface，10）。"[2]

在随后几个世纪里的基督教文献中，奢侈成了与适度和纯洁相对立的一种罪孽，是野心和不洁，[3] 成为原罪之一。[4] 奥古斯丁在《上帝之城》里把奢侈与没有节制的荒淫等同，认为希腊就是毁于奢侈之风，而罗马显然也步其后尘了。在他笔下，奢侈和邪恶为一端，他多次使用"邪恶的奢侈"这样的表述，他说："如果奢侈可以防止，那么邪恶就可以终止"[5]；另一端则是"中庸、节制和克制"，"中庸"这一提法仍然保留了古典作家关于合理与和谐的基调。奥古斯丁更进一步说："奢侈不是美的和令人愉悦的事物的过错，而是那个违反常情地热爱肉体，因而放弃节制的灵魂的过错。"[6]

事实上，所有这些针对奢侈的批评的背后，我们看到的是对合理界限被"僭越"的指责，对放纵欲望与野心的声讨。抨击奢侈的声音如此强烈，正是因为这种"越界"如果表现在现实社会中，那就是对现有秩序的巨大威胁。在古典时代，如果奴隶要自由，那么城邦的基础便不复存在；如果战士沉溺酒色，那么外敌入侵就如入无人之境。在等级社会里，如果人们追求不属于自身所属等级的豪华奢靡，就会在外观上混淆社会阶层。

正因为如此，历史上出台过一系列的禁奢令。以法国为例，多位法国国王，查理八世于 1483 年，弗朗索瓦一世于 1543 年，亨利二世于 1549 年，查理九世于 1562 年，

〔1〕 John Sekora, *Luxury, the Concept in Western Thought*, *Eden to Smollett*, p. 32.
〔2〕 转引自：[美]克里斯托弗·贝里：《奢侈的概念》，江红译，上海：人民出版社 2005 年版，第 69 页。
〔3〕 [古罗马]奥古斯丁：《上帝之城》，王晓朝译，北京：人民出版社 2006 年版，上卷第 55 页。
〔4〕 John Sekora, *Luxury, the Concept in Western Thought*, *Eden to Smollett*, p. 27.
〔5〕 [古罗马]奥古斯丁：《上帝之城》，上卷第 55 页。
〔6〕 [古罗马]奥古斯丁：《上帝之城》，上卷第 504 页。

亨利三世于 1583 年,亨利四世于 1605 年,一直到路易十四都颁布过相关法令。[1]
一方面,这些法令痛斥对外国奢侈品的消费是王国境内人民困顿生活的重要原因,
也是外国从法国手中攫取财富和生活资料的手段,表现出浓郁的重商主义气息。[2]
另一方面,法令还针对这样一个现象,即奢侈的风气使得出身普通的人也竭尽全力
使自己的生活显得奢华,这显然威胁到了等级秩序。在等级社会,作为统治阶层的
群体需要外在的各种符号将自身与其他较低阶层相区别。[3] 各种昂贵的服饰、装饰
即为这种区别的外在表现,所以这些物品是作为特权的一部分保留给特权阶层的。
法国历史学家菲利普·佩罗(Philippe Perrot)指出,服饰在中世纪起着严格的区别
和标志的作用,显示着社会结构和社会功能的各个主要方面,支撑和强化着等级制
度的规定,并且标示着组成这些等级的团体的固定性和潜在的流动性。[4] 允许穿着
某种服装意味着可以进入某个群体,反之,被禁止穿着这类服饰则是被排斥在外的
明确表示。团体或等级的分化在服饰外观上的成熟定型是社会等级既稳定又明晰
的佐证。合法的服装是政治统治和社会规范有力的象征。[5] 因此,对于社会顶层的
大人物来说,奢侈不仅是允许的,更是必需的。[6] 禁奢令传达的真实意图实际上是
较高阶层禁止较低阶层运用金钱的力量去染指那些不属于后者的象征物。因为,奢
侈的真正目的并不在于所欲求的事物本身,而在于"拥有"这类对象这一事实,奢侈
的背后彰显的是拥有这些对象的权力关系。因此,奢侈在古典典籍和基督教文献

---

[1] L'abbé de Vertot, "Mémoire sur l'établissement des lois somptuaires," Dans *Bibliothèque académique ou Choix fait par une société de gens de lettres de différens Mémoires des Académies françaises et étrangères , la plupart traduits , pour la première fois , du latin , de l'italien , de l'anglais , etc*, Vol. 5. Paris: Delacour, 1811, pp. 169-190.

[2] 例如,1633 年有人在向国王申请颁布《禁奢令》时这样说道:"应该采取必要手段阻止人们再花费巨大的财力去追求奢华的服饰以及购买国外的奢侈品,以维持国内的经济秩序,免民众于苦难。法国自己也可以建立各种奢侈品的制造业,因为法国也盛产金银丝绸羊毛,我们的产品同样精美,价格却便宜很多,这样就可以使原本会流向国外的财富留在国内。此外,很多外省地区生产的面料供大于求,我们甚至可以将产品外销……所以君主应当下达必要的法令取消前面所说的那种不正常的奢侈——大量的财富用于购买珍珠钻石这些与民国计生毫无关系的东西。见"Remontrance au roi sur la réformation des habits, et de l'emploi des étoffes d'or, d'argent, soies et autres, faites et manufacturées hors du royaume de France; en exécution des édits, ordonnances," Paris: J. Brunet, 1633。该文献收藏于 BNF,缩微胶卷,编号: P93/3481。

[3] 可参看罗什《外表的政治》,以及 Philippe Perrot, *Le luxe: une richesse entre faste et confort XVIIIe-XIXe siècle* , Paris: Seuil, 1995;以及 Jones Jennifer, *Sexing La Mode: Gender, Fashion and Commercial Culture in Old Regime France* , Oxford: Berg, 2004 等著作,这些著作中对此有非常详细的论述。

[4] Philippe Perrot, *Les dessus et les dessous de la bourgeoisie: Une histoire du vetement au XIXe siecle* , Paris: Fayard, 1981, p. 32.

[5] Philippe Perrot, *Les dessus et les dessous de la bourgeoisie: Une histoire du vetement au XIXe siecle* , p. 21.

[6] Nicolas de La Mare, *Traité de la police , ou l'on trouvera l'histoire de son établissement* , Vol. 1, Amsterdam: aux dépens de la Compagnie, 1729, p. 357.

中，负载的政治及道德含义远远大于它在经济层面的意义。奢侈，指向的是权力的彰显和争夺。

18 世纪之前奢侈与女性的联系

无节制的攀比铺张，不仅损害美德，削弱国力，也扰乱森严的社会秩序，这就是18 世纪之前，奢侈饱受攻击的要害之处。有意思的地方在于，奢侈从古希腊罗马开始就与女性联系在一起。奢侈最受诟病之处就在于它会消磨人的意志，使其丧失阳刚的美德（virtus）。奢侈在那时就被附上了柔弱的女性气质这个标签，一直到 18 世纪，这一标签仍然发挥着巨大的影响力，在人们的讨论中时时可见奢侈与女性、奢侈与女气等词相关联。在基督教思想中，则把奢侈与淫荡（尤其是女性的淫荡）等同，欧洲一些教堂的装饰中，"奢侈"这一抽象概念甚至直接用裸露的女性来表示。这一观念，在伊甸园的故事中已初露端倪，亚当便是在夏娃的带领下堕落的。在德尔图良等基督教作家的笔下，女性几乎就是魔力的象征，她直接就代表着"过度"和"放纵"。[1] 1634 年，宗教人士发表文章，从灵魂得救的角度劝诫女性不要沉溺于外表的奢华。文章如是说："倘若要获得拯救，就应该弃绝虔诚的大敌，蔑视当下的生活和俗世的虚荣，而现今服饰上史无前例的奢侈和浮夸是最应当放弃的。人出生时，是赤裸而纯洁的，当我们越是将自己隐藏在精美的服饰背后，反而越变得污秽。"[2]

世俗的观点同样对女性化的奢侈毫不留情。1642 年，菲特留（Fitelieu）发表长文《反时尚》[3]（La contre-mode），抨击巴黎的某些人追逐时尚的奢靡之风，像女人那样穿着打扮，徒有男性的面孔，内心与行为举止已经完全女性化。[4] 同时，他完全把奢侈之罪归咎于女性，认为是女性将她们的轻浮、疯狂加诸男性。[5] 因此，他告诫男人们穿衣只需满足自然的需求即可，万万不可打扮得像个女人。[6] 他甚至把时尚比喻为一个出身低贱的娼妇，要摧毁她所有俘虏的精神。[7] 同年，另一位法国作家格

---

〔1〕 Tertullien, traduit par Hébert, *Des prescriptions contre les hérétiques*, *de l'habillement des femmes*, *de leur ajustement*, *et du voile des vierges*, Paris: S. Trouvin, 1683.

〔2〕 *Consolation sur l'entretien des dames, pour la réformation des habits*, Paris: M. Blageart, 1634, 该文献收藏于 BNF, 缩微胶卷，编号：MFICHE 8-LI8-11。

〔3〕 Fitelieu, Sieur de Rodolphe et du Montour, *La contre-mode*, Paris: Chez Louys de Hevqueville, 1642. 该文献收藏于 BNF, 缩微胶卷，编号：MFICHE R-25963.

〔4〕 Fitelieu, *La contre-mode*, pp. 4-5.

〔5〕 Fitelieu, *La contre-mode*, p. 37.

〔6〕 Fitelieu, *La contre-mode*, p. 374.

〔7〕 Fitelieu, *La contre-mode*, p. 10.

勒纳耶(Grenaille)也出版了同样题材的论著,他担心的是当代女性如此放纵攀比的生活作风会严重腐蚀社会风气。[1] 在这些作者看来,令人不安的威胁是在奢侈的统治下,男人变得像女人,而女人则更不知羞耻。[2] 更严重的是,追求奢侈造成的性别上的"无序"(désordre)会扩散到整个社会,使社会各个等级混淆,以致再也不能从衣着上辨识出一个人的身份。[3]

在前文提到的禁奢令中,也大量涉及女性的衣着打扮。比如,1634年官方就颁布相关法令,严禁宫廷中的女性穿着奢侈华丽的服装。告诫这些贵妇应该带头遵守国家提倡俭朴的法规。[4] 所有这些表述中,性别的意味如此浓厚,以至于很难被人忽略。所以,我们可以看到,奢侈是一个源远流长的话题,在这个话题中,经济是一个层面,而更重要的是政治与道德的层面。我们也看到,其中还有性别的层面。在奢侈话题中,女性从来不是一个正面的形象,她总被放置在软弱、放纵甚至淫荡、邪恶等贬义词之中。那么,到了18世纪的"奢侈之争"大辩论时,这种情况是否有所变化?

18 世纪的"奢侈之争"

首先,来看看当时的词典中,这个词是如何被定义的。在1694年第一版的《法兰西词典》中,奢侈被极其简单地解释为"在服饰、饮食或者家具上,过分的铺张"[5]。1762年,第四版《法兰西词典》沿袭了第一版的定义,但是值得注意的是,在例句中,除了前三个与第一版相同外,又加入了第四句例句:"奢侈不容易被界定(Le luxe n'est pas aisé à définir)"。1778—1788年出版的《法语评论词典》中细致区分了"奢侈"和"摆阔"的区别。该词典的作者说:"摆阔是伴随着明显炫耀的巨大虚荣(une grande vanité),……奢侈则是寻求一种精致的舒适(le rafinement des aises et des comodités)。"

---

[1] François de Grenaille, *La mode*, Paris: N. Gassé, 1642, p. 333.

[2] François de Grenaille, *La mode*, p. 247 et p. 320.

[3] A. Phérotée de La Croix, *Epître à Damon sur le luxe des femmes de Lyon. Par le sieur L * * *. Ensemble les Nouvelles satires du sieur de * * *, avec l'Art du geste du prédicateur*, Lyon: [s. n.], 1685.

[4] *L'Ordre de la nouvelle réformation de la cour dans l'usage des habits, suivant le commandement du roi et le règlement de Sa Majesté*, par P. Mettayer, [s. n.], 1634.

[5] 关于"奢侈"在下述各个年代词典中的不同定义,请参看芝加哥大学开发的旧时词典在线资料库: http://artflx. uchicago. edu/cgi-bin/dicos/pubdico1look. pl? strippedhw＝luxe&headword＝&docyear＝ALL&dicoid＝ALL 相关条目。

最详细的定义则出现在 1762 年的《百科全书》中，该词条的作者是圣朗贝（Saint-Lambert）侯爵。关于"奢侈"一词，他这样写道：

所谓奢侈，是指人们凭借财富和精巧的工艺为自己获得一种舒适愉悦的生活。奢侈，首先是对我们的（现有）状态不满意。这种希望过得更好的渴望，存在，也应该在每个人身上。在人们身上，它是激情、美德以及罪恶的源头。这种渴望必定会使得他们爱上并去追逐财富。由此，致富的渴望就被纳入了，也应该被纳入每一个不建立在平等和共同财产上的政府管辖范围。而这种渴望的主要目的就应当是奢侈。因此，在所有国家，所有社会都存在奢侈：野蛮人拥有他买来的兽皮吊床；欧洲人则有他的沙发和床；我们这里的女人喜欢抹胭脂戴钻石；佛罗里达的女人们则喜欢涂上蓝色戴着玻璃球。

在所有时代，奢侈都曾是道德家们的话题，他们总是忧心忡忡地指责它。而一段时间以来，它又成为某些公众人物的赞美之物，当然，他们以商人或者经纪人的身份这么说的，而不是作为哲学家或者政治家。

从上述引用的词条内容来看，有三处值得注意的地方。

首先，虽然奢侈最基本的含义——"过量"——仍然没有改变。但是对于奢侈的评价到了 18 世纪，出现了一个去道德化的趋势。不论是《法兰西词典》抑或其他词典，都已经在使用一种非道德的修辞去界定奢侈，强调的只是它的过量，却不给这种"过量"下一个道德的评价。

同时，人们开始承认给奢侈下一个清晰的定义是困难的，而这对于 18 世纪之前的人来说基本不构成问题。因为后者一直沿袭传统的说法，把奢侈界定为在物质享受方面的沉溺，这一含义在他们看来是不言自明的，根本不需要去质疑去分析，任何一个头脑清醒的人都会反对奢侈。[1] 可是，到了 18 世纪，人们把奢侈与排场（Faste）区别开来，认为后者是和舒适愉悦相关的事物。

最后也是最重要的，此时关于奢侈，在社会层面人们开始更多考虑它在经济领域的意义和影响；在个人层面，奢侈成为自爱，自我鞭策寻求更好生活的内在动力。这一转变在圣朗贝给出的定义中可以清晰地看到。

换言之，在 18 世纪的部分作者笔下，奢侈逐渐变成一个道德中立的词，他们更关心的是与奢侈相关的财富以及公平问题。这样的奢侈概念显然与古典时期或者基

---

[1] John Sekora, *Luxury, the Concept in Western Thought, Eden to Smollett*, 1977, p. 6.

督教思想中的奢侈概念有了非常大的变化。那么这种观点在当时的思想界是占据主流位置吗？站在它的对立面的观点又是如何反击的？这就需要清理一下"奢侈之争"的过程。下面就让我们来看看历史上这场著名的大辩论。

首先是以费内隆（Fénelon）、霍尔巴赫（Holbach）等人为代表的奢侈的强硬反对者。他们痛斥奢侈是毒害国家民族的罪魁祸首。在费内隆的《忒勒马科斯历险记》(*Les aventures de Télémaque*)中，主人公进行的改革便是将奢侈和所有无用的技艺连根拔除，转而加大对商业的投入，尤其是农业。[1] 作者多次把"奢侈"与"柔弱"(mollesse)连用，[2]这与古典作家非常接近。霍尔巴赫同样担心奢侈会使得整个民族变得利欲熏心；人们变得斤斤计较，"至于尊敬、美名、荣誉、诚实，在他们看来都只是一些空洞的名词"[3]。与费内隆一样，他提出的奢侈之风削弱人的身体和精神，使之失去荣誉心和爱国心的观点，大体可以看成是传统观念在 18 世纪的余音。总之，在这一派的观点看来，奢侈是毫无益处的，而且，一旦渗入一个社会，就很难根除。

到 18 世纪中期，重农学派对奢侈的抨击愈加激烈。魁奈（François Quesnay）、老米拉波（Victor Riqueti Mirabeau）、波多（Nicolas Baudeau）等人的基本观点为：奢侈品的生产制造不能产生新的价值，所以是一种纯粹无用的生产，满足了不事生产的阶级（classe stérile），却损害了生产性阶级（classe productrice）。[4] 奢侈会使重农学派推崇的自然经济秩序（L'ordre naturel économique）失去平衡（perdu son équilibre）。[5] 值得注意的是，老米拉波也把奢侈和排场相区别。他认为，排场是等级制度必要的开销，它在公民之间遵从等级的秩序（l'ordre des rangs entre les citoyens）；而奢侈则正好相反，它通过控制奴役精神，引诱灵魂堕落，从而使国家变得软弱，社会风气变得污浊。[6]

另一些思想家在奢侈问题上则属于中间立场。孟德斯鸠就是其中的典型代表。他依然坚持奢侈会使人民腐化，使美德沦丧。他在《论法的精神》中说："罗马人一腐

〔1〕 François de Salignac de La Mothe Fénelon, *Les aventures de Télémaque*, livre X, Paris: Didot, 1853, p. 221.

〔2〕 见 Fénelon, *Les aventures de Télémaque*, Paris: Didot, 1853 中第 234 页，第 260 页，第 362 页等处。

〔3〕 ［法］霍尔巴赫：《自然政治论》，陈太先，眭茂译，北京：商务印书馆 1994 年版，第 389 页。

〔4〕 François Quesnay, "Répétition de la question... au sujet du bénéfice que la fabrique des bas de soie... produit à la France," dans *Oeuvres économiques complètes et autres textes*, Paris: INED, 2005, p. 857.

〔5〕 Nicolas Baudeau, *Principes de la science morale et politique sur le luxe et les loix somptuaires*, 1767, Paris: P. Geuthner, 1912, p. 13.

〔6〕 Victor Riqueti Mirabeau, *L'ami des hommes ou Traité de la population*, Paris: Chez Chrétien Hérold Hambourg, 1760, pp. 470-471.

化,欲望立即变得漫无边际。"[1]而且他也曾以财富激增和贪婪来解释罗马帝国的灾难。对于美德来说,孟德斯鸠认为,"在一个急趋腐化的情势下,人人都倾向于奢侈淫佚的时候,还有什么品德可说呢"[2]?

但是,另一方面,孟德斯鸠也看到了奢侈并非完全一无是处。他不赞同奢侈会让国家或社会变得软弱,恰恰相反,奢侈把人们追逐利益的欲望激发出来,从而使得像巴黎这样的大都市"每个阶层的人,从工匠到达官贵人,都有这种工作热情,都有这种发财欲望。……同样的精神见之于全国,到处崇尚勤劳和技艺"。[3]这样的民族,怎么会像女子般柔弱呢? 在孟德斯鸠看来,反而是那些"禁止一切有助于娱乐和享受的艺术"的国家,会变成世界上最贫穷的国家,"民族日渐衰微,国家会虚弱不堪,任何小国都可以征服它"。[4]所以,在这一点上,孟德斯鸠对于奢侈的基本态度显然有别于古典作家。

值得注意的是,孟德斯鸠强调奢侈与经济上的不平等有关。这一观点在 18 世纪之前的文献中并没有被着重提出。孟德斯鸠认为,奢侈和财富的不均永远是成正比例的,如果全国的财富都分配得很平均的话,便没有奢侈了;因为奢侈只是从他人的劳动中获取安乐而已。[5] 此外,他还提出,在不同的政体下,奢侈的作用是迥然有别的。"一个共和国,奢侈越少,便越完善"[6],从柏拉图到孟德斯鸠,都认为共和国的立国之本在于平等和美德,在共和国里,个人和祖国的荣耀才是最重要的。但是,孟德斯鸠同时认为,奢侈对于君主制来说,则是必需的。"因为按着君主政体的政制,财富分配很不平均,所以奢侈是很必要的,要是有钱人不挥霍的话,穷人便要饿死。在这种国家里,财富越不均,富裕的人们的花费就应该越大。……私人的财富是通过剥夺了一部分公民的生活必需品才增加的,因此必须把剥夺的东西归还他们"[7]。

这种把奢侈看成是一个财富不平等的社会中社会资源再次流动的论点实际上在《蜜蜂的寓言》的作者——英国人曼德维尔(Bernard Mandeville)那里已有阐述,当然目前我们并没有证据认为孟德斯鸠是受前者的影响提出这样的看法,只能说在这一点上,他们的观点如出一辙。

曼德维尔著名的《蜜蜂的寓言》于 1706 年问世,1740 年译成法文。虽然他身处

---

[1] [法]孟德斯鸠:《论法的精神》,张雁深译,北京:商务印书馆 1961 年版,第 98 页
[2] [法]孟德斯鸠:《论法的精神》,第 98 页。
[3] [法]孟德斯鸠:《波斯人信札》,罗国林译,南京:译林出版社 2000 年版,第 130 页。
[4] [法]孟德斯鸠:《波斯人信札》,第 130-131 页。
[5] [法]孟德斯鸠:《论法的精神》,第 96 页。
[6] [法]孟德斯鸠:《论法的精神》,第 98 页。
[7] [法]孟德斯鸠:《论法的精神》,第 99 页。

弗拉芒海峡对岸,但是这本书对当时的法国思想界影响巨大,伏尔泰和梅隆等人均受其观点影响。曼德维尔对奢侈的看法可以归结为:首先,一切事物均可以被称作奢侈,从某种意义上说,世上根本就不存在奢侈;其次,通过明智的管理,所有民族均能够随意享用其本国产品所能购买到的外国奢侈品,而不会因此而变穷;最后,凡在军事得到应有重视、士兵得到良好报偿并严守纪律的国家,一个富裕的民族均能享有一切可以想到的、便利富裕的生活;在该国的许多部分,人们会享有人类智慧所能设想的众多繁华精美的生活。此外,曼德维尔把挥霍称为"高贵罪孽",因为"挥霍者是对整个社会的赐福,除了挥霍者自己之外,不会伤害其他任何人",他的挥霍反而使他的财富归还给公众。[1] 这就是与孟德斯鸠相同的"奢侈回馈论"。

如果说孟德斯鸠属于中间派的话,那么在这场大辩论中,高声赞美奢侈便是伏尔泰和梅隆(Jean François Melon)。他们这一派的基本立场与解释逻辑都与曼德维尔非常相似。

伏尔泰对于奢侈的定义与曼德维尔很接近,他说:"倘若人们把奢侈理解为一切超出必需之外的事物,奢侈便是人类进步的自然后果。"[2]1736 年,伏尔泰发表了诗歌《世俗之人》(Mondain)。[3] 在诗中,从香水到醇酒,从花园到马车,展现出巴黎上流社会生活的种种精美奢华。随后,为了反击那些抨击《世俗之人》的批评,伏尔泰在 1737 年又发表了《奢侈颂》(Mondain, ou L'Apologie du luxe)。[4] 他在这两部作品中的观点便是,奢侈是国强民富的根源,只有奢侈的欲望始终留存在世间,才会有无穷的欲望驱使不辍的劳作,从而使我们的生活变得更富足美好。在他的《哲学词典》中,伏尔泰逐一批驳那些反对奢侈的观点。他认为正是雅典的奢侈培养了伟大人物,这样的贡献远非斯巴达所能比肩。他还说,也许奢侈会让小国覆灭,但却能让大国富庶,因为"过于俭省也像挥霍无度一样无益"。[5]

与他观点十分接近的梅隆在其《关于商业的政治论述》中反对各种禁止奢侈的措施,认为这会阻碍经济的自由健康发展。他并不否认土地是经济之根本,然而,他认为国力之强盛却来自于技艺的发展,因为只有技艺发展才能有工具的进步,才能

〔1〕[英]伯纳德·曼德维尔:《蜜蜂的寓言》,肖聿译,北京:中国社会科学出版社 2002 年版,第 81 页和第 94 页。

〔2〕[法]伏尔泰:《哲学辞典》,王燕生译,北京:商务印书馆 1991 年版,下卷,"奢侈,奢华"词条。

〔3〕Voltaire, *Oeuvres complètes de Voltaire: Théatre. La Henriade. La Pucelle. Poésies*, Paris: Furne, 1835-1838, tome 2, p. 716.

〔4〕Voltaire, *Oeuvres complètes de Voltaire: Théatre. La Henriade. La Pucelle. Poésies*, Paris: Furne, 1835—1838, tome 2, p. 718.

〔5〕[法]孟德斯鸠:《论法的精神》,第 81 页。

使土地有更大的产出以供给更多的人口;而技艺的发展却离不开人的欲望中对于更好生活的向往。从这一视角出发,梅隆认为没有必要向往斯巴达或者早期罗马共和国那样的严肃俭朴,因为奢侈正是对经济发展的"适当奖励"。[1] 前文撰写"奢侈"词条的圣朗贝也认为,追求更美好生活的欲望是人的天性,奢侈确实会腐化社会风尚,造成攀比之风盛行;但若用团体精神和爱国情操去规制财富,用税收的方式妥善平衡商业各部分,完全可以使充裕的财富发挥利国利民的作用。[2]

经由奢侈的争论,我们看到的是一个传统社会在经受新的财富力量冲击时的境况。通过这些立场迥异的观点碰撞,面对新的财富势力的不同态度便显而易见。有史家认为18世纪中期关于奢侈的讨论实际上是被错误命名的关于新的消费经济的讨论,反对新消费的人远大于赞成的人。除了传统的反对理由外,其他人则从重农学派的观点出发,认为消费的钱是从农业中来,将有利于国家发展的金钱用于满足无谓的浪费,还会破坏一个国家所需要的良好公民应该具备的美德。[3] 但是,从现存文本来看,18世纪的奢侈讨论,除了经济层面的原因之外,道德层面的因素远远占据了更多的注意力。因为18世纪讨论商业或者奢侈,不仅仅是罗列分析商业或者奢侈现象的出现、它们的特征以及相关法律之类,而是探讨随着这类现象出现的文化和阶层,如何作为一个社会的组成部分而存在。[4]

在传统观念中,奢侈是"十恶不赦"的,一方面因为它败坏风气,腐蚀美德,戕害农业,并且使国家财富流失;另一方面,从那些"禁奢令"中透露出来的,是一种对社会秩序被混淆的恐惧和警惕。到了18世纪,在奢侈的反对者那里,这两个理由依然是成立的。尤其在18世纪早期,奢侈的坚定反对者,如费内隆一派,崇尚建立在荣誉、德行以及出身门第之上的社会政治制度,即贵族占据主导地位的等级社会。他们坚信土地是最稳固的财富,也应当是政治权利的重要来源。他们攻击奢侈,实质是在抵制当时正在兴起的流动财富对旧有等级制度的冲击,反对的是将个人地位与金钱财富联系在一起。对此,意大利历史学家加利亚尼(Renato Galliani)有精到见解,他认为对于奢侈的反对者而言,奢侈不再与等级的混淆相联系,而与财富的不平

---

〔1〕 Jean François Melon, *Essai politique sur le commerce*, [s. n.], 1736, 及 Mark Goldie, Robert Wokler, *The Cambridge History of Eighteenth-Century Political Thought*, Cambridge; New York; Cambridge University Press, 2006. p. 411。

〔2〕 参见 Jean-François de Saint-Lambert, *Essai sur le luxe*, [s. n.], 1764.

〔3〕 Cissie Fairchilds, "Fashion and freedom in the French Revolution," *Continuity and Change*, 15 (3), 2000, pp. 419-433.

〔4〕 Robert W. Jones, *Gender and the Formation of Taste in Eighteenth-century Britain: The Analysis of Beauty*, Cambridge: Cambridge University Press, 1998, pp. 3-4.

等相关,也就是说,对于奢侈的攻击从与贵族的紧密联系扩大到一个更广泛的社会范畴。他认为,在反奢者眼中,资产阶级的富裕是最大的危险,因为它把等级社会变为一个可以用金钱来度量的流动性大为增强的社会。从路易十四开始,贵族在政治上已经处于一种被钳制的状态,随后在经济上也开始处于同样境地,这是因为资产阶级的崛起代表着流动财富对于土地财富的胜利。反奢者鞭笞不平等,实则也是源于一种贵族意识形态的背景。[1]加利尼亚的观点,可以从孟德斯鸠在《波斯人信札》中对于罗马败落原因的阐释得到佐证。孟氏在《波斯人信札》里具体地把罗马的失败归咎于财富的增多导致了经济上的严重不平等,他认为这种不平等使共和国得以安身立命的公民/战士之间的平等分享土地体制趋于瓦解。[2]因此,在18世纪上半叶的这些反奢者看来,奢侈不仅来源于严重的经济不平等,而且还会加剧这种不平等。与巨大贫富差距联系在一起的奢侈对他们而言,意味着传统的等级社会将会被金钱击溃。

最后,要谈一谈卢梭对于奢侈的看法。把他单独列出来,是因为卢梭虽然也属于奢侈的反对者,但是,他抨击奢侈的理由却不同于费内隆等贵族阶层。在卢梭这里,人生而平等是其思想的核心,因此奢侈威胁等级秩序这一说是不成立的。那么,卢梭反对奢侈的出发点是什么呢? 我们在他著名的《论科学和艺术》一文中,可以找到缘由。他说:

> 君主们总愿意看到那些耗费金钱又毫无益处的赏心悦目的艺术和虚华无实的趣味,在自己的臣民中间流传。因为他们很了解,这些东西除了能够培养人们的心灵狭隘便于奴役而外,人民在这方面的需求只是给自己加上更多的枷锁而已。的确,对于一个根本不需要任何东西的民族,谁又能加以任何的羁轭呢?

不是政治也不是经济,卢梭的出发点是最基本的人性,他认为奢侈会迷障最简朴自然的人性,使心灵失去最初的自由。在他看来,贫穷与蒙昧时代的单纯、清白与德行,远远高于后世的种种奢美精巧,他把斯巴达看成是"半神明"的共和国,因为"他们的德行超乎人世之上",因为他们弃绝了一切艺术和科学。[3]虽然卢梭也与所

---

[1] Renato Galliani, *Rousseau, le luxe et l'idéologie nobiliaire Texte imprimé étude socio-historique*, Oxford: the Voltaire foundation, 1989, p. 185.

[2] Mark Goldie, Robert Wokler, *The Cambridge History of Eighteenth-Century Political Thought*, p. 407.

[3] [法]卢梭:《论科学与艺术》,何兆武译,北京:商务印书馆1963年版,第15页。

有奢侈反对者一样,引用斯巴达的例子,也与他们一道赞美德行,同时,他也确实厌恶金钱带来的"表面的和虚假的财富",[1]但是不能由此判断卢梭在奢侈问题上的立场是一种隐晦的贵族等级的意识形态[2]。因为从卢梭的论证中,难以找到任何维护等级制度的意图。在卢梭看来,奢侈最大的恶就是与善良健康的风尚背道而驰,最后还将后者解体。[3] 因而,他反对奢侈实则是反对巴黎所代表的人为的城市文明,这种文明在卢梭眼里是矫揉造作、华而不实的,而他自始至终都崇尚"太古时代淳朴的景象",他坚信,只有自然的才是真正朴实美丽的。[4]

18 世纪的"奢侈之争"中的女性

回到我们的主题,即,女性形象在 18 世纪的奢侈讨论中,又是怎么样的? 总体而言,在 18 世纪的奢侈大辩论中,女性依然与奢侈如影相随。这也是奢侈论争在该阶段显现出来的重要特征。

首先是文化界名人对女性在奢侈文化中的主导作用深信不疑。霍尔巴赫认为,在奢侈的社会里,是女性主宰着社会风气。男性为了取悦女性,变得温和谦恭;"随着奢侈之风的增长,妇女对社会的影响愈益增大,最后她们终于开始决定社会风尚"[5]。孟德斯鸠说,(在君主国里),奢侈总是和妇女一道支配着朝廷。[6] 相反,在共和国,虽然女性在法律上是自由的,但是她们却受风俗的支配,因为那里的风俗摒弃奢侈,所以腐化和邪恶也一起被摒弃。[7] 曼德维尔在《蜜蜂的寓言》中说:"最坏的女人,最挥霍无度的性别,的确是既消费生活必需品,亦消费奢侈品。"[8]有趣的是,他认为,正是女性的这些欲望,支撑了几十万人的就业与生计。他说:"伦敦的繁荣,一般贸易的繁荣,从而国家的荣誉、实力、安全及其一切现世利益,其中相当大的部分皆要依赖女人那些欺诈的邪恶计谋。"[9]当时的文献学家德塞尔(Nicolas

---

〔1〕 [法]卢梭:《爱弥儿》下卷,李平沤译,北京:商务印书馆 1978 年版,第 721 页。
〔2〕 Renato Galliani, *Rousseau, le luxe et l'idéologie nobiliaire Texte imprimé étude socio-historique*, p. 257.
〔3〕 [法]卢梭:《论科学与艺术》,第 23-27 页。
〔4〕 在《爱弥儿》下卷第 518-519 页,第 679 页,以及《论科学与艺术》第 27 页等处均可看到卢梭对自然,对天性的颂扬。
〔5〕 [法]霍尔巴赫:《自然政治论》,第 393 页。
〔6〕 [法]孟德斯鸠:《论法的精神》,第 104 页。
〔7〕 [法]孟德斯鸠:《论法的精神》,第 105 页。
〔8〕 [英]伯纳德·曼德维尔:《蜜蜂的寓言》,第 175 页。
〔9〕 [英]伯纳德·曼德维尔:《蜜蜂的寓言》,第 177 页,这里的"邪恶计谋"指的是女性费尽心机从男人那里索取各种礼物。

Toussaint Des Essarts)在他的《通用管理词典》(*Dictionnaire universel de police*)中这样解释"时尚行业","这是一个人数众多的团体,是女人的奢侈催生了它,风情给予它养分,只要轻佻的品味一直保持着无穷的激情,那它就可以一直存在。"[1]

此外,这一时期,不少官方文件专门针对女性在衣着上的装饰。例如,1700年高等法院颁布有关衣料及其他饰品的法令:[2]禁止妇女穿着任何饰有花边、蕾丝、小纽扣或由金银织物制成的装饰物的服装,违者将被处以三千锂的罚款,允许妇女在大衣、裙子、长裙外面装饰丝绒或其他材料制成的花边或饰带。[3]……从今往后,禁止书记员、公证人、检察员、传达员、商人以及手艺人的妻子或者未出嫁女儿拥有或佩戴任何质地的宝石制成的指环,以及穿戴任何金银线织就的衣料、饰带、穗子或者花边。[4] 1701年又特意重申了1700年的相关规定。[5] 在法国禁奢令的历史上,早期法令中并不多见专门针对女性着装的条款,往往规定不同等级的人在家居、马车或男性外套等方面的上限,即便有涉及女性,也总是附加在对于男性的服饰规定之后。因而,18世纪出现的特意强调女性服饰的禁奢令,显然是因为这个时期社会上出现了范围较广的女性服饰上的越界行为。

1705年,布哈代勒撰文斥责妇女们的野心和虚荣远大于男性。他说,那些商妇和资产阶级女性不仅在称谓上滥用"夫人"、"小姐"等原先非常尊贵的词,还在服饰上模仿社会地位高的贵妇们,把自己打扮得像伯爵夫人一样,征税官的妻子也穿得像个女侯爵[6]——"她们宽大的裙摆像圆形剧场那样里三层外三层地罩着不同织物,长长的披肩的打结方式数以千计"。[7]作者感喟世风日下,自然、简洁、朴素的穿衣风格已完全被浮夸造作的繁复衣饰所取代,女人们徒劳无益地幻想着用外表去取

---

[1] Nicolas Toussaint Des Essarts, *Dictionnaire universel de police*, vol. 6, Paris, Chez Moutard, 1788, p. 624.

[2] 这条法令出台的背景可能是在1685—1690年间,巴黎时兴在昂贵的绸缎或丝绒上大量使用金银作装饰。见 Jones Jennifer, *Sexing La Mode: Gender, Fashion and Commercial Culture in Old Regime France*, p. 21.

[3] 详见 *Édit... contre le luxe, portant règlement pour les étoffes, galons, ameublemens, vaisselles et autres ustenciles d'or et d'argent...*, Enregistré au Parlement le 20 mars 1700, Paris: Impr. royale, 1700 中第22条规定。

[4] *Édit... contre le luxe, portant règlement pour les étoffes, galons, ameublemens, vaisselles et autres ustenciles d'or et d'argent...*, Enregistré au Parlement le 20 mars 1700, Paris: Impr. royale, 1700 中第37条规定。

[5] *Arrest de la cour de Parlement concernant la reformation du luxe*, Paris: chez François Muguet, 1701.

[6] Jean du Pradel, *Traité contre le luxe des hommes et des femmes, et contre le luxe avec lequel on élève les enfans de l'un & de l'autre sexe*, Paris: M. Brunet, 1705, p. 6. 该文献收藏于 BNF,缩微胶卷,编号: MFICHE D-13680。

[7] Jean du Pradel, *Traité contre le luxe des hommes et des femmes, et contre le luxe avec lequel on élève les enfans de l'un & de l'autre sexe*, p. 33.

悦他人，[1]或者是让自己显得与众不同。[2]这些不甘于平淡简朴的欲望在作者看来就是无穷无尽的恶的根源。[3]

到了18世纪中后期，关于奢侈的各种论文、小册子中，女性被攻击的现象愈演愈烈。1762年，一本题名为《关于交际花问题，向巴黎警署中尉大人的陈述》（*Représentations à Monsieur le lieutenant général de police de Paris sur les courtisanes*）在坊间流传。这本小册子的出版机构居然署为：一个已被女人搞得破产的社会中的一家印刷厂。[4]作者对巴黎各个社交场合深恶痛绝。他开篇即说："这个到处都是悲惨景象的首都，却充斥着沉溺于极度奢侈的交际花们，这与某些公法是相抵触的。……无论在何处，人们总是能遇见这种女人，以致来旅行的外国人以为这个国家的女人无一例外都是这种德行。"[5]作者说，这些交际花们的挥霍程度是令人难以想象的，她们过着王公贵族般的生活，就像出身最高贵的公主一样。她们中的几个的开销就抵得上罗马最腐化时期的整个这种团体的铺张。[6]而作者最关注的是，当整个社会风气由她们掌握时，法国的贵族等级就堕落了，而这个阶级本该是君主制的中流砥柱。[7]

1772年，法国文学批评家托马斯（Antoine-Léonard Thomas）在《不同时代女性的特点、风俗和精神面貌》（*Essai sur le caractere, les moeurs et l'esprit des femmes dans les différents siecles*）中颂扬早期罗马妇女的质朴坚韧、恪守妇道，以此来反衬路易十三登基以来法国宫廷中由女性带来的混合着卖弄风情和桀骜自负的不良风气。[8]作者认为，这股歪风愈演愈烈，已经由宫廷扩散到了社会各个阶层。"越是文雅的社会越听不见不同的声音，古老的习俗已被抹去。所有的等级混淆在一起。"[9]作者把这一切都归咎于女性，他说："毋庸置疑，所有这些改变和混乱，都应该归罪于

〔1〕 Jean du Pradel, *Traité contre le luxe des hommes et des femmes, et contre le luxe avec lequel on élève les enfans de l'un & de l'autre sexe*, p. 38.
〔2〕 Jean du Pradel, *Traité contre le luxe des hommes et des femmes, et contre le luxe avec lequel on élève les enfans de l'un & de l'autre sexe*, p. 48.
〔3〕 Jean du Pradel, *Traité contre le luxe des hommes et des femmes, et contre le luxe avec lequel on élève les enfans de l'un & de l'autre sexe*, p. 48.
〔4〕 *Représentations à Monsieur le lieutenant général de police de Paris sur les courtisanes*, De L'Imprimerie d'une Société de Gens ruinés par les femmes, 1762. 该文献收藏于 BNF，缩微胶卷，编号：MICROFILM M-9844。
〔5〕 *Représentations à Monsieur le lieutenant général de police de Paris sur les courtisanes*, p. 4.
〔6〕 *Représentations à Monsieur le lieutenant général de police de Paris sur les courtisanes*, pp. 50-51.
〔7〕 *Représentations à Monsieur le lieutenant général de police de Paris sur les courtisanes*, p. 137.
〔8〕 Thomas, Antoine Léonard, *Essai sur le caractere, les moeurs et l'esprit des femmes dans les différents siecles*, Paris: Aux dépens de la Compagnie, 1772. pp. 38-39. 及 pp. 142-146.
〔9〕 Thomas, Antoine Léonard, *Essai sur le caractere, les moeurs et l'esprit des femmes dans les différents siecles*, pp. 148-149.

女人。殷勤献媚被称为时尚,轻佻风尚被视为优雅,举国上下都在模仿宫廷。罪恶伴随着欢愉到处流传。"[1]

1779 年,格蒂耶神父发表专论,抨击女性对外表及奢侈服饰的痴迷。[2] 他在文中详细列举史上诸位基督教作家对此问题的观点,重申对避寒遮体服装之外的需求就是寻求感官的乐趣,即各种罪恶欲望的开端。他认为,女性不应该追逐锦衣华服的理由有七个:误解和歪曲穿衣的初衷是为了记住人类最早的堕落;迷恋虚荣外表是放弃谦逊苦难的人性大道转而追随魔鬼的歧途;尘世的生活是一场不断与魔鬼做斗争的战争,每个人都是过客和战士;追逐外表的华美是炫耀自身,与基督教倡导的谦恭不符;梳妆打扮荒废了原可用来做更有意义的事情的时间;使得女性没有心思操持家务,悉心照料孩子;引诱男性犯罪。尤其是最后一条,作者强调精心打扮的女人使得男性的目光从美德的光辉上移开,这比火和毒药更具危险性。[3] 针对当时浮躁奢侈的社会,格蒂耶神父觉得就如同人生病发烧一样,需要有镇静的药物给予治疗,这些基督教圣人们的劝诫就是一味良药。[4] 他提出,对待服装,应该像堕落之后的亚当夏娃从上帝那里接过兽皮那样,抱着忏悔和羞愧的心态。[5]

这些文本清楚地透露出,在 18 世纪下半叶对奢侈的反对声中,女性成为被攻击、被限制、被劝诫的主要对象,尤其当奢侈以服饰的形式表现时,这种现象尤为明显。商业社会的逐渐出现,伴随着人们对自身幸福的更多关注。在一些反对者眼里,这种追求自身的快乐和幸福必定会以牺牲美德为代价。[6] 而古典思想中奢侈的女性化形象在 18 世纪再次被强化,是由于新的消费文化被看成与女性一样,不仅自身秉性朝三暮四,而且会引诱善良的人脱离朴素克制的生活转而寻求新鲜的刺激,放纵人心的欲望。[7] 更何况,在西方文化中,历来有把交换与消费的行为性别化的传统,

---

[1] Thomas, Antoine Léonard, *Essai sur le caractere, les moeurs et l'esprit des femmes dans les différents siecles*, p. 149.

[2] François Louis Gauthier, *Traité Contre L'Amour des Parures et le luxe des habits*, Paris: A. -M. Lottin, 1779.

[3] François Louis Gauthier, *Traité Contre L'Amour des Parures et le luxe des habits*, pp. 110-131.

[4] François Louis Gauthier, *Traité Contre L'Amour des Parures et le luxe des habits*, p. 239.

[5] François Louis Gauthier, *Traité Contre L'Amour des Parures et le luxe des habits*, p. 112.

[6] Jeremy Jennings, "The Debate about Luxury in Eighteenth and Nineteenth Century French Political Thought," *Journal of the History of Ideas*, Vol. 68, No. 1 (Jan. , 2007), pp. 79-105.

[7] Ros Ballaster, "Performing Roxane: the Oriental Woman as the Sign of Luxury in Eighteenth-Century Fictions," in Maxine Berg and Elizabeth Eger, *Luxury in the eighteenth century debates, desires and delectable goods*, 2003.

尤其是将其女性化。[1] 这一点实际上在古典作家那里已经表现得相当明显,柏拉图等人因为商人、手工业者不像农业生产者或者士兵那样能够自力更生(古代战争中士兵可以掠夺为生),从根本上需要仰仗他人,所以被视为是带有"女气"(femininity)的行业。[2]

负面的"奢侈女性"产生之缘由

实际上,18世纪反奢侈的声音中对女性形象的强调再次被强调的原因,除了西方传统思想中对奢侈的阴柔秉性特别反感,始终忧虑它会导致德行的丧失,磨灭男性的阳刚勇气之外,还可以用历史事实对此加以解释。

一方面,从18世纪开始扩散和增长的奢侈消费文化是以服饰为先导的,服饰在其中的作用举足轻重。通过大量财产清单的分析,罗什的研究结果显示,在一个家庭中,服饰支出的增长远远超过其他物品。其中尤以中间阶层的服饰消费增长最为快速,在整个18世纪,这个阶层的服饰消费增长了250%。[3] 而服装的主要消费者为各个阶层的女性——上流社会名门望族的女性引导时尚风向,较低阶层的女性则追逐模仿最新的流行。事实证明,女性确实比男性更容易被奢华新颖的时尚所吸引,这并不只是道德家们用来攻击时髦女性的借口。[4] 因为,有证据表明在17世纪末18世纪初,富裕家庭里的女仆拥有服装的价值几乎是男仆的两倍。这与社会顶层的情况相似,也与担任官职或有才干的资产阶级家庭的衣橱清单吻合。[5] 如果将目光投向更低阶层,则会发现,女性在服饰方面的支出通常是男性的3至6倍,有些个案,则达到数十倍。此外,不仅是服饰总价值的高低差别在性别之间划出明显鸿沟,在款式的多样性、更新的节奏以及装饰性等其他方面,女性与男性也有着显著区别。由此可以得出结论,从17世纪末开始发生的服饰消费的性别二元性到了18世纪,已

---

〔1〕 参见 Victoria de Grazia, *The Sex of Things: Gender and Consumption in Historical Perspective*, Berkeley: University of California Press, 1996 一书中的介绍部分。

〔2〕 [美]贝里斯托佛·贝里:《奢侈的概念》,江红译,上海:人民出版社2005年版,第57页。另,柏拉图在《理想国》中说,商人的工作在管理有方的城邦里,这是些身体最弱不能干其他工作的人干的。他们就等在市场上,拿钱来跟愿意卖的人换货,再拿货来跟愿意买的人换钱。见柏拉图:《理想国》,郭斌和 张竹明译,北京:商务印书馆1986年版,第64页。

〔3〕 Daniel Roche, "L'économie des garde-robes à Paris, de Louis XIV à Louis XVI," In: *Communications*, Vol. 46, No. 46, (1987), pp. 93-117.

〔4〕 Jones Jennifer, *Sexing La Mode: Gender, Fashion and Commercial Culture in Old Regime France*, p. 74.

〔5〕 Daniel Roche, "L'économie des garde-robes à Paris, de Louis XIV à Louis XVI," In: *Communications*, Vol. 46, No. 46, (1987), pp. 93-117.

经变得非常明显。[1]

上述结论,我们还可以从流行杂志所反映的变化得到印证。从 18 世纪开始,当时的流行杂志上刊登的最新时尚信息内容,从两性平分秋色慢慢地变为主要面向女性了。依据美国历史学家珍妮弗的研究,在 17 世纪后半叶的《文雅信使报》上,关于时尚服饰的内容,男性服饰和女性服饰的篇幅没有太大差别;[2]但是,如果我们查阅 18 世纪的流行杂志,就会发现,情况已经全然不同。到法国大革命之前的《品味和时尚报》几乎已经完全面向女性读者,关于男性的时尚信息,通常都只是一带而过。[3]因此,服饰消费在 18 世纪,出现了总体水准的大幅度提升以及性别差异的逐渐扩大这两个相辅相成的现象,由此可以解释为何女性服饰在 18 世纪会再次成为人们抨击奢侈的由头或路径。

另一方面,从时尚消费文化的另一端——生产者、制造者和销售者来说,其中也是女性居多。近年来,关于女性在服装行业中从业问题的研究,已有新的进展。研究者发现,女性在这些相关行会中的地位及作用并不像之前所认为的那样,是被排斥的,或者顶多也只是辅助性的。1675 年,女裁缝行会正式成立,她们可以为女性和儿童制作连衣裙、长裙、女式短上衣等服装。[4]到 18 世纪末期,在巴黎,从事服装及相关行业的女性数量已达到 1 万人。她们的身份不仅是学徒、助手、裁缝的妻女,也可以是独立的从业者,[5]最后一类,在 18 世纪 70 年代的巴黎,数量已经超过 1700个。[6]比如,王后玛丽·安托瓦内特的御用裁缝贝尔丹就被称为"时尚部长"(ministre des modes)[7]。贝尔丹手下雇有 30 个工人,并有 120 个供货商常年向她提供原材料。[8]18 世纪 70 年代,在巴黎就有 20 家销售顶级奢侈服饰的时尚商店是由女性经营的。[9]她们连同其他经营大大小小时尚店铺的女性,一起被称为"时尚

[1] Daniel Roche, "L'économie des garde-robes à Paris, de Louis XIV à Louis XVI," In: *Communications*, Vol. 46, No. 46, (1987), pp. 93-117;以及 Daniel Roche, La Culture des apparences, pp. 134-146.

[2] Jones Jennifer, *Sexing La Mode: Gender, Fashion and Commercial Culture in Old Regime France*, p. 34.

[3] 可参看 1788—1791 年的 *journale de mode et du goût*。

[4] Macquer, Philippe, *Dictionnaire raisonné universel des arts et métiers*, Vol. 1, Paris: P. F. Didot jeune, 1773, p. 675.

[5] Clare Haru Crowston, *Fabricating women the seamstresses of Old Regime France 1675—1791*, Durham, NC: Duke University Press, 2001, p. 8.

[6] Macquer, Philippe, *Dictionnaire raisonné universel des arts et métiers*, Vol. 1, p. 677.

[7] Nouvion Pierre de, *Un ministre des modes sous Louis XVI: mademoiselle Bertin, marchande de modes de la reine, 1747—1813*, Paris: H. Leclerc, 1911.

[8] Jacques Bernet, "Rose Bertin, ministre des modes de Marie-Antoinette," *Annales historiques de la Révolution française*[En ligne], 340 | avril-juin 2005, mis en ligne le 20 avril 2006, consulté le 23 décembre 2012. URL: http://ahrf. revues. org/2015.

[9] Langlade Émile, *La marchande de modes de Marie-Antoinette: Rose Bertin*, Paris: A. Michel,1911.

女商人"(marchandes de mode)。这些女性垄断了整个时尚产业链,从采购原料、组织生产、装饰美化一直到销售及售后服务。同时,其经营范围涵盖服饰的各个部分包括帽子、披肩、头巾等延伸部分。除此以外,他们甚至还被授权可以生产和出售塔夫绸的领带,佩剑上的装饰结。而餐桌及公寓的装饰等,而这些原本都属于男性垄断的行会的经营范围。[1]

我们看到,在从 18 世纪开始大规模兴盛的服饰消费中,女性扮演了主要角色。无论是从服装的数量还是从这部分的总体支出来看,女性的统计数据都远远高于同时代的男性。同时,从 17 世纪末开始,女性在服饰行业中的作用及影响力也开始出现,[2]这种影响在整个 18 世纪得到了强化。也就是说,服饰行业从最早的完全由男性掌控,慢慢演变为具有越来越明显的女性化色彩,尤其是其中与奢侈时尚相关的部分。所以,事实上,无论是生产销售还是最终的消费环节,服饰与女性的联系逐渐超过了其与男性的联系。这两种变化都是在 17 世纪末发生,并在整个 18 世纪进一步发酵。正因为如此,在当时的社会舆论中,当人们论及奢侈,尤其是服饰奢侈时,自然而然就会联想到女性。在当时某些试图寻找社会风气腐化原因的观察者眼里,这些由女性掌控的数不胜数的时尚店铺,装饰得美轮美奂,吸引着人们的目光。各个阶层的女性,无论贫富,在这些店铺里流连忘返。德塞尔在他编撰的词典里的观点就具有代表性。他说:

> 当这些时尚店铺如雨后春笋一样在巴黎出现的时候,维系着家庭女性谨慎和贞洁的俭朴就被冲垮了,恬不知耻的奢侈以及由此导致的各种罪恶便占据了它们的位置。吸引人们目光的,再也不是简单的美,而是外表的精美。……最终,从这里开始,使得公共堕落增加的悲惨例子会一直达到危害民族幸福的境地。[3]

但是,18 世纪下半叶关于奢侈的讨论中,女性何以成为抨击的主要对象,除了上述社会经济层面的解释之外,另有隐藏更深的意识形态的层面不容忽视。仔细分析当时流传的各种有关奢侈的文章,就会发现,这一阶段的奢侈论争出现了两个新的

---

〔1〕 Nicolas Toussaint Des Essarts, *Dictionnaire universel de police*, Vol. 6, p. 626. 以及 Natacha Coquery, *Tenir boutique à Paris au XVIIIᵉ siècle: Luxe et demi-luxe*, Paris: Éd. du Comité des travaux historiques et scientifiques, 2011。

〔2〕 据 Crowston 的研究,女裁缝被允许进入行会,是从路易十四统治时期开始的。见 *Fabricating women the seamstresses of Old Regime France* 1675—1791 中第 10 页。

〔3〕 Nicolas Toussaint Des Essarts, *Dictionnaire universel de police*, Vol. 6, 1788, p. 625.

图1　幼年时期的路易十五

[图片来源：*Fastes de cour et cérémonies royalse：Le costumes de cour en Europe*（1650—1800），Paris：RMN，2009]

特点。首先,其攻击目标已不再是那些让传统贵族等级忧心忡忡的仰仗着金钱势力的新富有者,甚至并非泛泛而指的"女性"群体,而是特指上流社会的女性群体,包括与贵族阶层接触频繁的高级交际花或贵族女性本身;其次,与之前反对奢侈的作者主要来自费内隆等人所在的贵族阵营不同,该时期攻击贵族女性的反奢话语多由大量匿名小册子散布,这些流传极广的"地下文学"的作者多为不得志的文人,他们对把持着权力的特权等级充满了仇恨。[1] 所以,此时的反奢话语俨然已经脱离了之前孟德斯鸠等人的话语范畴,在旧制度的最后几十年间成为攻击贵族等级的强大武器,变为一种政治含义极其浓厚的檄文。在这个阶段的反奢言辞中,性与政治,成为不可分割的两个基本要素,互相叠加,道德和经济成为用来辅助论证的修辞,其矛头真正所指,乃是贵族等级。

比如当时盛传的各类秘史,很多内容均为描绘腐朽堕落、荒淫奢靡的贵族生活。如《路易十五大事记》(*Les fastes de Louis XV*)[2]一书,详尽地讲述蓬巴杜夫人及其亲信,如何玩弄权术,掌控法国高级军官的任免权。更为出名的是《秘密回忆录》(*Mémoires secrets*)[3]。它是一系列由匿名作者从1777年开始出版的小册子,直至大革命爆发前两年才停止发行,共有36卷之多。[4] 该书内容涵盖了1762—1787年间各种奇闻异事,里面充斥着上流社会的各种关于性和金钱的丑闻:分居的夫妇、不忠的妻子、王室的种种逸事、各类裙带关系、权钱交易……虽然这一系列的出版物往

〔1〕 [美]罗伯特·达恩顿:《旧制度时期的地下文学》,刘军译,北京:中国人民大学出版社2012版,第35页。

〔2〕 Bouffonidor, *Les fastes de Louis XV: de ses ministres, maitresses, généraux, et autres notables personnages de son règne; pour servir de suite à la vie privée*, Paris: Chez la veuve Liberté, 1783.

〔3〕 Louis Petit de Bachaumont, *Mémoires secrets pour servir à l'histoire de la République des Lettres en France, depuis MDCCLXII, ou Journal d'un observateur, contenant les analyses des pièces de théâtre qui ont paru durant cet intervalle, les relations des assemblée littéraires*, Paris: J. Adamson, 1786.

〔4〕 关于《秘密回忆录》,可参看杰弗瑞·梅瑞克的研究:Jeffrey Merrick, "A Sexual Politics and Public Order in Late Eighteenth-Century France: The Mémoires Secrets and the Correspondance Secrète," *Journal of the History of Sexuality*, Vol. 1, No. 1 (Jul., 1990), pp. 68-84.

往将真实和虚构混淆,出版者也不去分辨消息的来源。但是,故事的真实与否并不妨碍它们毫不掩饰地传达出社会舆论对于贵族等级的讽刺与敌意。

另一方面,从史料中可以看到,贵族女性在服饰方面的开销确实是相当惊人的。比如路易十五的宠姬杜白丽夫人为一件女式长袍就要支付给裁缝 5600 锂,还不包括额外的金质装饰圆片的费用;第二年,她又从同一个裁缝那里订制了三条裙子,最贵的一条价值6000 锂,最便宜的一条也要 3260 锂;同年 10月,她又新购入两套宫廷的正式衣裙,一条价值 6700 锂,另一条则高达 12000 锂。服装以外的配饰也可以看出贵妇们消费的奢侈服装的价格有多么昂贵。贝尔丹等高级服饰供应商出售给身份尊贵的顾客的帽子的价格是这样的:较为普通的售价在 36 至 48 锂,如果饰有缎带,则价格升高到 60 锂;倘若配上羽毛,三根白色的羽毛的售价是 120 锂。路易十六统治期间,王后玛丽·安托瓦内特在服饰方

图 2　蓬巴杜夫人画像

蓬巴杜夫人(Madame de Pompadour)是路易十五的宠妃。该画像由当时著名的画家布歇创作于 1758 年,现藏于卢浮宫。(图片来源:拍摄自卢浮宫馆藏)

面的开销更是惊人,她在凡尔赛宫里有三个巨大的房间来放置她的衣服;每年要订购 36 套装饰有无数珍珠钻石的昂贵衣裙。[1] 即便是像孔蒂公主那样对奢华的宫廷生活不感兴趣的贵族女性,订购服装的费用也是普通百姓望尘莫及的。根据留存下来的账单显示,她的一条裙子也在 1456—2400 锂之间。[2] 那个时期,一个熟练成衣工的每月工资是 4 锂。收入较高的时尚行业女工,如果没有自己的工作坊,她的年收入大概在 450 锂左右。[3]

〔1〕　Philio Mansel, *Dressed to Rule*, New haven and London: Yale University Press, 2005. pp. 34-35.

〔2〕　Aurélie Chatenet-Calyste, "Pour paraître à la cour: les habits de Marie-Fortunée d'Este, princesse de Conti (1731—1803)," *Apparence*(s) [En ligne], 4 | 2012, mis en ligne le 14 février 2012, Consulté le 19 mai 2013. URL: http://apparences. revues. org/118.

〔3〕　Madeleine Delpierre, *Dress in France in the Eighteenth Century*, translated by Caroline Beamish, New Haven: Yale University Press; English edition, 1998, pp. 137-141.

图 3 玛丽·安托瓦内特昂贵的衣裙

这是 1780 年女画家勒布菡为王后创作的画像。画中的王后身穿宫廷盛装(grand habit):华贵的面料,精致的装饰,巨大的裙摆只能摆放在后面的椅子上。(图片来源:Katell Le Bourhis,*The Age of Napoléon:Costume from Revolution to Empire*,1789—1815,Metropolitan Museum of Art, 2013)

摇摇欲坠的社会等级与性别焦虑

因此,在 18 世纪后半叶关于奢侈的论争中,贵族女性被攻击,确实有其事实基础,如此惊人的开销必然会激起巨大的反对声音。而更重要的是,在这一片激烈的抗议声中,政治与性别被紧密相连。批评者认为,统治阶级集体堕落、朝纲不振,最显著标志便是贵族等级中的女性无度挥霍国库中的民脂民膏,甚至干涉国事。如《秘密回忆录》等出版物便认为蓬巴杜夫人主宰了路易十五的头脑,杜白丽夫人是挑唆国王镇压不屈服的高等法院的主谋,路易十六被指责缺乏男性的权威来管束他花费无度的轻浮妻子。这些真假参半的故事用"暴君"这样的字眼称呼妻子们,说她们像对待奴隶一样对待丈夫们;它们谴责女性施加于男性身上的性和政治权力,认为这种权力颠覆了家与国的秩序。[1]

在批评者笔下,女性越权,即性别角色的错位倒置既是贵族等级腐化堕落的根源,也意味着这个群体已不具备强悍骁勇的男性美德来保家卫国。在那时,只有贵族才能参军作战,贵族最基本的职责就是保卫国家和人民的安全。勇气和荣誉是贵族最看重的德行。然而在"七年战争"中,法军面对装备和人数都不如自己的英军却输得溃不成军。战争的失败被看作是政治体制所致,这样的失败,是关乎整个贵族等级荣誉的大事。[2] 更

图 4　18 世纪中叶法国贵族男装

这种三件套式的男装是 18 世纪法国贵族的正式服装。通常面料为华贵的绸缎和丝绒,工艺繁复,袖口点缀蕾丝。(图片来源:Fashioning Fashion, *Deux Siècles de Modes Européenne*, Le Musée des Arts, 2012)

---

[1] Jeffrey Merrick, "A Sexual Politics and Public Order in Late Eighteenth-Century France: The Mémoires Secrets and the Correspondance Secrète," *Journal of the History of Sexuality*, Vol. 1, No. 1 (Jul., 1990), pp. 68-84.

[2] Jay M. Smith, *Monsters of the Gévaudan: The Making of a Beast*, Cambridge, Mass.: Harvard University Press, 2011, p. 78.

图 5 贵族狩猎歇息图

这幅创作于 1737 年的油画原是为了装饰路易十五在枫丹白露的餐厅。画中贵族男女的服装细节尽显奢华精致。（图片来源：拍摄自卢浮宫馆藏）

重要的是，批评者认为，贵族等级的腐化导致了整个法国国力衰落、社会道德风气败坏。贵族女性奢华美艳的身影替代了或逐渐模糊了他们过去的勇士们的形象。这与贵族等级这一群体用以安身立命的社会职能——作为战士，国家民族的保卫者的形象是相抵牾的。于是，贵族等级尤其是贵族女性的奢侈行为成为社会秩序混乱、民生困顿、国力不振的罪魁祸首，成为反对者们抨击最多的目标。美国历史学家萨瑞·马札指出，对贵族的批评从 16、17 世纪以来一直都存在，但是 18 世纪的文化气

候让这种对基于血缘的身份团体,强权统治,
宫廷文化以及法律上的特权的敌意越来越浓
厚。当贵族们致力于探讨他们自身阶级的社
会有用性的时候,[1]一个被法律或习俗界定
为特权和贵族式的无所事事的群体是不太可
能获得正面评价的。[2]美国史家肖福林指
出,被猛烈抨击因奢侈而"女性化"的对象是
宫廷贵族,即聚集在巴黎及凡尔赛的顶层贵
族们。这意味着在非贵族团体及外省贵族的
眼里,这些人是垄断了特权与财富,却对国家
毫无贡献的腐朽集团。在公众看来,奢侈正
是这个群体所有负面特性的集中体现。[3]
而关于奢侈的修辞,从古典时期就流传下来
的一整套的道德、宗教、政治的语言,它可以
使任何背负上了"奢侈"罪名的群体几乎没有
反驳的空间。

图 6　贵族狩猎歇息图(细节)

　　细究文本,会发现在关于奢侈的话语中
存在着几种不同的奢侈。[4]首先,在等级社会,贵族的奢侈或排场被认为是表明身
份地位必不可少的要素。这是一种"合理合法"的基于出身和地位的奢侈。其次,是
另一种基于金钱财富的奢侈,这种奢侈在 18 世纪以前,很大程度上被认为是可耻的,
因为它代表着一种企图超越出身的野心,希望使自身看起来高于真正所属的那个阶
层。史上众多"禁奢令"限制的便是这一类奢侈。法令的潜台词实则是给予前一种
奢侈以合法性。在 18 世纪之前,两种奢侈所涵盖的对象是截然不同的两个群体。前

---

〔1〕　18 世纪中后期,贵族阶级内部就贵族的本质、职能、义务、责任等一系列问题展开激烈讨论。在 1756 年
　　　前后有两篇观点针锋相对的具有代表性的作品出版: Philippe Auguste de Sainte-Foy d'Arcq, *La
　　　noblesse militaire ou le Patriote François*, Paris: Michel Lambert, 1756 和 abbé Coyer, *La noblesse
　　　commerçante*, Paris: Chez F. Gyles, 1757。

〔2〕　Sarah Maza, "Luxury, Morality, and Social Change: Why There Was No Middle - Class Consciousness
　　　in Prerevolutionary France," *The Journal of Modern History*, Vol. 69, No. 2 (June 1997), pp. 199-
　　　229.

〔3〕　John Shovlin, *The Political Economy of Virtue: Luxury, Patriotism and the Origins of the French
　　　Revolution*, p. 44.

〔4〕　法国文化史家佩罗对此有细致分析,参见: Philippe Perrot, *Le luxe: une richesse entre faste et confort
　　　XVIIIe-XIXe siècle*, Paris: Seuil, 1995, pp. 28-30.

者是特权阶层,后者是非特权阶层。但是,到 18 世纪后期,法国社会商业经济发展迅速,奢侈的风气在整个社会蔓延,不仅在贵族等级中蔚然成风,也开始向较低等级渗透。当时,奢侈其实已经使很多人"感觉危险,因为他们生活在一个缺失了传统神圣中心和失去了可辨认的社会阶层标志的社会。其结果就是,就像很多关于奢侈的文章中所描述的那样,有一种巨大的道德失落感和社会溶解感"。[1] 但是,无论如何,奢侈总归是优先属于贵族阶层,尤其是巴黎贵族的。当整个特权阶级饱受外来质疑的时候,贵族的奢侈就成为公众非议的核心。即便是重农学派这样的贵族改革派在当时的语境中论及奢侈的时候,也不遗余力地抨击它所引起的各种负面作用。奢侈在一定程度上与贵族画上了等号,成为批评者们用以抨击社会痼疾、反对特权等级的舆论焦点。研究者发现,从 18 世纪开始,一系列的文章和讨论,都是关于农业、制造业、商业和金融的组织,以及这些经济活动与整个共同体的政治、社会、道德生活之间的关系,很多社会经济学家关注的是如何让商业财富服务国力的同时,又将商业社会那种追求无穷利益的流弊控制在不至于影响公众美德的前提之下。[2] 关于奢侈的讨论被放置在这样的背景中去考察之时,便会看到贵族团体作为社会等级存在的合理性所遭遇到的严重危机。

除此以外,我们也可以清晰地看到,涉及奢侈的文本谴责的另一个目标是整个公共领域内的女性群体。因为前文已经提到,奢侈的最基本的涵义即是"放纵"和"僭越"。那么,对于女性来说,放纵和僭越就是不安受自身作为女性的本分,越过自然划定的两性界线,潜入到本不属于自身的公共领域中。18 世纪后半叶,对于两性的天然差别以及由此造成的不同社会职能有相当多的讨论。这样的讨论一方面是基于启蒙思想关于个体、幸福以及一个新的社会的诸种思考;另一方面,从宫廷到巴黎上流社会的沙龙,处处可见女性的身影,在某些社会评论家的眼中,这恰好是一个社会失去生命力,变得阴柔,从而走向没落,走向衰亡的表征。因此,对贵族和对女性的指摘交织在一起,聚焦在奢侈这一命题上。本书接下来的部分,将会通过女性服饰文化这一路径,具体分析 18 世纪晚期,法国上流社会中的女性形象以及当时人们向往的理想化的女性形象。

---

[1] Sarah Maza, "Luxury, Morality, and Social Change: Why There Was No Middle - Class Consciousness in Prerevolutionary France," *The Journal of Modern History*, Vol. 69, No. 2 (June 1997), pp. 199-229.

[2] John Shovlin, "Toward a Reinterpretation of Revolutionary Anti-nobilism: The Political Economy of Honor in the Old Regime," *The Journal of Modern History*, Vol. 72, No. 1, New Work On *the Old Regime and the French Revolution: A Special Issue in Honor of Francois Furet* (Mar., 2000.), pp. 35-66.

「时尚王后」

王后的奢侈与权威

18 世纪下半叶著名的女画家勒布菡[1]在其回忆录里使用了这样一个副标题——"那时,是女人在统治……"。在旧制度末年,女性是否真的"统治"了法国社会?关于这一点,在学术界存在着相当大的分歧。但是,如果将范围限制在时尚服饰领域,那么,女性的统治地位是毋庸置疑的。而时尚服饰,绝不是一个与政治无涉的范畴。

太阳王路易十四就非常善于将奢华与庄严作为王权形象的投射。[2]在宫廷舞会上,他将自己扮演成阿波罗或者是罗马的帝王,以此来树立一种彼得·伯克称之为"光彩夺目"的个人形象。[3]整个王室和宫廷也追随其后。在路易十四的宫廷里,贵族们最喜欢用展示嫁妆的方式来炫耀富贵。1698 年,路易十四的侄女出嫁前夕,他的父母将女儿的嫁妆摆在宫殿长廊里供人参观,镶满金饰的裙子令人怀疑新娘是否穿得动它们。服装成为社会等级与特权最首要的标识。[4]路易十四甚至专设了国王衣柜大管家一职(grand maître de la garde-robe du roi)。这是一个独立于王室内务院(maison du roi)的部门的首领,专职负责国王的服装。他把每天的洗漱更衣

---

〔1〕 Louise Élisabeth Vigée Le Brun(1755—1842)是王后玛丽·安托瓦内特的御用肖像画师,很多贵族都是她的顾客,如路易十六的两位弟弟。她的回忆录首次出版于 1835 年。
〔2〕 Philip Mansel, *Dressed to Rule*, New Haven and London: Yale University Press, 2005, p. 18.
〔3〕 Jennifer Jone, *Sexing la mode*, p. 19.
〔4〕 Jennifer Jone, *Sexing la mode*, p. 20.

变为一个可以近距离接触国王的重要仪式,使得贵族们都以替国王穿衣为荣。[1] 如果他发现哪位贵族没有按身份地位穿衣,他会非常生气。因为在他的宫廷里,所有人的服饰必须与身份匹配。[2] 1673 年,他规定所有贵族男性都要穿红色高跟鞋,这一貌似奇突的规定一方面是要求贵族们出入宫廷时必须按正确的家族谱系着装,另一方面也是为了强调他的宫廷的高贵与非同一般。当然,随着法国社会中,民众与王权及贵族阶层日渐背离,红色高跟鞋渐渐成为贵族等级虚张声势的傲慢的象征。[3]

在去世前最后一次公开露面时,路易十四所穿的衣服上镶有总值高达 1200 万锂的钻石珠宝,以此来宣告他是世界上最成功最富有的统治者。[4]

关于法国王后玛丽·安托瓦内特对政治局势的影响究竟如何,依旧存在很多争论。然而,倘若是在旧制度最后几十年的时尚领域里,她俨然是一位无可争辩的女王。她的每款新装或者是新式发型都受到热烈追捧,有的款式甚至是以"王后裙"(robe à la reine)来命名。[5] 在她身上,时尚、性别与政治的联系密不可分。初到法国,服饰便是她不可或缺的道具。她的妆奁中服装的价值高达四十万锂,而当时一个普通贵族所拥有的服装价值大约在两千到五千锂。这是她的母亲奥地利的特丽莎女王给她置办的,为的就是给她足够的底气去面对法国王室。[6] 服饰能带来权威,就像特丽莎女王在写给安托瓦内特的信中所说的那样:"(它们)有助于你在凡尔赛掷地有声。"[7]

服装是玛丽·安托瓦内特用以树立自身权威的武器,表明她并不是任人摆布的小姑娘,她可凭自己的喜好来穿着、花费以及做她想做的事情。这也是为何在她的服饰上,有很多独特创意的原因。[8] 正如口红和红色高跟鞋是贵族身份的标志一样,[9] 王后也需要用自己的风格建立她的权威。

---

〔1〕 Philip Mansel, *Dresserd to Rule*, pp. 3-5.

〔2〕 Philip Mansel, *Dresserd to Rule*, pp. 3-5.

〔3〕 Philip Mansel, *Dresserd to Rule*, p. 15.

〔4〕 [美]若昂·德让:《时尚的精髓:法国路易十四时代的优雅品位及奢侈生活》,杨翼译,北京:三联书店2012 年版,第 132 页。

〔5〕 这是一款以平纹细布为材质的长裙,类似于旧制度时期女士穿着的内衬裙,所以又被称为"王后衬衣"(chemise à la reine)。

〔6〕 Caroline Weber, *Queen of Fashion*, *What Marie Antoinette Wore to the Revolution*, New York: Henry Holt and Company, 2006, p. 16.

〔7〕 Olivier Bernier, *The Eighteenth Century Woman*, New York: Metropolitan Museum of Art, 1981, p. 118.

〔8〕 Caroline Weber, *Queen of Fashion*, *What Marie Antoinette Wore to the Revolution*, pp. 3-4.

〔9〕 Nicole Pellegrin, *Les vêtements de la liberté. Abécédaire des pratiques vestimentaires françaises* 1780—1800, Aix-en-Provence: Alinéa, 1989, p. 84 et p. 172.

不过,王后创造出来的时尚潮流中,有两种截然对立的风格。前者是奢华精致、雍容华贵,后者是简洁清爽、舒适自然。这两种风格恰好呼应了两个截然不同的王后形象,一个是为人所熟知的奢靡浮夸的王后,而另一个,则是不太为人所了解的反叛繁缛,崇尚自然简洁的王后。为何这两个迥然对立的形象会出现在玛丽·安托瓦内特身上?作为一个旧制度末年遭受最多非议的王室女性,这两者之间的矛盾又说明了什么?

首先,是长期以来安托瓦内特引导的奢靡浮夸的风格。虽然,从路易十四开始,法国王室便以极度奢华而著称,路易十五的两个著名情妇在服饰上也是花钱如流水。但是,安托瓦内特与上述人物并不能等而视之。[1] 因为她既不是国王,需要用昂贵的服饰将自己的威严诏告天下;也不是国王的宠妃,因为蓬巴杜夫人或杜白丽夫人从来没有被看作是正式的王室成员,不代表王家的形象。一贯以来,法国人民习惯的王后应该如同路易十五默默无闻的妻子那样,从不抛头露面,也不过问丈夫的大小事务,是内廷传统习俗的守护者。[2] 而玛丽·安托瓦内特的形象显然与她的前任相去甚远。她抛弃了长期不变的宫廷风格,标新立异;她好出风头,抢占了丈夫路易十六的光芒。

初到凡尔赛的王后很快发现,她可以通过在服饰上引领潮流,从而让凡尔赛以及巴黎的上流社会追随在她身后。不过,对于服饰的风格,王后与她母亲的意见显然并不一致。女王看到王后的画像后,批评她穿戴得像一个女演员,而不是一个端庄美丽的法国王后。但王后依然我行我素。[3] 从路易十六继承王位的第二年,也就是1775年开始,王后在凡尔赛举办各种盛装舞会。舞会上贵族们打扮得流光溢彩,纵情玩乐。这些舞会几乎吸引了所有显赫贵族,阿托瓦公爵和波旁公爵等人也常常流连忘返。如果有人的名字从邀请名单上被除名,那就意味着来自王后的严厉处罚。[4] 年轻的王后此时显然已经学会用路易十四的方式,也就是在宫廷中用一种光

〔1〕 Caroline Weber, *Queen of Fashion*, *What Marie Antoinette Wore to the Revolution*, p. 5.

〔2〕 Mary D. Sheriff, "The Portrait of a Queen," in Dena Goodman, *Marie-Antoinette*: *Writings on the Body of a Queen*, New York and London: Routledge, 2003. 康邦夫人也提到玛丽·莱克珍斯卡(Marie Leckzinska,路易十五的王后)始终坚持在众人面前用餐的礼仪,而安托瓦内特对此就无法忍受,详见: Mme Campan, *Mémoires sur la vie privée de Marie-Antoinette*, *reine de France et de Navarre*: *suivis de souvenirs et anecdotes historiques sur les règnes de Louis XIV*, *de Louis XV et de Louis XVI*, Paris: Baudouin frères, 1822, p. 100.

〔3〕 Campan, *Mémoires sur la vie privée de Marie-Antoinette*, p. 96.

〔4〕 Etienne-Léon Lamothe-Langon (baron de), *Souvenirs sur Marie Antoinette... et sur la cour de Versailles*, Vol. 2, Paris: L. Mame, 1836, pp. 156-160. 此外,当时,舞会上发生了一起桃色小事件,王后认为这样的事情会导致风气变坏,所以不再允许相关人等参加她的舞会,参见: Etienne-Léon Lamothe-Langon (baron de), *Souvenirs sur Marie Antoinette*, pp. 165-167.

彩夺目(éclat)的外在形象以及由旁人随之追风而引起的连锁效应来树立权威的形象。

她每周见她的设计师两次,商量设计下周的衣着。而所有时髦女性都迫不及待地想要知道王后的最新衣饰的款式,以免自己的打扮落伍。[1]以至于她的设计师贝尔丹小姐的时装店顾客盈门,拥挤不堪。贝尔丹深知自己的重要性,对顶着各种头衔的贵妇们几乎一视同仁。即便是男爵夫人,为了能穿上贝尔丹缝制的衣服也要轮候很长时间。[2]她们希望和王后一样头戴美丽羽毛,光彩照人,其结果就是,这些年轻女士家里的账单纷沓而至,甚至有家庭为此闹得鸡犬不宁。于是,人们便指责王后带坏了法国的女性。[3]

最鲜明的例子便是王后那标志性的高耸的发型。[4]这种发型的特点便是在头发中加入大量假发,由此可以将发髻梳得极高,夸张到有时候面孔正好处在整个人的中间位置。每一款发型都有自己的名字。在巴黎时髦女性的生活中,发型的重要性原本就占有突出的地位。人们将出色的发型师的名字和居所整理出长长的名录,在他们之中,又以手艺的高下有严格的区分。[5]王后新发明的这种奇特之极的发型很快令巴黎女性趋之若鹜,即便它们的价格贵得离谱。[6]结果便是女人们找不到合适的马车来运载她们,也无法直立着出入房间的门。所以,有人不无讽刺地说,这几乎要导致一场建筑史上的大变革,因为人们不得不为此加高门廊拱顶。[7]

从当时流传下来的时装版画可以看到,这些奇高无比的发型上不仅装饰着真假花朵,绫罗绸缎,甚至还有精致的帆船模型、亭台楼阁、乡村场景、瓜果蔬菜!"人们在女人的脑袋上看到风车、小灌木丛、溪流、羊群、放羊娃、矮林中猎人,然而,因为人们梳着这样的发型便无法进入小会客室,于是,便有一种可以将这种发型放倒或者重新立起来的弹簧被发明出来了",[8]梅西耶不无讽刺地说:"这是最新的创造与品味的杰作!"[9]

〔1〕　Olivier Bernier, *The Eighteenth Century Woman*, p. 122.

〔2〕　Henriette-Louise de Waldner de Freundstein Oberkirch, *Mémoires de la baronne d'Oberkirch*, Vol. 2, Paris: Charpentier, 1869, p. 28 et p. 91.

〔3〕　Campan, *Mémoires sur la vie privée de Marie-Antoinette*, p. 96.

〔4〕　不少服饰史都提到了这种奇特的发型,如:Piton Camille, *Le costume civil in France du XIIIe au XIXe siècle*, Paris: Flammarion, 1913, p. 363.

〔5〕　Louis Sébastien Mercier, *Tableau de Paris*, Vol. 2, Amsterdam: 1782, p. 217.

〔6〕　James Laver, *Histoire de la mode et du costume*, London, Thames& Hudson, 2003, pp. 39-140.

〔7〕　Campan, *Mémoires sur la vie privée de Marie-Antoinette*, p. 96. 及同一页上的编者注释。

〔8〕　Louis Sébastien Mercier, *Tableau de Paris*, Vol. 2, p. 197.

〔9〕　Louis Sébastien Mercier, *Tableau de Paris*, Vol. 2, p. 197.

图 7 18 世纪 70 年代巴黎女性发型(1)

18 世纪 70—80 年代出现的奇特发型是王后玛丽·安托瓦内特发明的。在掺入了大量假发的发髻上点缀各种装饰物,小到花草绸缎(图 7),大到"朱诺号"军舰模型(图 8);当时的漫画讽刺巴黎女性在头上装饰了过多的羽毛,以至于自身也要被带着飞离地面(图 9)。这种怪诞的发型象征着旧制度末年宫廷贵族群体在各种攻击性小册子里的形象:华而不实,累赘而无用。(图片来源:拍摄自法国国家图书馆黎世留馆馆藏)

Nouvelle Coeffure dite
la Frégate la Junon

图 8　18 世纪 70 年代巴黎女性发型(2)

图 9　18 世纪 80 年代巴黎女性发型

正如当时的一位观察者看到的,巴黎女性倘若发现自己赴晚宴的发型是别人白天已经梳过的,就会非常失望。她们不仅希望凭借昂贵的头饰将自身与其他女性相区别,同时,更盼望发型师能给自己做一个最时髦最新颖的独一无二的发型。如果有人到了夏天还梳着春季流行的发式,就要被看成是外省人或外国人。[1]

表面上看,这种奇特的发型折射出时尚随意到了荒唐的程度,可事实上,"这些东西(服饰)表面看来毫无意义,实际代表了某种观念或利益。我们总能看到,某项社会进步、某个倒退的体制或某场激烈的斗争,借助服饰的随便哪个部分——要么是鞋,要么是衣服,要么帽子——表现出来。今天鞋子宣告一种特权,明天风帽、软帽或礼帽表示一场革命"[2]。在18世纪晚期的时代背景下,这种充满想象力的发型归根结底是处于社会顶层的群体希望用一种看似匪夷所思的方式将日渐模糊的社会区隔再次清晰标界,昂贵又夸张的发型其实不过是权势与财富的符号。另一方面,夸张的头饰也成为旧制度末年腐朽特权的最佳象征:优雅、豪华、悠闲,还有一种不切实际的冒险。这些由外表所透露出来的是贵族的傲慢与居高临下的心态——"梳着高贵发型的女人总不忘对那些没有好好打理头发的人投去极具优越感的一瞥"[3]。

此外,奢侈的服装,除了不断推陈出新的款式以外,昂贵的面料更是它高贵身份的直接体现。早在17世纪,最便宜的镶金面料,就要20金路易一码,天鹅绒和丝缎的价格略微便宜,但每码的价格也相当于今天的1000美元。而贵族妇女们却对这些昂贵的面料趋之若鹜,因为这些极其昂贵的面料唯有富裕的贵族才能获得,因为她们既有足够的财力也有享用这些镶金带银的衣料的特权,[4]权力和财富通过昂贵面料制成的衣饰直截了当地大肆炫耀。[5]

王后在服饰上的奢华,仅用她的账单就可以清楚呈现。[6]她一年在服装上开销非常惊人,1771年,服饰支出是一百万锂,1778年超过四百万锂。即便是因为项链事件稍微克制的1785年,这一项的支出也超过了25万锂。

王后对时尚的热爱激起了很多非议。布瓦涅夫人就认为她"为了引领风尚,不

〔1〕 Macquer, Philippe, *Dictionnaire raisonné universel des arts et métiers*, Paris: P. F. Didot jeune, Vol. 1, 1773, p. 611.
〔2〕 [法]巴尔扎克:《风雅生活论》,许玉婷译,南京:江苏人民出版社2008年版,第72页。
〔3〕 Louis Sébastien Mercier, *Tableau de Paris*, Vol. 2, p. 217.
〔4〕 如前一章所述,在相当长一段时间内,"禁奢令"规定,只有特权阶级才可以穿戴金银面料制成的服装,其他人,不论是穿着还是制作这些服装,都会被处以高额罚款。
〔5〕 [美]若昂·德让:《时尚的精髓、法国路易十四时代的优雅品位及奢侈生活》,第29-30页。
〔6〕 Philip Mansel, *Dressed to Rule*, p. 35.

惜欠债;不论是玩乐还是悉心打扮都是为了显得很时髦,她竭力使自己成为最时髦的美丽女人"。[1]

凡尔赛与巴黎的风尚

不过,如果将视线放远,就会发现 18 世纪下半叶整个法国上流社会的风气便是如此。凡尔赛的奢华并不是从玛丽·安托瓦内特开始,长久以来,出入宫廷的人必须盛装是基本的礼仪。而宫廷则引领着巴黎的风尚。18 世纪的法国时尚,最早都是在宫廷中兴起。1769 年,为了参加夏赫特公爵的婚礼(duc de Chartres),维拉尔公爵(Duc de Villars)穿着一件镶嵌着钻石的金质外套。路易十六结婚时,他和两位弟弟的礼服所花费的金额分别为 64347 锂、55926 锂和 31695 锂。[2] 如果参照位列最高等贵族的蒙坦斯鸠侯爵一家的年收入 75000 锂来看,[3]我们就可以知道一件王室礼服的价格高到了何种程度。对此,很多贵妇的回忆录里都提到出席宫廷活动是件极其费时耗钱的事。比如奥贝科契伯爵夫人就多次抱怨为了参加凡尔赛的某些活动,不得不一大早起来梳洗打扮——"施奈德小姐早上六点就把我叫醒了,为了去凡尔赛,我得让人给我梳头并且盛装打扮"。[4] 正式的女士服装仅裙子就有三层:裙撑、内衬裙和罩裙。最外层的罩裙往往是极尽奢华之能事,或镶金带银,或缀满珍珠。伯爵夫人有一次穿了一条织有金丝的锦缎裙,上面饰满真正的鲜花,博得了无数赞誉。[5] 对于法国宫廷的奢华,就连王后的哥哥,奥地利的约瑟夫二世在访问凡尔赛期间都颇有微词。[6]

除了出入宫廷,必须隆重着装之外,很多法国人在平时也是打扮得相当精致,衣冠楚楚。当时一位到巴黎旅行的英国人就讽刺法国人整日炫耀他们富丽堂皇的外表,配着剑,全副行头,好像他们将要去宫廷一样。他认为,对于法国人来说,服饰是生活中的头等大事。[7] 虽然对于所有法国人来说,这一判断未免偏颇,但是对于生

[1] Boigne, Éléonore-Adèle d'Osmond, *Récits d'une tante : mémoires de la comtesse de Boigne*, Paris: E. Paul, Vol. 1, 1921, p. 35.
[2] Philip Mansel, *Dressed to Rule*, pp. 30-31.
[3] Daniel Roche, *La Culture des apparences*, p. 184.
[4] Henriette-Louise de Waldner de Freundstein Oberkirch, *Mémoires de la baronne d'Oberkirch*, Vol. 1, Paris, Charpentier, p. 259, p. 313 et p. 336.
[5] Oberkirch, *Mémoires de la baronne d'Oberkirch*, Vol. 2, p. 91.
[6] Campan, *Mémoires sur la vie privée de Marie-Antoinette*, p. 180.
[7] Aileen Ribeiro, *The Art of Dress*, Yale University Press, 1995, p. 36.

活在巴黎或者凡尔赛的贵族来说,外表华丽确实是他们的一大特点。依据罗什的研究,普通贵族家庭每年的服饰开销占总支出的14%左右,是所有支出中花费最高的,因为除了一小部分服装可以长期穿着,另一部分则必须不断地更新,一方面是由于损耗,更重要的原因则是服装款式的变化。[1] 不论是富裕还是拮据的贵族家庭,都紧跟着时尚的步伐,翻新着衣柜里的内容。即便是年收入只有25000锂的松贝尔男爵夫人也置办着最新式的服装以及五套宫廷盛装,[2]这就不难理解,为何很多时候,松贝尔家的服装费用只能拖欠。[3] 梅西耶曾经提到过,有些家庭因为无力购买新的蕾丝花边,就将旧的泛黄的花边扑上粉,假装是新的。[4] 为何在贵族中,虚荣的外表占据着如此重要位置?这是因为,对于贵族来说,服饰是他们这一团体自我确认并用以区别他者的一种方式,尤其是当他们认为等级与权威的界限都在受到社会流动性的威胁的时候。[5]

事实上,从17世纪末开始,服装的等级和稳定性开始变乱了。[6] 18世纪后半叶,贵族在服饰领域里与其他等级保持着明显距离的现象已不太显著。虽然,罗什指出,时尚的第一大客源是贵族阶层,[7]但是,我们仍然可以看到贵族们喜爱的装扮并不为她们所垄断。例如,造价昂贵的羽毛头饰既为贵族女性喜爱也是很多妓女钟爱的打扮。杜勒伊宫花园里,巴黎女人发髻上的各色羽毛随风起伏,令人赏心悦目。她们中的很多都是妓女。如同在罗亚尔宫散步的人群一样,人们很难从中区分一个真正的公爵夫人或一个妓女。而一个公证人的妻子也打扮得如同公爵夫人或伯爵夫人,如果没有一顶美丽的帽子可以展示,她都不愿意外出晚餐。[8] 佩罗说,从18世纪中期开始,巴黎便成为一个处处可见富裕的资产阶级(金融家,印刷厂老板甚至假发商人),佩着剑,戴着假发,扑着粉在花园里散步的城市。[9]

巴黎上流社会交际花的生活更是绚烂多姿,她们在服饰上的挥霍程度与贵妇们相比,毫不逊色。从路易十五统治时期开始在巴黎流行的"龙骧漫步"(promenade de Longchamp)就是这一群体的女性炫耀美貌与财富的节日。"龙骧漫步"活动是从摄

〔1〕 Daniel Roche, *La Culture des apparences*, p. 202.
〔2〕 Daniel Roche, *La Culture des apparences*, p. 190.
〔3〕 Daniel Roche, *La Culture des apparences*, p. 203.
〔4〕 Louis Sébastien Mercier, *Tableau de Paris*, Vol. 2, p. 200.
〔5〕 Daniel Roche, *La Culture des apparences*, p. 178.
〔6〕 [法]丹尼尔·罗什:《平常事情的历史》,吴燮译,天津:百花文艺出版社2005年版,第261页。
〔7〕 Daniel Roche, *La Culture des apparences*, p. 178.
〔8〕 Louis Sébastien Mercier, *Tableau de Paris*, Vol. 2, p. 214.
〔9〕 Philippe Perrot, *Les dessus et les dessous de la bourgeoisie : Une histoire du vetement au XIXᵉ siecle*, pp. 34-35.

政时期开始的。当时,复活节前被称为圣周的周三、周四、周五三天时间里,宗教人士在龙骧一带举行活动,很多女演员加入到修女的队列中,一起高唱赞美诗。渐渐地,这一传统转变为一个世俗的惯例,变为歌剧院女演员与观看演出的交际花们之间的"斗艳"——演员与观众,无不为这一"演出"精心准备。路易十五和路易十六时期,是这一活动的黄金时代,复活节前几天,在那里出现的女人都极尽奢华之能事,满身披挂宝石。比如,1768年,被多位亲王追捧的舞蹈演员格玛小姐以奢靡之极的亚洲风格成为当年的花魁。1788年,歌剧演员苏菲·阿奴尔,穿着王后的御用裁缝贝尔丹制作的服装和同样光彩夺目的喜剧演员卡琳娜一起给旁观者留下深刻的印象。"龙骧漫步"成为这群被公众视为"不道德"的女性公然张扬她们的奢侈生活的演出。[1] 不仅女演员或交际花们极为看重这一活动,其他如时尚商人、发型师、裁缝以及马车商人等,都把这一年一度的盛会看成是最好的展示舞台,因为最新最富有创意的款式造型都能借此契机大作宣传。而作为观众,王公贵族,大银行家、大农场主、包税商人都纷纷赶来,挤满了道路两旁。[2] 这种盛况,与今天的巴黎时装发布会异曲同工。

　　除了特殊的节日活动之外,巴黎在18世纪70、80年代出现了更多的时装商店,这些商店用精美的橱窗、华丽的内饰、美丽的女店员让顾客们流连忘返。这种营销方式改变了17世纪以及18世纪早期的,由商贩们走街串巷,上门售物的交换模式。因而,消费时尚由原先的一种在女眷内室进行的较为私密的行为变化成为一种公共的行为。[3] 女顾客在商店里购物,既是展示自身的机会,也可以借此观察他人的衣着打扮。这类高档店铺云集的圣奥诺雷大街和圣日耳曼大街,与罗亚尔宫、歌剧院等地一起,成为展示时尚的舞台。这一时期法国著名的版画家莫罗(Jean-Michel Moreau)创作了一系列版画,细致描绘了巴黎上流社会的各个场合,人们是如何穿衣打扮,如何精心修饰面容与服装。[4]

〔1〕 Olivier Blanc, *Les Libertines*, *Plaisir et liberté au temps des Lumières*, Paris: Perrin, 1997, pp. 157-159.
〔2〕 Victor Fournel, *Le vieux Paris*: *fêtes*, *jeux et spectacles*, Paris: A. Mame et fils, 1887, p. 156.
〔3〕 Jones Jennifer, "Coquettes and Crisettes. Women Buving and Selling in Ancien Régime Paris," *The Sex of Things*, Victoria de Grazia et Ellen Furlough (dir.), Berkeley: Univrsty of California Press, pp. 29-35.
〔4〕 Jean-Michel Moreau 的风俗版画在1790年以前单独出版过,题名为 *Suite d'estampes pour servir à l'histoire des moeurs et du costume des Français dans le dix-huitième siècle*: *années* 1775—1776,1790年又以插图的形式与布雷东的著作一起出版。

1778 年，《法国服饰与时尚画廊》(*Galerie des Modes et des Costumes Français*)[1]开始发行。这是巴黎出版商艾诺和哈比耶联合推出的第一本真正意义上的时尚杂志。之前，虽然不少杂志都有一定篇幅介绍最新的流行服装，但是却从来没有以时尚流行服饰为主要内容的杂志。[2] 从 1778 年到 1787 年这十年间，这两位出版商陆陆续续不定期出版了七十多期刊物，平均每期配有六幅插画(大部分插画是彩色的)，向巴黎以及外省的女性介绍最时兴的服装以及发型款式。每月出三期，订价为一年 30 锂。[3] 它的发行量约为 1000 份。[4] 此后，又有其他类似出版物相继发行，这类时尚刊物既是法国时尚产业和文化的产物，同时也在很大程度上促进了法国时尚业的发展以及时尚文化的成熟。两者相互促进，使得巴黎在 18 世纪下半叶已经成为名副其实的时尚之都，同时也意味着巴黎已经取代凡尔赛，成为时尚的发源地。这表明，此时，贵族等级已经逐渐丧失了对服饰审美的统治权，这一权利转移到了由发型师、高级裁缝、时尚商人所组成的群体之中。

梅西耶在《巴黎图景》中这样写道：

> 对于巴黎女人来说，没有什么比一个时尚商人用丝绸和鲜花制作出美丽无比的头饰更吸引人的事了。每周，时尚商人马不停蹄地设计出千变万化的新款式，这种推陈出新的能力使设她们享有盛誉。巴黎女性对于这些能改变她们的美丽和外形的神奇的人充满了真诚而深厚的敬意。

> 今天，巴黎人花在时尚服饰上的费用已经超过了食物与居住装饰。不幸的丈夫永远无法预料这些变化莫测的奇思妙想会值多高的价格。……

> 巴黎的这些资深创新者给全世界制定法律，著名的时装娃娃，精致无比的小模特，每个月穿着最新款的时装，从巴黎出发到伦敦，带去给人以灵感的典范，将她的优雅洒遍欧洲。从北到南，从彼得堡到康斯坦丁。法国人叠出来的

---

[1] *Galerie des Modes et des Costumes Français*, Paris: chez les Srs Esnauts et Rapilly, rue St-Jacques, à la Ville de Coutances, 1778—1785,这是收藏在法国国家图书馆的原版四卷本杂志，保存完好，十分珍贵。1911—1914 年，Emile Lévy 出版社重印了由 Paul Cornu 作序的版本，目前收藏在法国歌剧院图书馆。

[2] 早在 17 世纪末年，已经有零星的时尚刊物，如前文提到的《文雅信使报》《仕女报》等，但都没有长期成体系地出版发行。虽然德国历史学家 Annemarie Kleinert 在一篇文章中提到 *modes sous le règne de louis XIV* 曾在 1682—1689 出版，但由于没有找到相关的材料，其他研究者也未曾提及，故暂不予采用。

[3] Stella Blum, *Eighteenth Century French Fashion Plates*, 64 *Engravings from the "Galerie Des Modes"*, Courier Dover Publications, 1982, Bibliographical Note.

[4] 据 Claude Bellanger 等编著的《法国杂志通史》(*Histoire générale de la presse française*)上的材料(第 209 页)，在 18 世纪 60 年代，法国最有名的杂志《信使报》(*Mercure de France*)的订阅量在 1600 份左右；另外，美国历史学家罗伯特·达恩顿曾在《旧制度时期的地下文学》中提及，18 世纪 80 年代，《信使报》的发行量在 5000 份左右。由此对照可知，《法国服饰与时尚画廊》的发行量还是相当可观的。这也是为何，该杂志的两位主编一直因为版权问题与他人有法律纠纷。

一道褶皱,被每一个国家模仿,她们无不都是圣奥诺雷街品味的谦卑的奉行者。[1]

虽然,路易十四去世之后,时尚的品味发生了很大的变化,从巴洛克风格的庄严豪华转向轻盈纤巧的洛可可风。但是无论18世纪时尚的风格如何变化,法国的政治中心凡尔赛一直都是时尚的策源地。在它诞生之初,就有浓厚的政治意味蕴含其中,因此,宫廷与时尚的关系就像佩罗所说,正是宫廷,通过戏剧化的过程,将神秘的隐喻和参照投射到世俗,扮演着多重角色。一方面,它赋予君主光彩夺目的形象,将他的光彩传递到远方;另一方面,宫廷的炫目使人民臣服的同时又与他们保持距离。[2]在这一过程之中,华丽服饰的重要性不言而喻。它巧妙地将君主的形象变得高大庄严,把出入宫廷演变为富丽典雅的仪式,借此达到展现权威、划清社会阶层的目的。这一过程也就是齐美尔所说的"凭借时尚总是具有等级性这样一个事实,社会较高阶层的时尚把他们自己和较低社会阶层区分开来"的过程。[3]

但是,这其实只是从17世纪开始的时尚之旅的一个侧面,它的另一个侧面则遵循着完全背道而驰的逻辑,那就是时尚越来越为特权等级以外的阶层所模仿。金钱财富的积累,禁奢令的松懈[4]使得追随社会顶层群体的外表变得相较之前更为容易。"因为时尚的目标特别接近于纯粹的金钱拥有,所以,相比于那些要求一种金钱不能获得的个人价值的领域,这里更容易藉外在性与更高阶层达到一致。"[5]梅西耶在《巴黎图景》中就描绘出人人希望在外观上超越自己实际社会地位的现实,"对于一个资产阶级来说,穿得像个爵爷,给他带来莫大的愉快;……商人佩着剑,自认为达到了官员的层次"。[6]18世纪的法国社会,时尚的社会政治意味如此浓烈,正是因为上述两套逻辑在互相刺激着发挥作用。

同时,服饰时尚在18世纪后期如此迅速地更新变化,也表明社会等级的界限在外表领域里日益模糊。"人们混淆在一起,再也不能从外观上辨识出谁是谁。"[7]因为越是躁动的时代,时尚的变化就越迅速,这是因为需要将自己与他人区别开来的

[1] Louis Sébastien Mercier, *Tableau de Paris*, Vol. 2, pp. 212-213.
[2] Philippe Perrot, *Le Luxe*, seuil, 1995, p. 49.
[3] [德]格奥尔格·西美尔:《时尚的哲学》,费勇等译,北京:文化艺术出版社2001年版,第72页。
[4] 法国的禁奢令在1720年之后就不再颁布了。见:Philippe Perrot, *Le Luxe*, p. 63.
[5] [德]格奥尔格·西美尔:《时尚的哲学》,第14页。
[6] Louis Sébastien Mercier, *Tableau de Paris*, Vol. 7, p. 161.
[7] Louis Sébastien Mercier, *Tableau de Paris*, Vol. 7, p. 161.

诉求在此时变得愈加迫切。[1] 尤其是当时尚出人意料地推崇某些不符合美学原理的标准时,比如前文分析的古怪的发型,离现实的合理范式越遥远,越能说明引导时尚的社会阶层欲将自身与社会其余阶层相隔离的希望之强烈。

所以,玛丽·安托瓦内特在服饰上耗费巨资,抛开个人喜好问题,实际上也可以看作是一种树立权威的方式。在她所处的位置与时代来看,她不仅要树立个人在宫廷的权威,也要树立王权乃至整个贵族阶层的权威。她自己的地位以及王室的传统要求她在服饰上花费巨资以彰显高人一等。事实上,有研究者认为,在 1789 年之前,人们对她的指责更多地是批评她简化甚至弱化了作为一个王后必要的外观的庄严,而不是抨击她追求外表。[2] 有材料表明,有的贵族就抱怨玛丽·安托瓦内特在她30 岁的时候宣布不再使用羽毛、鲜花以及玫瑰色,因为她自认这与她的年龄不符了。于是,宫廷中所有 30 岁的女人都不得不放弃在服饰上使用这些元素。[3] 因此,一个时尚的法国王后的形象,这未必出自其主观意图,而是由整个宫廷的礼仪文化、法国上流社会的趣味以及 18 世纪晚期法国贵族阶层的心态共同促成的。

针对王后的批评? 抑或针对王室的批评?

如果从这一视角出发,就会发现,对王后痴恋华服以及其他"越界"行为的攻击也并不仅仅是一种道德批评。关于大革命之前攻击王后的各类诽谤出版物,美国学者薇薇安·克鲁德(Vivian Gruder)做了细致分析。她有如下发现:首先,相较于路易十五和他的宠妃——蓬巴杜夫人和杜白丽夫人而言,针对路易十六和他妻子的色情诽谤小册子,在数量上远远小于前者。将路易十五或他的情妇作为丑化对象的小册子多达上千份,而以玛丽·安托瓦内特为主角的只有 32 份(不过,另有一些小册子出版后即被王室全部收购,直到大革命爆发才重新刊印)。其次,通过研究这些小册子的来源发现,其中相当大一部分来自当时与法国交恶的英国,作者多为流亡在伦敦的法国政府敌对者。甚至有证据表明,英国政府在其中扮演了抹黑法国王室的幕后推手的角色。最后,不可忽视的一点是,法国王室采取向这些作者重金购买手稿的做法在一定程度上反而刺激了这类出版物的产生,这也是为何后来法国的外交部

〔1〕 [德]格奥尔格·西美尔:《时尚的哲学》,第 76 页。

〔2〕 Nicole Pellegrin, *Les vêtements de la liberté. Abécédaire des pratiques vestimentaires françaises* 1780—1800, p. 121.

〔3〕 Henriette-Louise de Waldner de Freundstein Oberkirch, *Mémoires de la baronne d'Oberkirch*, Vol. 2, Paris, Charpentier, 1869, pp. 182-183.

部长宣布不再向勒索者支付费用的缘故。[1]

不过,如果说在 18 世纪 70—80 年代,攻击王后的社会舆论并不像之前林·亨特认为的那么尖锐激烈,影响深远,其中还掺杂别有用心的外交政治目的,那么抛开这些因素,对于公众来说,王后的丑闻是不是仍然迎合了他们当时的某种心理? 无论这些小册子出台的意图是什么,存在着一个接受它们的公众市场依然可以说明一些问题。因为这些罪状都加重了对王后的指责。事实上,在公众心目中,已经潜藏着对王后的不满,这才是导致他们很容易就接受那些真假参半的攻击性小册子。对于法国民众来说,玛丽·安托瓦内特与他们心目中长久以来的"应然"的王后形象相去太远了。玛丽·安托瓦内绝不是一个符合传统形象的王后。因为,萨利克法中就明确规定将女性排除在政治权力以外。对于一个王后来说,虽然是国王的妻子。但她不能分享任何属于她丈夫的权力,她只是他的一个臣民,她的职责就是为王室生育王位继承人。从路易十四到路易十五,他们的妻子都延续了同样的形象。另一方面,从实践的层面来说,国王拥有情妇,实际上削弱了王后在宫廷中的影响力。由此,女性在法国宫廷中的权力是碎化的,同时也是相互制约的。但是,路易十六只有一位正式的妻子,这自然让人担心他是一位软弱的受妻子摆布的国王。[2]

安托瓦内特的一大 "罪行" 是挥霍无度。1785 年的"项链事件"可以充分说明这一点。当时,有人假冒王后的名义向珠宝匠购买价值两百万锂的钻石项链,中间还牵涉妓女假扮王后与中间人在夜间接洽等带有暗示意味的戏剧性情节。最后因为珠宝匠一直收不到尾款,所以直接向王室追债,路易十六和王后大为震惊,下令彻查。假冒者的罪行败露,高等法院的判决证明了王后的清白。然而,此事在法国社会引起的震荡却一直持续到大革命,成为大革命前街头巷尾热议的话题。在这一事件中,即使骗子已伏法,当时仍有人相信王后才是真正的策划者,也有人认为正是因为王后惯于在服饰上毫无节制地浪费民脂民膏,不顾国家的利益,才能让骗子有机可乘。可见,在"项链事件"前后,王后在民众中的形象已经不甚光彩,故此才会有舆论对此事件的大肆渲染。

然而,王后初到法国时,情景完全不是这样。法国人民对她非常爱戴。因为当安托瓦内特最早出现在法国人民面前的时候,完全是一副温和克制,美丽纯洁的形

[1] Vivian R. Gruder, "The Question of Marie‐Antoinette: The Queen and Public Opinion before the Revolution," *French History*, 16.3 (2002), pp. 269-298.
[2] 关于法国王后的形象问题,可参见:Mary D. Sheriff, "The Portrait of a Queen," in Dena Goodman, *Marie-Antoinette: Writings on the Body of a Queen*, New York: Routledge, 2003, pp. 49-52.

图 10　1775 年木版画，王后资助穷人

在路易十六登基前后，从现存图片资料（图 10、11、12）可以看到，当时的玛丽·安托瓦内特在民众心目中是仁慈、善良和美丽的化身。（图片来源：法国家国家图书馆黎世留馆馆藏，Collection de Vinck，编号 201、203 和 206）

象。在她初到凡尔赛宫的那些日子里，人们对她尽是赞美之词，她的优雅和得体的举止赢得了整个宫廷和大众的赞赏。[1] 在路易十五统治时期，巴黎人络绎不绝地赶到凡尔赛，只为了亲眼看看他们美丽的太子妃。[2] 很多木刻画表现王后帮助、救济有困难的人，以此赞扬她对人民疾苦的关心。[3] 画中的王后温婉美丽，与后期她在木刻画中人面兽身的丑陋形象具有天壤之别。

早期对于王后赞扬喜爱的态度，其实正是因为新王后的形象非常吻合沉淀在人们心目中的关于王后的集体想象。另一方面，也是由于路易十五统治晚期的凡尔赛宫几乎完全被杜白丽夫人及其党羽把持，这群声名狼藉的团体把整个朝政搞得乌烟瘴气，人们把他们称为"杜白丽党"。[4] 人们转而把希望寄托在年轻的太子和太子妃身上，[5] 因为安托瓦内特与杜白丽夫人不和，甚至不愿意与她说话的传闻全城皆知。

然而，从 1775 年开始，王后的形象渐渐变得奢华浮夸。关于她的舞会、她那高耸的发型以及数不胜数的华服的报道使她在公众心目中的形象，日渐与之前的蓬巴杜夫人、杜白丽夫人接近。同时，王后的另一项"罪状"

〔1〕 Campan, *Mémoires sur la vie privée de Marie-Antoinette*, p. 53 et p. 60.

〔2〕 Campan, *Mémoires sur la vie privée de Marie-Antoinette*, p. 74.

〔3〕 除了这些版画，康邦夫人的回忆录里也记载了王后在参加王家狩猎时，帮助路人的事。Campan, *Mémoires sur la vie privée de Marie-Antoinette*, pp. 57-58.

〔4〕 关于这一点，Weber 的 Queen of Fashion 以及康邦夫人的回忆录中多有提及。也可参见 Sénac de Meilhan, *Des principes et des causes de la Révolution de France*, Paris: Éditions du Boucher, 2002 中相关内容。

〔5〕 Julia Kavanagh, *Woman in France during the Eighteenth Century*, Vol 2, London: Smith, Elder and Co., 1850, p. 7.

图 11 1777 年木版画，王后为受冤家庭伸张正义

便是她对路易十六的影响力或者说是"控制"。路易十六听任妻子夜以继日地在宫中举办盛大舞会并狂欢豪赌，他允许妻子资助艺术，任命宫中职位，甚至接受她推荐的人在军队、教会以及外交界任职。[1] 这一切，成为民众痛恨王后的充分理由，他们认为他们的"好国王"在受一个"奥地利的恶女人"的摆布，这个女人，她用妖媚迷惑了国王，又把国库挥霍一空。于是，玛丽·安托瓦内特的名字，与虚荣浮夸、挥霍无度、德行败坏、干涉朝政紧紧联系在一起。奢靡与谋权，成为王后的两大罪名。

克鲁德发现，虽然现有证据表明，无论是"项链事件"之前还是之后的一段时期里，矛头直接指向王后的诽谤性小册子实际上并不像大革命期间那样铺天盖地；然而，关于王后的流言蜚语却始终在传播，70 年代主要抨击王后在服饰上的巨大开销，80 年代则转向王太子的出生问题。1787—1788 年，攻击王后的小册子、歌谣、图片骤然多了起来，总数剧增到 60 多种，内容多集中在丑化王后的私生活，指责她只顾自

---

[1] Julia Kavanagh, *Woman in France during the Eighteenth Century*, Vol 2, p. 13.

EXEMPLE D'HUMANITE
Donné par Madame la Dauphine le 18.e 8.bre 1773

Vous n'oubliez pas qui nous fommes,   C'eft en f'abaiffant jufqu'aux hommes,
Princeffe; et l'infortune eft facrée à vos yeux.   Que les Rois f'approchent des Dieux.
Confervez ce refpect: il vous eft glorieux.

图 12　1773 年木版画,太子妃资助穷人

己享乐,对人民的苦难漠不关心。在当时广受各阶层欢迎的博马舍的戏剧中,戏剧家也会运用很多暗示隐喻的手法,将坊间流传的关于王后的流言搬上舞台。就这样,经过反复传播,很多虚构的情节像烙印一样给人留下了深刻的印象。[1] 我们看到,留存下来的很多粗俗版画描绘的场景,都是把王后和部长们放在一起,而国王则以无能愚蠢的形象蜷缩在一边,有时,甚至国王的头部被王后的所取代。这些攻击性的小册子或图像,描绘的是一个颠倒的世界,一个女性替代男性主事的世界。

那么,王后形象的转变以及对王后批评声音的日渐增多是否仅仅是针对玛丽安托瓦内特一人的呢?

关于这一点,法国历史学家雷韦尔(Jacques Revel)的分析值得重视。他指出,事实上,对于国王或王后私生活的批评并不是 18 世纪的发明,从安娜王太后到路易十四,他们都曾是各种小册子嘲讽的对象。但同时,他也发现,与 18 世纪中叶开始对路

〔1〕　Vivian R. Gruder, "The Question of Marie‐Antoinette: The Queen and Public Opinion before the Revolution," *French History*, 16.3 (2002), pp. 269-298.

易十五及随后玛丽·安托瓦内特的指摘不同,以前所谓的"揭露私生活"只是停留在人物自身的道德和义务层面,却很少被用来作为评判王家职能的武器。与此相反,18 世纪中叶以后出现的小册子却将君主们的私人角色与公共角色牢不可分地捆绑在一起。换言之,18 世纪后期对王室成员的中伤实则都包含政治贬损的意味,这种攻击的矛头直指整个贵族等级的统治。正如雷韦尔所说,把国王王后们私人化(privatisation)成为一种非常有效的贬损他们形象的方式,铺天盖地的小册子织成一张紧密交错的文本网络。其中一部分小册子将玛丽·安托瓦内特比作美第奇的卡瑟琳娜,从中,我们就可以假设安托瓦内特在大众记忆中象征着一个反面角色的女主人公;同时,另一些比较"典雅"的小册子将其比作佛瑞德恭德(Frédégonde)[1]或梅瑟琳娜(Messaline)[2]等不太为人所熟知的历史人物。而这张虚构的文本网络的最大特点就在于,它们烘托强调的是一系列"恶王后"

图 13 盛装的王后

这是玛丽·安托瓦内特广为流传的一幅肖像画,由达戈迪(Gautier-Dagoty)创作于 1775 年。画中的王后身着华丽的法式宫廷正装裙,丝绒制成的外衣上缀满象征波旁王室的白色百合花,右手放在一个地球仪上。(图片来源:互联网)

的身影。雷韦尔认为,通常情况下,在大众接受视野里,这一系列的形象实则是以一种固定的接受模式被看待的,它完全不需要借助其他事物来表达,仅其自身就已经包含了凝固的认知。这些文字水平参差不齐,夹杂着大量粗俗言语的小册子早在大革命之前就建构了一个"纸上的王后"(une reine de papier)。虚构的王后逐渐替代了真实的王后,最终将后者完全抹杀。[3]

比如,当时流传甚广的一份匿名小册子——《一个贵族的札记》(*Le portefeuille d'un talon rouge*)假托一个熟知宫廷内幕的贵族的口吻,讲述了王后及其亲信日夜

---

〔1〕 佛瑞德恭德是公元 6 世纪时的一位法兰克王后,由于她的美貌,几个法兰克王国长年战乱不断,最后她的儿子成为所有法兰克人的国王。

〔2〕 梅塞琳娜是公元 1 世纪罗马帝国的一位皇后,以荒淫无度著称。

〔3〕 Jacques Revel, "Marie-Antoinette dans des fiction: la mise en scène de la haine," dans *Un parcours critique*, Galaade Editions, 2006, pp. 269-292.

图14　18世纪70年代的法式宫廷裙(1)
这幅表现宫廷贵妇的水粉画以艳丽的色彩、写实的笔触再现了18世纪晚期法国上流社会女装的雍容华贵。(图片来源:拍摄自法国巴黎Forney图书馆馆藏)

笙歌的糜烂生活,从人物的对话到神情,细细描绘,仿佛作者真的是亲眼所见一般。例如,王后如何耍弄诡计,将自己不喜欢的大臣杜尔哥和内廷女官诺艾伊夫人赶出宫廷;[1]如何向国王和内政大臣内克索要国家的财富,以偿还自己欠下的两百万巨款。[2]玛丽·安托瓦内特在书中被描绘成一个荒淫、贪婪、任意干涉国事的王后。路易十六则是一个任人摆布只知道贪吃的昏君。值得注意的是,书中不仅罗列王后的诸多恶行,还逐一抨击各大贵族以及宫廷里的其他贵妇,甚至提出,王后的轻浮与漫不经心实则是为了更像法国贵族。[3]这样的批评不仅针对了王后,也将矛头对准了整个法国贵族等级。

我们可以看到,类似这样的文本,与其说是在攻击王后本人,不如说是在抨击丑化以王后为代表的整个法国贵族等级。虽然类似的攻击性小册子大都披着色情文学的外衣,然而,在道德伦理批判的修辞下面,是对当时现有制度的不满和仇恨。就像达恩顿所说,"尽管怪诞、虚假和简单,这种版本的政治新闻不应该仅仅被视为神话而被抛弃,因为制造神话和摧毁神话在旧制度——理论上它还是绝对主义的体制,实际上,对变幻莫测的公共舆论已经显得日渐脆弱——最后的岁月中是强大的力量"[4]。在旧制度末年,在痛恨现存体制的人眼里,王后与她之前的杜白丽夫人一样,成为旧制度的象征。那些痛恨制度本身的人,"通过亵渎这个制度的象征、摧毁在大众眼中赋予其合法性的神话以及制造堕落的专制制度的反

---

〔1〕 *le portefeuille d'un talon rouge*, *contenant des anecdotes galantes et secrètes de la Cour de France*, Paris: Bibliothèque des curieux, 1779—1791, pp. 45-46.

〔2〕 *le portefeuille d'un talon rouge*, *contenant des anecdotes galantes et secrètes de la Cour de France*, p. 9.

〔3〕 *le portefeuille d'un talon rouge*, *contenant des anecdotes galantes et secrètes de la Cour de France*, pp. 55.

〔4〕 [美]罗伯特·达恩顿:《旧制度时期的地下文学》,第35页。

神话来表达这种仇恨"[1]。

美国学者克鲁德认为,这些作品,显示出当时社会民众中共有的政治情绪,它的政治内涵是理解当时政治观念的核心。她提出,18世纪晚期大量有关王室色情丑闻的作品流传甚广,因为它们不仅可以贬损涉及的人物的名誉,更重要的是,它们可以用通过指摘个人行为的方式,把统治中复杂的问题归咎在某些王室成员头上。在这些作品中,王后或者大臣们的形象,不仅在道德上有失检点,在政治上也是有罪的。民众把对政府及其政策的不满怪罪到国王身边的人。王后因为自身的背景及性别,便首当其冲成为政治色情的牺牲者。[2]

图15　18世纪70年代的法式宫廷裙(2)

这种在正式场合穿着的女式裙装以其宽大的裙摆为特征,宽度有时可达1.5米。(图片来源:波士顿美术馆)

有趣的是,克鲁德同时也发现,在同一时期的另一些文本中,王后依然是一个仁慈的,甚至有德行的形象:她提倡简单的生活,厌恶宫廷里的繁文缛节,她亲自教育子女,资助艺术文学,她对待每个人都和蔼可亲,她与国王感情深厚,甚至在公众面前手拉手散步。因此,也可以说,在旧制度末年的最后几年里,王后的形象具有多重性,复杂且混乱。[3]不过,随着公众对旧制度的不满日渐加深,"恶王后"的形象在日渐侵蚀另一个美好的形象。或者说,即使事实上,王后并不是小册子所描绘的那样,但人们却主动忽略她的另一面,因为这个衣着华丽的"恶王后"几乎可以象征所有贵族等级与旧制度的罪恶:奢侈腐化、性别颠倒错位、朝纲不振、高高在上的统治者完全不顾人民的死活。她成为人们用以抨击一个饱受诟病的群体和一种摇摇欲坠的制度最方便的靶子。这也就解释了为何大革命时期,人们对王后的憎恨会变得如此深入骨髓。[4]

〔1〕　[美]罗伯特·达恩顿:《旧制度时期的地下文学》,第35页。

〔2〕　Vivian R. Gruder, "The Question of Marie - Antoinette: The Queen and Public Opinion before the Revolution," *French History*, 16.3 (2002), pp. 269-298.

〔3〕　Vivian R. Gruder, "The Question of Marie - Antoinette: The Queen and Public Opinion before the Revolution," *French History*, 16.3 (2002), pp. 269-298.

〔4〕　对于王后遭受痛恨的原因,林·亨特的《大革命的家庭罗曼史》从性别的角度作了精彩的分析。

王后的另一面——自然之爱的王后

　　不过,其实法国这位末代王后还有另一种不太为人所熟知的形象,那就是一个偏爱简单自然的玛丽·安托瓦内特。这一形象,一方面也是她比较真实的形象,另一方面也代表了18世纪晚期,法国社会关于女性及女性形象的新的观念。

图16　1786年展出的玛丽·安托瓦内特的画像

这幅肖像画由王后御用女画家勒布菌创作于1783年,1786年向公众展出时遭受批评,人们认为画中玛丽·安托瓦内特的着装是不符合王后身份的。(图片来源:互联网)

　　1786年,勒布菌给王后绘制的肖像画在公众面前展出。画中的王后手持玫瑰,神情温和,她身着贝尔丹用白色平纹细布制作的长裙,头戴一顶草帽,整个人毫无装饰,除了草帽上的几根浅色缎带。然而,让人始料未及的是,这幅画最终被迫撤出了展览。背后的原因是什么?

　　实际上,这系列的肖像画绘制于1783年,画中的王后都是穿着简单的浅色裙在整理鲜花。当时,玛丽·安托瓦内特本人非常喜欢这一系列,她把画分送给亲近的朋友以及奥地利的大使。可是,1786年,当这些画中的一幅在沙龙中展出时,却饱受非议。在当时,很多人认为法国王后身着"便衣的画像"暴露在大庭广众之下,是非常不妥的。[1] 加上当时已经发生了有损王后名誉的"项链事件",针对她的流言已经四处传播。[2] 那么,此时让身着内室家居服的王后形象出现在公众面前,就会使得王室与其应具备的权威性和庄严之感距离愈发遥远了。

　　然而事实上,王后真正喜欢的或许正是这种简单的风格。虽然身为王后,穿着华服

〔1〕 Mary D. Sheriff, "The Portrait of a Queen," in Dena Goodman, *Marie-Antoinette: Writings on the Body of a Queen*, New York: Routledge, 2003. p. 46.
〔2〕 Elisabeth Vigée Le Brun, *Les Femmes régnaient alors, la Révolution les a détrônées*, Souvenir, 1755—1842, Paris: Tallandier, 2009, p. 68.

几乎是一项义务,可是,即便是宫廷正装,她也想要把它改造的简单舒服些,比如,将宽宽的裙撑拆掉一些,这样就能行走自如。[1]这种爱好自然的脾性,从她长期偏爱小特里亚农宫,而不喜欢凡尔赛那些金碧辉煌的房间就可略见一斑。小特里亚农宫的花园是明显的英式风格,即草木都以自然形态生长,看起来甚至有点杂乱无章,与凡尔赛整齐划一的法式庭院差别很大。

王后偏爱自然风格,不受拘束的特点早在 1770 年便已显露。当时,安托瓦内特便因为拒绝穿着塑身衣(corset)引起了一场小小的风波。法国王室对于王后的日常衣着有非常详细的规定。作为王后,安托瓦内特必须每天在众人面前花费相当长的时间穿着繁复且束缚行动的正式服装。[2]而且,她还不得不穿上一种使人透不过气的塑身衣,据说是为了塑造更好的体形。她对此甚感不耐,[3]甚至因此与内务女官产生了不和。在内务女官看来,在宫廷里,即便是一个别错位置的小别针都是一场悲剧。这件看似无足轻重的小事使王后成为宫廷内外饱受批评的靶子。因为,很多人故意宣扬夸大此事,将此看成是这个奥地利来的王后对法国传统宫廷习俗的不尊重。[4]

路易十六即位之后,安托瓦内特渐渐改变了这类仪式。当她开始梳洗的时候,她向每个被允许进入她房间的贵妇问好,但却不再要她们给她穿衣,而是带几个亲近的女伴进入自己的内室。巴黎最出名的时尚女商人贝尔丹早已在那里等候。而按惯例,贝尔丹这样毫无身份地位的人是不可以进入王后房间的。可是,王后对此毫无顾虑,她总是花很长时间与她的设计师在内室细细研究最新款的服装,[5]以至于贝尔丹成为整个巴黎最受追捧的高级裁缝。除此以外,她还取消了在众人面前用餐的礼仪。当她在宫廷内外走动时,也不要一大批随从跟着,通常只是两三个室内仆人。这些举止行为,都被认为是用维也纳的简单取代了凡尔赛的繁文缛节。[6]对宫廷服饰和礼仪的漠视,是安托瓦内特被大贵族们痛恨的重要原因之一。

不过,她引领的这股简洁之风,很快风靡巴黎。当时,在小特里亚农宫里,王后

[1] Julia Kavanagh, *Woman in France during the eighteenth century*, New York: G. P. Putnam's Sons, Vol. 2, p. 12.

[2] 康邦夫人在她的回忆录里把日常给王后穿衣的过程称为"礼仪的杰作(un chef d'oeuvre d'étiquette)",见 Campan, *Mémoires sur la vie privée de Marie-Antoinette*, p. 97.

[3] Campan, *Mémoires sur la vie privée de Marie-Antoinette*, p. 98.

[4] Caroline Weber, *Queen of Fashion*, *What Marie Antoinette Wore to the Revolution*, pp. 67-70.

[5] Campan, *Mémoires sur la vie privée de Marie-Antoinette*, p. 99.

[6] Campan, *Mémoires sur la vie privée de Marie-Antoinette*, p. 102.

图 17　1782 年的波涅克公爵夫人画像
勒布菌在 1782 年为王后的好友波涅克夫人所作肖像画。（图片来源：互联网）

和她亲近的朋友们常常穿着非常简单随意的服装一起聚会。上流社会的贵妇们也纷纷模仿这股潮流，穿着农妇裙或者打扮穿戴得像乡间的牧羊女，成为一时之风尚。例如，王后最好的朋友波涅克伯爵夫人就穿得特别简单，平时穿的都是便装。即使在最富有的时候，她也从不佩戴钻石。这一点不仅康邦夫人在回忆录里提到，[1] 而且，现存的画像也佐证了美丽的波涅克夫人并不爱好隆重的装扮。同为贵族的拉杜班侯爵夫人在回忆录里记载了她自己与未婚夫第一次见面时（1787年）的情景。她说："那天，我穿得很简单。之前我特意请求奶奶让我自己选择怎么打扮。我们那时候都穿那种后面系带的叫做'筒裙'的裙子，我有一条白色薄纱的，没有任何装饰，配着宽宽的蓝色腰带。人们觉得我好似从画中走出来。"[2] 由此可见，王后对复杂繁琐的抛弃，对自然简洁的偏爱，影响了上流社会女性的着装风格。不过，实际上并没有确凿的证据表明是玛丽·安托瓦内特开创了这一风格，当然可以确定的是她的身份地位推动了这一趋势的发展。

18 世纪下半叶的新风尚

从更宽阔的视野来看，女性服饰中开始出现崇尚自然的风格，并不仅仅因为这是"时尚女王"的偏好。

前文提到的服装史专家拉维（Laver）就认为这股简洁之风出现的原因是十分复杂的。有一部分原因是外来的，即当时海峡对岸的英国女性的穿衣风格就比法国女

---

〔1〕　Campan, *Mémoires sur la vie privée de Marie-Antoinette*, p. 141.
〔2〕　Henriette Lucie Dillon marquise de La Tour du Pin Gouvernet, *Mémoires de la marquise de La Tour du Pin*, Paris: Chapelot, 1913, p. 92.

性更追求简洁、自然和舒适。[1] 其次,如前文所述,到了 18 世纪下半叶,已不再像路易十四时期那样,由宫廷主宰巴黎乃至整个法国女性时尚的风向,巴黎的品味也日益重要,甚至反过来影响了宫廷的审美。最后,一个更重要的变化在于 18 世纪晚期,兴起了一股关于女性美的新风尚。

这种新风尚的代表人物是卢梭。对科学艺术的进步始终心存疑虑的卢梭对于时尚从无好感。他在《新爱洛漪丝》里就对巴黎追逐时尚的女性颇多嘲讽。他借书中人物之口说:"她们(指巴黎妇女)都穿得非常讲究,或者至少有这种名声,所以在这方面也像在其他方面一样,成了欧洲别的地方的榜样。事实上她们以无法表达的趣味穿着最奇异的服装。……她们的打扮是讲究多于精美;风度则优雅胜于华贵。时髦款式随时迅速改变,一年之内式样就过时。"[2]

在《爱弥儿》中,苏菲的形象体现了他对女性美的看法。他这样写道:

图 18　身穿农妇装的玛丽·安托瓦内特
安托瓦内特与朋友们在凡尔赛的小特里亚农宫玩乐时,常喜欢装扮成农妇或牧羊女。(图片来源:法国国家图书馆黎世留馆馆藏 Collection de Vinck,编号 412)

　　　她有很高的审美力,所以总穿扮得很好看;不过,她是很讨厌华丽的衣服的,她的衣服又俭朴又淡雅;她所喜欢的不是那种花花绿绿的衣服,而是合身的衣服。她不懂得什么颜色的衣服合乎时髦,但是她清楚什么颜色的衣服才合乎她的身子。……她的穿扮在表面上显得很平常,但实际上是十分好看,引人注目的。她不仅不炫耀她迷人的美,她反而把它掩饰起来,但她愈掩饰,便愈是使人在心里回味。当你看到她的时候,你会说她是"一个朴实的聪明的女孩子"。[3]

---

〔1〕　James Laver, *Histoire de la mode et du costume*, p. 137.
〔2〕　[法]卢梭:《新爱洛漪丝》,伊信译,北京:商务印书馆 1996 年版,第一、二卷,第 313 页。
〔3〕　[法]卢梭:《爱弥儿》,李平沤译,北京:商务印书馆 1996 年版,下卷,第 589-590 页。

在此书中,作者将苏菲与"爱出风头的法国女人"作比较,他说:"幸运得很,苏菲还不是一个风流的法国女人。一个风流的法国女人生性是很冷酷的,由于爱好虚荣而经常那样妖艳地打扮;她心中所想的是怎样使自己大出风头而不是怎样使别人感到喜悦,……(苏菲)愿意使一个诚实的人感到喜悦,……但不愿意去博取众人的称赞,说她很时髦,因为这种称赞只能够给她一天的体面,而第二天就会变成笑柄,受到人家的指责。"[1]

在卢梭看来,一个人选择的服饰正是她内心的反映,虚荣风流的人喜爱追求时髦浮夸的服装,而内心真诚纯洁的人则用合适的服装装点自己。卢梭认为,由于文明会将人心腐化,因此,真正的美德只能存在乡村生活中。卢梭主义美学思想在贵族中传播的结果便是贵妇们一时间非常热衷于将自己打扮成乡野村姑或者是牧羊女。[2]

除此以外,当时的医学进步也日渐鼓励女性用舒服合体的服装取代那些为了追求夸张曲线而束缚身体的衣饰。例如勒华(Antoine Leroy)医生撰写《关于女性儿童服装的研究》时,处处提到服饰要符合自然为人体设计的功能。他说:

> 现有的大多数服装不是让人维持健康或者显得更美,而是在丑化我们或损害健康,尤其是妇女儿童的装束。[3]……在所有民族的穿衣方式中,法国人的服装是最不舒适的,也是最浪费时间的,也最不符合自然的原理。……妇女们梳着装饰得五彩缤纷的发髻,绑着缎带,脑袋必须花费很大力气去支撑。……紧箍的项圈使她们的脖子变形,明知这对身体不好,可却自认为这增加了几分魅力。……穿着高跟鞋的女人为了保持身体平衡,不得不向前倾,以至于她们整个人都扭曲了。农村女性从来不穿高跟鞋,不让她们的脚受这样的酷刑,所以,即便她们要干很多重活,她们的腿也长得比城里的女性更健康美观。[4]

[1] [法]卢梭:《爱弥儿》,下卷,第595-596页。

[2] James Laver, *Taste and fashion, from the French revolution until today*, New York: Dodd, Mead & company, 1938, p. 15.

[3] Alphonse Vincent Louis Antoine Leroy, *Recherches sur les habillemens des femmes et des enfans, ou Examen de la maniere dont il faut vêtir l'un [et] l'autre sèxe*, Paris: chez Le Boucher, 1772, avertissement.

[4] Antoine Leroy, *Recherches sur les habillemens des femmes et des enfans, ou Examen de la maniere dont il faut vêtir l'un [et] l'autre sèxe*, pp. 165-171.

勒华医生认为，城市的生活拥挤逼仄，焦躁不安的心态使人们成为时尚的俘虏。[1] 然而，这些人却不知道正是流行的这些服饰戕害着自然原本赋予女性的魅力。他说，女性不该随波逐流去跟随时尚，而是应该寻找适合自己的美丽，就像每一朵花一样，有其独特的芬芳。越不造作越美丽，当魅力是自然而然的时候，才是最吸引人的。[2] 他的观点，从医学角度呼应了卢梭对于自然美的颂扬。正是这样的看法，渐渐改变着当时一部分女性的审美取向。到了大革命时期，对于自然和卢梭的推崇使一部分医生再次提出要从全国层面推行"平等的、统一的、民族的"儿童服装，重要的是，这种"儿童制服"并不区分男女，而是以符合儿童的自然生理特点为要。[3]

以罗兰夫人为代表的资产阶级女性更是这股简洁风的推崇者。年轻时代的罗兰夫人十分喜爱自然的穿衣风格。她的思想受卢梭的影响非常大。[4] 她非常厌恶巴黎女性在衣着上爱慕虚荣的特点，她说，人们在衣着上花费巨大，就是为了星期天去杜勒伊宫散步，或者去教堂的时候引人注目。走亲访友、各种节日、婚礼或有孩子受洗，所有这些，

图 19　1789 年的夏特伯爵夫人肖像

勒布菡创作于 1789 年的肖像画。画中伯爵夫人的着装是大革命爆发初期，贵族女性中极为流行的装束：洁白的长裙、简洁的缎带装饰帽子与腰带，一改以前盛行的宫廷女装的华丽繁复。此画现藏于大都会博物馆。（图片来源：互联网）

〔1〕Antoine Leroy, *Recherches sur les habillemens des femmes et des enfans, ou Examen de la maniere dont il faut vêtir l'un〔et〕l'autre sèxe*, p. 201.

〔2〕Antoine Leroy, *Recherches sur les habillemens des femmes et des enfans, ou Examen de la maniere dont il faut vêtir l'un〔et〕l'autre sèxe*, pp. 239-241.

〔3〕Christine Bard, *Une histoire du pantalon*, Paris: Seuil, 2010, p. 48.

〔4〕罗兰夫人受卢梭的影响可以从她的回忆录里看到。她在回忆录（Roland de La Platière, Jeanne-Marie, *Mémoires de Mme Roland*, Paris: Baudoin fils, 1820）中多次提到卢梭的作品及思想，甚多赞美之词，认为卢梭将她的很多想法和感受恰如其分地表达出来，如上卷的第 121 页，第 192 页，第 282 页，第 304 页，第 366 页，以及下卷的第 329 页等处。法国学者李尔蒂专治卢梭研究，他也持同样观点。可参见他于 2013 年 6 月在北京大学做讲座时的报告。

都成为实践虚荣的时机。[1] 相反,在她记忆里,一直保留着她母亲朴素的形象:"她总是穿得很简单,有时候甚至是不事修饰的"[2]。1793 年,当罗兰夫人站到了审判席上,她身穿的就是一条洁白的裙子。

新的女性美观点

罗兰夫人对于女性外表的观点深处,实际上是 18 世纪后半叶的女性全新的自我认知与社会定位。她的观点与布雷东不谋而合。布雷东,这位与梅西耶齐名的文人在 1777 年出版的关于女性的长篇论著中详细论述了社会应该如何塑造理想的女性。[3] 从女性出生开始应该如何被养育,接受什么样的教育,她们在婚前和婚后的家庭中应该扮演什么样的角色,一直到她们在面对各式各样的婚姻时应该持什么样态度,如何教养子女,以及女性的娱乐、学习、服饰,事无巨细,文章均都加以一一论述。同时,作者还谈到不同社会群体中女性的不同职责,他区分了农村妇女、城市妇女,以及从事不同工作的女性,如女手艺人、女演员、女商人等。

众所周知,卢梭的教育小说《爱弥儿》虽然讲到了苏菲是如何成长的,可毕竟爱弥儿才是真正的主角。布雷东这篇长达五百多页的论著则通篇都是女性的教育成长及她的行为方式和社会职责。他认为,女孩天生与男孩不同,所以从一开始,对她们的养育就应该是区别对待的。比如,男孩子不应该用褓褓,而女孩子就应该使用,因为,应当让女孩子出生那刻就开始学习温顺谦恭。[4] 在日后的教育中,女孩子要被温和地引导着意识到,男性才是这个社会的首领和君主,这是建立从属关系、维持社会和谐以及谋得两性幸福的途径。[5]

作者认为,从培养女性简朴谦逊的性格出发,女孩子们的衣服应该用简单的面料制成,没有花边没有装饰,而且不能是五彩缤纷的,只能是纯色,例如,绿色的连衣

---

[1] Roland de La Platière, Jeanne-Marie, *Mémoires de Mme Roland*, Paris: Baudoin fils, Vol. 1, 1820, p. 30.

[2] Roland de La Platière, Jeanne-Marie, *Mémoires de Mme Roland*, Paris: Baudoin fils, Vol. 1, 1820, p. 29.

[3] 布雷东(Nicolas-Edme Rétif de La Bretonne, 1734—1806)是 18 世纪后半叶巴黎重要的出版商及作家。他出版过多部内容多样的作品,有色情小说,也有剧本,其中比较重要的是他于 1788—1794 年出版的 8 卷本《巴黎之夜或夜间观察者》(*Les Nuits de Paris ou le Spectateur nocturne*)以及出版于 1794—1797 年的自传《尼古拉先生》(*Monsieur Nicolas*)。此处提到的是他关于如何培养理想女性的一篇长文:Rétif de La Bretonne, *Les Gynographes, ou Idées de deux honnétes-femmes sur un projet de reglement Proposé à toute l'Europe, pour mettre les Femmes à leur place*, Paris: Chés Gosse & Pinet, 1777.

[4] Rétif de La Bretonne, *Les Gynographes*, p. 63.

[5] Rétif de La Bretonne, *Les Gynographes*, p. 64.

裙,玫瑰色的长裙,或者是白色的头巾,当然更不能涂脂抹粉。[1] 她们从小就不应当佩戴宝石,甚至连耳环都不允许,只可以用一些价格低廉的银饰;鞋子只能是或黑或白的平底鞋。[2]

这种女性美的形象是内敛温和谦恭的,同时又是安分守己充满了女性的柔美,与此相对立的是另一种人们在宫廷中、沙龙里或者是罗亚尔宫广场上看到的张扬的追逐时尚的女人,她们周旋在上流社会的男性之间,玩弄权术,满足自己对权力和金钱的野心。梅西耶就很认同卢梭对于女性涉足公共领域的批评。他说:

> 卢梭对于女性的评价再确切不过了。巴黎的女人习惯在所有公共领域交游甚广,周旋在男性之间,学习他们的倨傲大胆,甚至他们的目光与手段。除此以外,近些年来,女性公开扮演着中间人的角色。她们每天要写 20 多封信,对实权人物提出各种要求。她们甚至有自己的办公室,自己的登记簿。通过金钱的运作,她们将情人、丈夫或者是那些付钱给她们的人安排到各种位置。[3] ……我们的女性已经失去了她们最打动人心的特征,那就是腼腆、简单和原始的廉耻,取而代之的是娱乐精神以及优雅的言行。[4]

与卢梭一样,梅西耶看到的是一个被女性主宰了的法国,女性的触角深入社会关系网的每个角落。这样的观点在当时并不是少数。例如,同为不得志的文人梅扬抱怨道:"几年来,若干个沙龙的统治让巴黎,随之也让整个法国成了一个受五六个女人支配的贵族国家。"[5]

从这些抱怨牢骚可知,卢梭、布雷东、梅西耶等文人努力塑造宣扬新的温婉克制的女性形象,实则正是对当时占据主流地位的张扬的女性形象的抵触。而这些为人所诟病的时髦女性形象,并非如文人们所谴责的那样,真正把持着对于法国社会政治的重要影响;但她们确实是那个奢侈腐化却日渐失去其存在价值的统治阶层的缩影。1785 年 11 月的《时尚工作坊》上报道了很多巴黎妇女不顾严寒,依然身穿白色的平纹细布裙。但是在同一期,依然可以看到缀满羽毛、珍珠和缎带的华丽帽饰,搭

〔1〕 Rétif de La Bretonne, *Les Gynographes*, pp. 86-87.
〔2〕 Rétif de La Bretonne, *Les Gynographes*, p. 69.
〔3〕 Louis Sébastien Mercier, *Tableau de Paris*, Vol. 2, p. 26.
〔4〕 Louis Sébastien Mercier, *Tableau de Paris*, Vol. 2, p. 30.
〔5〕 见梅扬(Gabriel Sénac de Meilhan, 1736—1803)发表于 1790 年的小册子中提出的观点:Gabriel Sénac de Meilhan, *Des principes et des causes de la Révolution de France*, Paris: Éditions du Boucher, 2002, P. 25。

图 20 1785 年冬季时尚杂志上的插画
虽然衣裙的造型比较简洁，但是图中这位女性的帽饰依然使用夸张的羽毛和宝石作装饰。
（图片来源：拍摄自 *Cabinet des Modes ou les Modes Nouvelles*，15 Novembre, 1785）

配着白色的披肩，这就说明当简洁趋势开始出现的时候，奢华的风格并没有很快退出流行的舞台。实际上，这种风格仍然占据着 80 年代中期时尚杂志的大部分版面。例如，大多数被介绍的新款衣裙依然使用昂贵的绸缎面料，配饰则是钻石、珍珠等宝石，这意味着虽然有关女性美的新的话语已经萌生，但是主流品味的改变尚有待时日。[1] 奥贝科契（Oberkirch）男爵夫人在她的回忆录里写道："1787 年的冬天并没有什么新鲜事物，美丽的绸缎和钻石依旧是最被看重的，也就是说奢侈和财富牢牢占据着统治地位。"[2]

不过，仅仅几年之后，当大革命爆发之时，这种简洁的风尚终于取代奢华的风格在各阶层的女性中大行其道，人们再也不能从一位女性的衣着来判断她的社会地位的高低，由华丽服装建立起来的社会差别被抹杀。当然，到那时就不仅是涉及流行时尚观念以及女性外表的问题了，很多政治的因素也将被牵涉进来。

［1］ *Cabinet des Modes ou les Modes Nouvelles*，15 Novembre, 1785 et 1 Décembre, 1785.
［2］ Henriette-Louise de Waldner de Freundstein Oberkirch, *Mémoires de la baronne d'Oberkirch*，Vol. 2, Paris: Charpentier, 1869, p. 311.

革命高潮时期的女性服饰及相关争议

Francaise allant au Champ de Mars faire l'Exercice

如果说，本书的其他章节更多的是在讨论女性的日常服饰在该时期表现出来的变化趋势，那么本编涉及的服饰现象则与此不同，它们不能归类到日常服饰中去，而应当属于特殊时期的特殊服饰。例如，革命时期出现的女性着男装或者是佩戴象征革命理念的装饰物，如三色徽等；以及在革命庆典或游行时，女性身穿的统一服装。这一类现象的出现与社会政治气候的变化更为密切，它们的出现或者消失有可能发生在很短的时间内，波及的范围也不那么广泛。但是，抓住并分析这些看似昙花一现的现象，一方面能更好地理解革命时期不同女性群体对于革命的不同诉求；另一方面，还可以看到，在这些貌似转瞬即逝的服饰现象的背后，仍然有清晰的历史脉络可以追寻。

　　如果罗什所言不虚，直到法国大革命之前，在服装上人们可以具有两个方向的行为选择：符合传统关系的要求以及个人自我的选择。也就说，一种是用以揭示社会地位或者是作为一种道德的存在的服装；另一种则是对应着个人的内在价值的服装[1]。但是奇怪的是，大革命期间出现的比较集中而短暂的服装现象，趋于强化的是前者而非后者。这显然是对革命前已经出现的注重个体的着装感受的趋势的反动。究其原因，应该说主要是革命时期巨大的社会政治动荡打断了人们追求个体感受的进程，转而将个体抛到接连不断的政治事件之中。这种动荡一直延续到革命之后多年，服饰上的发展才逐渐重新回归其发展的正道。

　　但是，即便在革命形势最为严峻的1793年和1794年，巴黎的女性依然没有放弃她们对时尚的爱好。普通的资产阶级家庭仍然要为去剧院看戏准备美丽的服装。[2]同时，从大革命初始，将服装作为表达政治观念、革命态度以及群体诉求的方式的现象便层出不穷，像三色徽章等革命装饰物所引起的纷争便是绝好的例证。另有一些激进的革命女性不仅组建俱乐部积极学习宣传革命理念，还纷纷身着男装走上街头，争取佩带武器和参加军队的权利。革命时期的女性服饰，不啻为观察和分析革命浪潮之下民众心态的良好途径。"革命高潮时期的女性服饰及相关争议"章着重剖析革命初年的服饰变化以及激进革命女性的"亚马逊女战士"装束，探讨服饰如何表达穿着者的政治立场和对革命的态度，以及激进的革命女性为何要将身穿男装作为平等权利的一部分来积极争取。

---

[1]　Daniel Roche, *La Culture des apparences*, p. 481.

[2]　"Journal de ce qui se passe à Paris chez le citoyen C...," *La Revue de France*, janvier 1935, pp. 54-57, 转引自 Nicole Pellegrin, *Les Vêtements de la Liberté*, p. 120.

其次,法国大革命期间,出现了很多具有特殊意味的服饰,三色徽是其中之一。与著名的小红帽一样,三色徽的政治色彩十分浓厚,但是它比小红帽流传更广,存续时间也更长。[1] 小红帽强调的是自由的信仰,与此不同,三色徽(La cocarde tricolore)彰显的则是公民的身份,是一种认同的标志。[2]

美国学者理查德·瑞格利(Richaird Wrigley)指出,从1789年夏天开始,三色徽就持续地贯穿着这十年的大革命历程。不论是从流传的范围还是时间来看,大革命中真正流传最广泛的革命服饰应该是三色徽。三色徽没有像其他革命服饰那样湮灭在历史的尘烟之中,关键原因在于,"它一直是作为一个统一民族的信念的象征,而这一理想,虽然被一再怀疑,但仍然是最被珍惜的"。[3] 林·亨特说:"政治象征物和仪式不是权力的隐喻,而是获得权力的工具和目的。……第一批象征物一被发明出来,政治与社会冲突的可能性就立刻变得明显了。三色徽就是一个很好的例子。"[4] 在亨特和瑞格利看来,三色徽这一象征物的内在涵义在整个大革命期间是连贯的、统一的,它就是法国革命理念的化身。三色徽所蕴含的爱国和拥护革命的政治立场就是其内涵的核心。我们确实也看到了对革命持不同意见的人对待三色徽的态度是截然不同的:革命者佩戴它、珍惜它;反革命抵制它、羞辱它。三色徽是一个文化的表象,佩戴它或者拒绝它的人们因此被赋予了截然不同的政治立场的色彩。

但是1793年发生的"三色徽之争"却无法用上述结论来解释,原本同属革命阵营的激进女性和市场妇女(Les Femmes de la Halle)之间却因为三色徽的佩戴产生了激烈的冲突。冲突的背后是经济利益的矛盾,更是关于性别角色问题的分歧。"'三色徽之争'与大革命中的女性"章将对此展开具体分析。

最后,虽然现有大多数材料证明,革命者对于女性加入公共事务的言行持怀疑态度,但是有一种行为是例外的,那就是女性参加各类革命节日或者庆典。尤其在革命的早期,例如1791年夏天,女性参与游行或者其他的公众活动,人们为她们的举

[1] Richard Wrigley, *The politics of appearances: representations of dress in revolutionary France*, p. 123.
[2] 参见 Richard Wrigley, *The politics of appearances*, 2002; Jean-Marc Devocelle, "La cocarde directoriale: dérives d'un symbole révolutionnaire," *Annales historiques de la Révolution française*, Vol. 289, (1992), pp. 355-366; Jennifer heuer, "Hats on for the Nation! Women, Servants, Soldiers and the'Sign of the French," *French History*, Vol. 16, (2002), p. 28-52; Nicola J. Shilliam, "Cocardes Nationales and Bonnets Rouges: Symbolic Headdresses of the French Revolution," *Journal of the Museum of Fine Arts*, Vol. 5, (1993), pp. 104-131;以及出版于1790—1792年的《时尚与品位杂志》(Journal de la Mode et du Goût)。
[3] Richard Wrigley, *The politics of appearance*, p. 123.
[4] [美]林·亨特:《法国大革命中的政治、文化和阶级》,汪珍珠译,上海:华东师范大学出版社2011年版,第125页。

动喝彩,赞美她们的爱国精神。然而,值得注意的是,这种现象并不意味着对女性投身公共事业的赞同,它表现出来的是对革命理念如此深入人心,以至于女性都被动员起来的欢欣鼓舞。换言之,女性的举动在此时具有强烈的装饰性,在盛大的公共盛典中成为营造热烈的革命气氛不可或缺的成分。在这种场合,展现的是一种统一的女性的形象,那就是穿白裙的女性。为何革命者选取了白衣少女作为革命理想的化身?这其中是否隐含着革命者对于理想女性形象的期许?"'白衣少女'与美德的具象化"章将针对这一现象展开分析。

革命初年的服饰变化

　　1789 年,路易十六宣布召开全国三级会议。这是相隔了 175 年之后,法国再次召开三级会议,举国沸腾,各个阶层的人们对未来充满了希望,革命的热情席卷巴黎。在这样的氛围下,巴黎出现很多以革命理念为主题的服装。男士们穿着名为"革命服"的黑色呢绒服。[1] 女士则穿着"国家的"(nationale)细呢短上衣。[2] 目之所及,随处可见女性穿着或佩戴着代表革命理念的服饰。最常见的是时髦女性穿着象征着革命的红蓝白三色条纹长裙,在漂亮的帽子上缀以三色徽章。民众阶层的女性则爱穿着裙子和三色条纹的短外套,带着普通圆帽,在街头或公园散步。1790 年的《时尚与品位杂志》(Journal de la mode et du goût)这样说道:"革命刚刚开始的时候,它并没有给时尚带来很多新鲜事物,很多女性对此无动于衷;现如今,她们似乎突然觉醒了,开始以爱国者的穿着出现在街头。"[3] 巴黎卡纳瓦博物馆(Musée Carnavalet)里保留了不少描绘革命初期巴黎街头场景的绘画,以及联盟节前夕,巴黎市民在战神广场共同劳动的作品,还有一些画作记录了联盟节当天广场上热情洋溢的人群。在这些画中出现的女性形象,虽然看得出身份地位迥异,但是不约而同地,她们的服装上都采用了红白蓝三色作为装饰,或是作为腰带,或是作为帽子上的饰带。到处飘扬着的三色饰带展示着这个城市的革命热情。

---

〔1〕 *Journal de la mode et du goût*, No. 1, 1790.
〔2〕 *Journal de la mode et du goût*, No. 4, 1790.
〔3〕 *Journal de la mode et du goût*, No. 2, 1790.

图 21 1790 年战神广场上的第一届联盟节(细节图)

此画表现的主题是 1790 年第一届联盟节的情节。从细节图上可以清楚看到作为观众的巴黎女性纷纷扎上红白蓝三色缎带作为装饰。(图片来源:拍摄自巴黎卡纳瓦博物馆馆藏)

除了象征革命的元素被广泛使用之外,革命还将奢侈逐出了巴黎社会,"衣饰上已经不再使用金银,人们只穿毫无装饰的服装(uni)"。在 1790 年的那个夏天,几乎没有年轻人穿着丝绸,取而代之的另外一些轻薄的面料。可见,革命的到来,彻底结束了萦绕在旧制度末年的奢靡之风,新的审美趣味伴随着革命的进程逐渐为人们所接受。"旧时时尚男女以昂贵面料来彰显自身,或金或银,或是以极其夸张甚至可笑的发型吸引人们的目光,如今,最简洁的风格成为他们的特征"[1];"即便那些夫人们还在为失去的头衔哭泣,她们也在慢慢地从昔日取悦他人的观念中解脱出来,她们中的大半都已经被新的时尚所征服"[2]。于是,假痣、假发、高跟鞋以及庞大的裙撑均被冷落。很多女性开始放弃使用塑身衣,虽然,女性们还是乐于用一根细细的腰带来展现婀娜多姿,但腰部线条再也不是勒得特别紧,女性不再以束缚身体的方式

〔1〕 *Journal de la mode et du goût*, No. 27, 1790.
〔2〕 *Journal de la mode et du goût*, No. 13, 1790.

来显示纤细的腰身。更有甚者,有些上流社会的女性开始模仿原先属于下层民众女性的发型,即用布料或者白纱制成的头巾简单打结以此来包裹头发;相反,价值昂贵并让人显得飞扬跋扈的羽毛头饰再也难觅其踪。[1] 昂贵的面料、夸张的头饰、精美的首饰都不见了踪影。虽然偶尔还会在剧场里看到那种高耸入云的发型,但是简洁清爽连粉都不扑的自然发型变得更受欢迎。[2] 革命时期的舞台上,演员们也纷纷抛弃了旧时夸张宽大的戏服,谁要是还保留着旧制度时期的服饰,就会显得十分可笑。[3] 流行的风向发生了如此巨大的转变。轻快简洁的风格在一夜之间将拖沓沉重的旧制度风格取而代之,服饰审美趣味的改变微妙地展示着人们心态的变化。大革命初期带来的自由解放的氛围影响了巴黎人的衣着。

法国历史学家保罗·迪埃(Paule-Marie Duher)评价时尚杂志是真正无聊的出版物,它面向的读者是一群只关心帽子样式的女性,对政治事件毫不在意。[4] 这一评价似乎有失公允,事实上,从现有材料便可以清楚地看到,当时最有名的《时尚与品位杂志》十分关心政治动向,从中可以找到许多带有政治色彩却又多了几分趣味的故事。例如,它讲述了某位住在凡尔赛附近的贝格(Berg)先生,他对于国民公会搬到巴黎的做法十分不能理解,于是他几乎每天都去凡尔赛,询问那里的人今天国民公会的成员是否回来,他们的开会议程是什么,他们将在哪个大厅开会。他每天会在那里等待一个多小时,最后黯然离去。再如,在同一期上,杂志还报道了王太子学习《人权宣言》的消息。[5] 时尚杂志也关心修道院中那些身世悲惨的女孩的命运,担心她们无法从国家颁布的有关宗教事务的法令中获益。[6] 该杂志还在某一期上提出,作为行政权的最高长官,国王也应该佩戴特殊的装饰,例如缀有红蓝白三色流苏的白色绶带。因为今后,红、黑、蓝、绿等颜色的饰带以及十字架显然已不适合任何人佩戴了。[7] 当然,其中某些故事的真实性有待考证,但是,这类时尚杂志关心政治的态度,由此可见一斑。更何况,它们还提供了大量关于该时期服饰上的新变化,以及对于这些变化的评论,使后世的读者可以清楚了解革命在当时到底在何种程度上影响了人们的日常生活尤其是在衣着方面。并且,它们还给出了时人对这些变化

〔1〕 可参见当时的人物肖像画。
〔2〕 Karamzin, Nikolai Mikhailovich, *Voyage en France*, 1789—1790, Traduit du russe et annoté par A. Legrelle, Paris: Hachette, 1885, p. 190.
〔3〕 Louise Fusil, *Souvenirs d'une actrice*, Vol. 1, Paris: Dumont, 1841, p. 232.
〔4〕 Paule-Marie Duhet, *Les femmes et la Révolution* 1789—1794, Paris: Julliard, 1971, pp. 92-93.
〔5〕 *Journal de la mode et du goût*, No. 1, 1790.
〔6〕 *Journal de la mode et du goût*, No. 2, 1790 及 *Journal de la mode et du goût*, No. 4, 1790.
〔7〕 *Journal de la mode et du goût*, No. 8, 1790.

的解释。例如,1790 年 8 月 5 日发行的那期《时尚与品位杂志》在介绍了近期女性服装出现的各种新变化之后,杂志的编辑如是说:"不再有什么时尚可以长时间地统治了,随心所欲的品味从未如此强大。因为,自从头衔被取消之后,很多女性只能依靠不断地在打扮上标新立异来突出自己。"[1]

　　不过,需要注意的是,虽然大街小巷全都是穿着带有鲜明革命色彩的服装,但是,这些夫人们是真的支持革命理念吗?并不见得。因为"爱国"、"公民"这些词在当时显得非常时髦,就连路边的乞丐在伸手向人乞讨时,都改了称谓,用"亲爱的公民"取代了"伯爵先生"或"公爵先生",[2]所以对于穿着所谓的"爱国服装"的女性来说,有可能只是在追逐时尚。因为大多数情况下,一些毫无新意的装束被冠以革命之后才出现的新名词,就摇身变为时髦的打扮了,比如所谓的"宪政服"从头到脚并没有新的元素出现,材质也是前几年已经开始流行的印度面料,当然,红白蓝三色的点缀是必不可少的。[3]"民主服"也与之前已经出现的较为随意的便服没有太大区别。[4]这些情况说明,穿着革命服饰的人并不一定是支持革命。尤其当某些蕴含着抽象理念的词汇,如"平等"、"自由"等,被用来指称服饰中的装饰符号,那么,穿戴着这些符号的人是否一定认同它们所蕴含的观念?光从穿着者的外表,很难判断他/她是真诚信仰革命理念抑或只是追随时髦。同样地,当时出现了一些带有强烈的反革命意味的服饰,是否可以清晰地表明穿着者的立场和态度?例如,一些女性选择穿上由黑色的缎结、黑色的玫瑰以及黑色的长裙组成的"半丧服(demi-deuil)",以缅怀逝去的旧制度。[5]到了 1791 年 3 月,甚至有女性佩戴黑色缎带制成的徽章。[6]5 月,巴黎街头出现了取名为"反革命"的服装,男女都有,使用金银装饰或是以黄色和黑色作为服装的主色调,以此来宣扬穿着者不支持革命的姿态。[7]从 1791 年底到 1792 年初,关于未宣誓教士的纷争越来越尖锐,女性中也因此分裂出各种小团体,有一部分女性公开穿着支持"天主教的"(Catholique)或者是"不宣誓教士"(évêque non-jureur)的服装招摇过市。[8]如果说穿着革命服饰是一种时髦,那么,拒斥革命服饰,反其道而行之,也成为某种姿态。所以,在这种情况下,不加区别地把服饰作

[1] *Journal de la mode et du goût*, No. 17, 1790.
[2] *Journal de la mode et du goût*, No. 2, 1790.
[3] *Journal de la mode et du goût*, No. 6, 1790.
[4] *Journal de la mode et du goût*, No. 29, 1790.
[5] *Journal de la mode et du goût*, No. 7, 1790.
[6] *Journal de la mode et du goût*, No. 4, 1791.
[7] *Journal de la mode et du goût*, No. 10, 1791.
[8] *Journal de la mode et du goût*, No. 35, 1792.

图 22　1790 年巴黎街头时髦女性

现存的 1790 年的杂志插画,画中女性身穿服饰以红蓝白三色为主,发型饰以简单的白色百合(可能是向王室致敬),礼帽和上衣的条纹装饰在当时也十分流行,源自英国的条纹图案,有平等之意。(图片来源:拍摄自巴黎 Forney 图书馆馆藏)

为人们政治态度的直接表达是相当危险的。确实,当服装附着了政治的理念,当人们把服装作为传达政治观念的工具时,服装可以成为穿着者自身立场的鲜明展示。就像大革命初年巴黎街头的女性一样,她们使用象征着新生国家的色彩或者穿着来自更民主的国度的服装款式来展示对这场正在进行中的革命的支持。但是,也有可能在所谓的"革命服装"或"爱国服装"的伪装之下,是一颗仇视革命的保守的内心,选择那样的外表,只不过是在随波逐流中寻求安全的庇护。更有可能,或许还有不少人,实际上并不在意国民公会的代表在讨论些什么,她们还和在旧制度末年一样,关心的只是穿着时装裁缝推出的最新的款式,最时尚的帽饰,以博取别人羡慕的目光。革命抑或反革命的姿态,对她们来说,只是标新立异的不同途径而已。事实上,此时的服装更应该被称为是一个"面具"。无论是哪一类装扮,都可以看成是一种态度的展示。换言之,无论穿着者对于革命的真实态度如何,她选择的服装是希望展示给别人看的立场,就像戴上了面具一样,这是穿着者希望别人以为他/她是这个样子的。所以看似热烈欢欣的气氛之下,也许涌动着不满、怨愤甚至仇恨。而服饰,有时将这种情绪鲜明表达,有时则将其掩盖得严严实实。不过,在这场革命中,巴黎最激进的那群女性却义无反顾地用服装将自己的诉求清晰明确地表达出来了。

激进革命女性的装束

除上述追逐流行的"革命时尚"的女性以外,本书更关注的是那些在革命中表现最为激进的女性。在关于女性的政治权利、社会地位等问题上,这些为数极少的激进女性的行动与言辞代表了当时法国女性中最前沿的思想与态度。真正激进的革命女性不仅参加、组织各种俱乐部活动,她们还常常身穿男式服装前往国民公会请愿。她们甚至郑重提出要获得与男性穿着同样套裤(culotte)以及拿手杖的权利。[1] 这些"不爱红妆爱武装"的女性,戴着男式帽子,拿着弯刀,甚至穿着男式长裤和军靴,这在当时是非常惊世骇俗的行为。那么,是一种什么样的政治诉求推动着她们积极地要求穿着男装的权利?

在这些激进的革命女性当中,梅里古(Théroigne de Méricourt)是非常突出的一位。出生于农民家庭的她,从小颠沛流离,后来慢慢进入巴黎的社交圈。大革命爆发之后,她对革命事业着了迷。为了不错过三级会议的每一场讨论,她甚至搬到了

---

〔1〕 Paule-Marie Duhet, *Les femmes et la Révolution* 1789—1794, p. 40.

图 23 "亚马逊女战士"装束

此图是大革命时期著名的水粉画画家叙厄尔兄弟所作。图中左二人物身着类似于国民自卫军的服装,但又穿着长裙,明显是一位女性,腰挎弯刀,手中还持有手枪。该系列水粉画现藏于巴黎卡纳瓦博物馆。(图片来源:互联网)

凡尔赛。当国民议会迁到巴黎之后,她又跟随着回到了巴黎,继续每天去旁听讨论,以至于很多代表都认识了这个"美丽的列日女人",像西耶斯等人甚至与她交上了朋友。[1]梅里古不仅热切关注革命动向,而且在 1790 年初就创建了一个女性俱乐部,取名为"法律之友俱乐部"(Club des Amis de la loi),向广大女性传播革命法令和革命理念。同时,她还积极投身于组建一支女性军队的事业。她带着其他人,在大街

〔1〕 Elisabeth Roudinesco, *une femme mélancolique sous la Révolution*, Paris: Albin Michel, 2010, p. 51.

上鼓动女性参军。她自己常常穿着一条红色的皮革长裤,脚蹬黑色的鞋,外面套着蓝色的衬裙,肩上围着三色披巾,头戴火红色的帽子,帽子上还缀着绿色的绒球。[1]这副肖像流传至今,成为大革命期间"亚马逊女战士"[2]的经典装束。她说,把自己打扮得像个男人,是为了避开作为一个女性应该具备的谦卑。[3]当时人们还看见她与其同伴一道,穿着这样的服装,腰间别着手枪,在杜勒丽宫和罗亚尔广场散步。[4]对于法国大诗人波德莱尔来说,这身装束使梅里古成为"杀戮爱好者"(amante du carnage)。历史学家奥拉尔则把她看成女性主义的先驱。[5]除她以外,另一位大革命期间非常有名的女性活动家克莱尔・拉孔布(Claire Lacombe)也经常作类似装扮。更有意思的是,拉孔布也向国民公会提交了成立女战士队伍的请求。[6]事实上,在法国陷入战争的 1792 年,几位激进的女性活动家几乎都向立法议会提出过相似的要求:3 月,保利诺・莱昂(Pauline Léon)递交陈情书,请求成立女性国民自卫队;4 月,埃塔・帕尔姆(Etta Palm)提出要获得与男性同等的在民事机构和军队中任职的机会;7 月,女剧作家奥兰普・德古热(Olympe de Gouges)用行动再次提出同样的请求,她与一些妇女佩带着武器在街上游行,以期引起当局的重视。[7]

《时尚与品位杂志》对激进女性的男装打扮的描述如下,可以看到,下述文字描述几乎完全与现存的图像资料吻合:

> 爱国妇女们穿着新式的统一服装:黑色的毡帽,帽上别着三色徽章以及黑色的羽毛,头发上不扑粉;身穿宝蓝色的呢绒上装,白色的领口镶着红边;或者是巴伐利亚式的红衬衣镶着白边;配着黄色的纽扣。通常,她们在外套里还穿着男士的白背心。下面则是与外套同色的裙子,镶着红边。脚上穿着黑色的鞋。[8]

当时女性穿着男装并不是真正将男性的服饰拿来直接穿上,而是在对男装加以

---

[1] Elisabeth Roudinesco, *une femme mélancolique sous la Révolution*, p. 140.
[2] "亚马逊女战士"是从古代流传下来的关于骁勇善战的女性部落的传说,18 世纪的法国,出现了不少关于这一主题的小说。详见后文论述。
[3] Elisabeth Roudinesco, *une femme mélancolique sous la Révolution*, p. 49.
[4] *Lettre de Fougeret, receveur général des Finances, à son intendant: Paris le 25 mars 1972*, 转引自 Nicole Pellegrin, *Les Vêtements de la Liberté*, p. 13.
[5] Christine Bard, *Une histoire politique du pantalon*, p. 50.
[6] Elisabeth Roudinesco, *une femme mélancolique sous la Révolution*, pp. 152-153.
[7] Élisabeth Badinter, *Paroles d'hommes (1790—1793): Condorcet, Prudhomme, Guyomar*, Paris: P. O. L., 1989, pp. 44-45.
[8] *Journal de la mode et du goût*, No. 19, 1790.

图 24　革命时期巴黎女性的装束

叙厄尔兄弟的水粉画系列。图中央的女性虽然怀抱、手牵孩子,但是穿着当时巴黎国民自卫军的制服,甚至没有与其他图中女性那样穿长裙,而是直接穿着长裤。她旁边的女性分别是戴着宽大绸缎帽的贵族女性(右二)、身穿简洁白裙的中产阶级女性(左二)以及扎着三色缎带的下层女性(左一),最后一位则是大革命节日庆典上常见的戴着玫瑰花环,捧着玫瑰花束的白衣少女(右一)。(图片来源:拍摄自巴黎卡纳瓦博物馆藏品)

Jeune Française allant au Champ de Mars faire l'Exercice

图25 在战神广场上训练的法国女性

当时一幅无名氏的作品,描绘了年轻的法国女性打扮成女战士的模样,手持长矛,前往巴黎战神广场训练。此图现藏于法国国家图书馆。(图片来源:Michel Vovelle, *La Révolution française: images et récit*, 1789—1799, Paris: Messidor, 1986, Vol. 4.)

取舍之后,形成了一套特殊的服装:色彩上,与国民自卫军的制服完全一样;款式上,既保留了女装的裙装款式,又吸收了男装中便于行动利于骑马作战的要素,尤其是夹克式短上衣,配以双排纽扣,加上那顶猎手帽,看起来非常精神干练。梅里古等人穿着这样的服装多次出现在公共场合,绝不是为了哗众取宠。那么她们为何穿上这类男性化的装束?为何又多次提出要像男性一样佩戴武器及参军?类似的要求或现象在今天看来有点奇怪。然而,就像法国史家戈迪诺指出的那样,整个18世纪以及大革命期间,公共领域和私人领域的区分并不像后来它所表现得那样截然对立,也没有一个公共空间被特别定义为男性的;相反,巴黎街头劳动阶层的女性更喜欢长裤,而不喜欢的沉重的裙子,因为方便,为了行动的安全,有时候则是为了乔装打扮混入军队;或者是从军队服役回来,出于习惯;有时仅仅是出于异想天开。戈迪诺说,18世纪的巴黎下层女性就常常身穿着长裤,家庭主妇们满城寻找食物,女工们到处挣钱养活自己。[1]因此,女性身着男装的现象,在大革命之前的历史上虽说不是司空见惯,但也并不是那么罕见。然而,到了大革命时期,服装不可避免地带上了政治色彩,三色徽章和绶带是支持革命的象征,黑色的徽章则是反革命的标志。激进的女性通过头戴自由帽和身穿国民自卫队的服装表明她们的政治态度。它已经成为女性在一场浩大的革命潮流中表明自身的力量与勇气,表达爱国激情以及为女性争取与男性平等的政治权利的条款。与男性身穿一样的服装,体现了女性希望得到男性认同,希望被纳入到革命大家庭中的愿望。

---

〔1〕 Dominique Godineau, *The Women of Paris and their French Revolution*, p. 7.

历史上的"亚马逊女战士"

在大革命期间,女性把自己装扮成"亚马逊女战士"。实际上,这一形象并不是普通的女战士,更不是民间传说或戏剧舞台上为了种种其他原因而掩盖自己真实性别身份的伪装。"亚马逊女战士"的形象渊源一直可以上溯到古希腊时代。在古希腊传说中,在如今的土耳其地区,生活着一个骁勇善战的女氏部落,她们与外族通婚,但只保留女孩子在身边。每个女孩在成长的过程中都会接受严格的体能与作战训练。在彭忒西勒亚(Penthesilée)女王的带领下,她们以征战为生,自称为"战神的女儿"(Filles de Mars)。但最后,在特洛伊战争中,赫丘利与忒修斯打败了这个部落,据说女王也为阿喀琉斯所杀。除此以外,据古希腊历史学家西西里的狄奥多罗斯(Diodore de Sicile)记载,在北非地区同样生活着以战争为生的女性部族。[1]不论这些传说真实性如何,它们都给后世关于"亚马逊女战士"提供了想象的源泉。尤其是像彭忒西勒亚的传说,在中世纪时期由于被镀上了一层宗教的献身精神的光环从而流传甚广。[2]

图26 以彭忒西勒亚女王为主题的绘画作品 该作品是中世纪手稿中的小幅插图,现藏于国家图书馆。(图片来源:互联网)

16、17世纪的法国贵族小说中流传着很多女英雄的光辉事迹,这类小说中常常有贵族女性为了保卫家族领地或者是父亲或丈夫的荣誉弃红妆着武装,拿起武器与男性一起迎击敌人。[3]她们有时便被称为"亚马逊女战士"。如果说这些小说的兴起与贵族阶层对尚武精神的缅怀不无关系,那么我们也可以从中看到,女性像男性

〔1〕 Pierre Samuel, "Les amazones: mythes, réalités, images," in: *Les Cahiers du GRIF*, N. 14-15, (1976), *Violence*. pp. 10-17.
〔2〕 Sophie Cassagnes-Brouquet, "Penthésilée, reine des Amazones et Preuse, une image de la femme guerrière àla fin du Moyen Âge," *CLIO. Histoire, femmes et sociétés*, 20 (2004), Armées, pp. 169-179.
〔3〕 Sylvie Steinberg, *Confusion Des Sexes: Le Travestissement de La Renaissance a la Revolution*, Paris: Fayard, 2001, p. 225.

那样,参与战争甚至指挥战争在某些特定的环境下并不会引起 18 世纪以前的读者的质疑。到了 18 世纪上半叶的法国,海外殖民与贸易的发展不断滋养着新的探险小说的出现。其中,"亚马逊女战士"便是其中长盛不衰的主题。但是,在这些小说中,古代女英雄的英雄主义或者是驰骋沙场的女贵族广被歌颂的领导才能被削弱了。故事的情节往往是讲述出事的远洋船队漂落到一个不为人知的孤岛上。岛上生活着一群女性,她们像男性一样作战、统治,相反,男性却沦为低人一等的角色,或是抚养幼儿,或是以取悦女性为生。有时候,甚至岛上根本就没有男性,部落的延续依靠与邻近岛屿的走婚,出生的男婴往往被抛弃。诸如此类的"女儿岛"或"女儿国"故事在当时以不同的版本层出不穷。一方面,反映了当时人对未知世界的好奇与想象;另一方面,这些看似荒诞的故事中也折射出某种对于性别颠倒的社会的恐惧。[1] 有时候,故事中的女主角不再手持武器以武力征服男性,而是运用女性的温柔使男性不战而败。与之前的传说或小说相比,18 世纪的亚马逊女人多了异国情调和女性色彩,这实际上与整个时代风气相吻合。在小说作者营造的虚拟世界里,人们不再对远古时代的女英雄心怀崇拜,强有力的女性(femme-forte)形象也随着风俗和观念的变化而被弱化,变得更感性更女性化。[2] 但是,无论如何演变,"亚马逊女战士"一直是法国小说或者戏剧中有着巨大吸引力的主题。

事实上,法国历史上,确有不少贵族女性带领大批战士亲身征战的故事。生活在 17 世纪上半叶的德拉盖特夫人(Mᵐᵉ de la Guette)就是其中最著名的一员。[3] 在她的回忆录中,她讲述了自己从小就学习军事作战,喜爱枪炮或战斗远远超过家庭事务。在父亲与其丈夫的冲突中,她直接挡在父亲面前与其夫兵刃相见。[4] 与她同时代的不少贵族女性在"福隆德运动"中成为女投石党人。当时的作品将其中的佼佼者——如谢弗勒斯夫人(Mᵐᵉ Chevreuse)等人——比作亚马逊女王彭忒西勒亚或者马萨革泰女王托米丽司(Tomyris)。她们在战争中的装束就如同古希腊的女战士。被称为大公主(la grande Mademoiselle)的蒙庞西耶女大公(Duchesse de

〔1〕 Alexandre Stroev, "Les Amazones des Lumières," *Dix-huitième Siècle*, No. 36(2004), pp. 29-47.
〔2〕 Susan Stoughton Nelson, *Amazons, intellectuals, and the good wife: Quarrels over women in early eighteenth-century France*, 2010 年答辩于威斯康星大学麦迪逊分校,ProQuest Dissertations and Theses; 2010; ProQuest Dissertations & Theses Full Text, pg. n/a, pp. 166-167.
〔3〕 Dominique Godineau, "De la guerrière à la citoyenne. Porter les armes pendant l'Ancien Régime et la Révolution française," *CLIO. Histoire, femmes et sociétés*, 20 (2004). 在线资源:https://clio.revues.org/1418.
〔4〕 Catherine Meurdrac de La Guette, *Mémoires de Madame de La Guette*, 1856, Paris: chez P. Jannet, pp. 50-52.

图 27　蒙庞西耶女大公肖像画

蒙庞西耶女大公(Duchesse de Montpensier, 1627—1693)是路易十四
的堂妹。她是投石党运动中著名的女贵族,能征善战,拥有巨大家族财
富,终身未婚。(图片来源:互联网)

Montpensier)就留下了她装扮成密涅瓦(Minerva)的肖像画。[1]

　　就在大革命爆发初年,革命军队中也有为数不少的女战士,当时登记在册的女
战士就有 30 来名。[2] 她们在战场上奋勇杀敌,就连其战友都为她们的英勇赞叹不
已。费尔尼格(Fernig)姐妹的故事在大革命时期广为流传。这对只有 16 岁和 14 岁

---

〔1〕　现该画作藏于凡尔赛宫。
〔2〕　Paule-Marie Duhet, *Les femmes et la Révolution* 1789—1794, p. 117.

图 28　路易十四时期的女骑士普勒蒙

普勒蒙(De Geneviève Premoy, 1660—1706)是路易十四时期著名的女战士,曾在孔代亲王军队中服役,久经沙场,最后接受路易十四赏赐的年金,解甲归故里。(图片来源:Rudolf M. Dekker, *The Tradition of Female Transvestism in Early Modern Europe*, Paris: Palgrave Macmillan, 1997)

的姐妹花为爱国精神激励,穿着男装,拿着打猎的手枪,与指挥着莫尔塔涅(Mortagne)地区的国民自卫军的父亲一起,多次击退奥地利在北方省边境的进犯。她们的事迹受到制宪会议的表彰,称赞她们为国家做了巨大贡献(bien mérité de la Patrie),并奖励她们战马,还出资修缮她们被敌人焚毁的家园。[1]和费尔尼格姐妹一样,在共和国的军队中英勇作战的女英雄还有不少。她们为了加入军队,不仅女扮男装,有的甚至改名换姓。来自兰斯(Reims)的伊丽莎白·布尔加(Elisabeth Gourgas)就是以尼古拉·雷斯贝歇名字在军队中服役。不过,令人遗憾的是,女战士中的大多数默默无名,甚至在被发现是女性之后,即便战友能够证明她们与男性一样勇敢,她们仍然会被遣返回家。但是这些勇敢的女性依然用实际行动证明了她们不应该被排斥更不应该被歧视,因为即便是在战场,她们仍然可以表现得一样出色。[2]

无论是传说还是史实,这些故事都歌颂了女性的勇敢与力量以及统治的能力。这与启蒙时代以来,主流思想家或者医学工作者试图证明的,女性天生比男性弱小,柔弱与依附是自然赋予她们的天性的观点完全背道而驰。因此,到了大革命时期,激进的革命女性试图证明自己也有能力与男性一样拿起武器保卫国家,也应当获得同等的政治公民权的

〔1〕　关于 Fernig 姐妹的事迹,参见 Thiéry, Jules-Constant, *Histoire des demoiselles Fernig: défense nationale du Nord de la France* (1792—1793), Paris: C. Tallandier, 1901 以及 Édouard de La Barre Duparcq, Histoire militaire des femmes, Paris: aux frais de l'auteur, 1873, p. 225.

〔2〕　Louise Laflandre-Linden, *Les femmes*: 1789—1793, Paris: SPM, 1994, p. 40 et p. 46.

时候,这些遥远的故事便成为她们不断加以援引的证据。[1] 女战士的形象可以最清晰最彻底地表明女性与男性具有同样的能力。而与拿起武器参军相比,更简单直接的表达方式就是穿着男装。正因为如此,激进的革命女性才如此热衷于穿着男装。

佩戴武器和参战的请求

激进的革命女性热衷于穿着男性服装,一方面是为了表达自身也与男性一样具有保卫国家的能力,表达作为共和国一员的自豪感。当时女性共和革命者俱乐部的入会誓言便是:"我发誓,我愿为共和国出生入死。"[2] 1793 年 7 月 14 日德古热领着一队武装的妇女上街向人们宣传号召加入共和国军队,为国而战。[3] 另一方面,德古热等激进的革命女性将时尚描述为一种精神上的奴役。她们提出,有德行的女性不应该注重外表,应该穿着简朴,那才是美德无差异的外衣。服装与语言及理智的行为一道,成为道德改革中不可或缺的部分。[4] 德古热在 1792 年号召女同胞们要弃绝贵族式的美丽,因为它在女性之间造成分裂,使一部分人诽谤另一部分人。[5] 帕尔姆·达乐黛(Palm d'Aelders)进一步提出,对于浮夸美丽的追求使得法国女性成为欲望的奴隶,而这种特性实际上是女性在男性的专制下发展起来的。[6] 她们认为法国女性的理想形象应该是淳朴自然的,抛弃了"取悦于人的一切手段"[7]。这一形象就是罗兰夫人在她的通信中谈到里昂的女性列队游行的情景:她们排着队,手持弯刀,迈着女战士坚定的步伐,穿着简朴的村姑的服装,这是拥有贞德般勇气的"亚马逊女战士"的英勇形象。[8]

1792 年 3 月 4 日,一份有 300 多名女性签名的请愿书以人权与公民权的名义递交到国民公会,要求给予女性使用武器的权利。[9] 而大革命期间最具体的一份相关

---

〔1〕 *Remontrances, plaintes et doléances des dames françaises, à l'occasion de l'Assemblée des Etats-Généraux.* 见《法国大革命中的女性》第 1 卷,第 5 份材料。《法国大革命中的女性》(*Les Femmes dans la Révolution Française*)是 EDHIS 出版社于 1982 年汇编的一套影印版材料集,2 卷本,收集了 1789—1793 年革命高潮时期,法国女性在各地发表的具有代表性的陈情书或者小册子,后文中提到《法国大革命中的女性》即指该书。

〔2〕 Paule-Marie Duhet, *Les femmes et la Révolution* 1789—1794, p. 129.

〔3〕 Paule-Marie Duhet, *Les femmes et la Révolution* 1789—1794, p. 116.

〔4〕 Joan B. Landes, *Women and the Public Sphere in the Age of the French Revolution*, Ithaca and London: Cornell University Press, 1988, p. 131.

〔5〕 Christine Bard, *Une histoire politique du pantalon*, p. 53.

〔6〕 Christine Bard, *Une histoire politique du pantalon*, p. 54.

〔7〕 [法]卢梭:《新爱洛漪丝》第一卷,第 322 页。

〔8〕 Paule-Marie Duhet, *Les femmes et la Révolution* 1789—1794, p. 51.

〔9〕 Christine Bard, *Une histoire politique du pantalon*, p. 55.

图 29　攻占巴士底狱人群中的女性

这是一幅描绘攻占巴士底狱场景的画作中的细节图,图中女性右手扛着弯刀,左手叉腰,面部表情从容淡定。从她的装束可知,这是一位民众阶层的女性。(图片来源:拍摄自巴黎卡纳瓦博物馆馆藏)

请愿书出现于 1793 年。这份署名为马内特·杜邦(Manette Dupont)的请愿书中提出要准许女性参战:

> 当暴君们向我们发动这场野蛮且不公正的战争时,他们对女性也毫不怜悯……因此,请求你们准许我们去跟这些暴君作战。你们不能拒绝我们……难道我们没有与你们一样,立下重重誓言:不自由毋宁死?! 我们的兄弟、父亲、孩子和丈夫在一年之内把邪恶的专制主义在十八个世纪里对人类自由犯下的罪行矫正了,如果我们对此无动于衷的话,怎么能不感到羞愧? ……你们不能拒绝我们,因为在共和国的军队中本来就已经有女军官和女战士。……公民们,请打开法国历史,看看那些为国家争光的女性吧!

作者具体规划了如何用一万女兵组成以费尔尼格命名的女性军团,并且详细设计了女式军装。在她的设想中,军团由五支分队组成,每一个分队都应该有自己特殊的制服:

第一分队,白色制服,天蓝色打裥颈圈,绯红的镶边,白色的衬里,黄色纽扣,青铜头盔,配以红蓝白三色羽毛。

第二分队,白色制服,深红打裥颈圈,天蓝色的镶边,玫红衬里,白色纽扣。

第一分队将穿着白色套裤……第二分队穿着天蓝色套裤。

我们接受这样的制服,不仅是为了女性的舒适,也是为了与勇敢无畏同样重要的端庄体面。所有女兵都将剪短头发,使后面的发长不超过肩膀,前面的则更短。因为我们完全没有时间去梳理一个只是为了吸引他人目光的发型,对这些女公民来说毫无用处,她们的目的是(在战场上)不屈不挠,不可战胜。

从中可以看到,爱国三色——红蓝白依然是主打色彩,除了白色为主色调之外,红色和蓝色都有不同的变化。小小的细节似乎与她们希望拥有的男性气概相冲突。但这也从另一角度反映出女性在展示自身的英勇气概的同时,也并没有放弃女性特有的美丽。但是这种美丽与当时社会上时髦女性矫揉造作以吸引异性的美丽完全不同。后者是为了取悦他人,用梅西耶的话来说,是一种"轻浮"(frivolité)[1]。而这份请愿书中体现出来的是一种英姿飒爽的自信的美丽。作者写道:

图30 大革命时期女式军装的图片

脚蹬马靴、身着长裤、手持利剑,这是大革命时期留传下来的女战士形象。(图片来源:*Michel Vovelle*,*La Révolution française：images et récit*,*1789—1799*,Paris：Messidor,1986,Vol. 4.)

> 穿着男孩一样的服装,我们向前进,
>
> 为了打败暴君,
>
> 永别了,亲人们,
>
> 我们穿着套裤,
>
> 这是如今的女性!

同时,除了如何编队、如何着装以外,马内特还提出了每个分队各自携带武器的种类,如第一分队是弓和装有五十支箭的箭筒,以及一把弯刀、两把手枪;第二分队的装备是每人三支长矛或标枪。在请愿书的最后,作者这样写道:"所有十八到四十

---

〔1〕 Christine Bard, *Une histoire politique du pantalon*, p. 47.

岁之间的女性都应当到区里报名参加这个女性军团;而区不能拒绝她们的要求,相反,区要提供所有的服装以及最优良的装备,并且要给那些在战场上表现出色的女性以嘉奖。有许多女公民已经加入了军队,并且出发去了前线。在等待国民公会正式下命令组建女性军团的同时,她们相信大区里的同伴已经迫不及待地要去与她们会合。"[1]

外省的情况略有不同。从整体来看,外省的女性俱乐部在组建之初,其目标往往更为温和而不具有强烈的政治性。这一点与巴黎有所不同,后者受政治事件的影响很大,而前者可能更倾向于为女性争取受教育的权利。但是,外省也发生了不少激进的行为,例如,拉林德(Lalinde)地区有 12 名妇女提出要加入志愿军去攻打旺代;朗贝维莱(Ramvervillers)地区的妇女在得知宣战之后,用长矛武装自己,做好战斗的准备。[2] 在锡夫赖(Civray-en-Poitou)有 22 个年轻女性组成了"亚马逊女战士军团"(Légion d'Amazones),她们还将爱国的旗帜放到教堂为国家祈福。[3] 1792 年 3 月 4 日,南特妇女在一名头戴小红帽的女公民的带领下,要求获得佩戴长矛的权利,用来保卫自己的城市。[4] 因此,不仅巴黎的女性要求佩戴武器、投入战斗的权利,外省的女性同样强烈要求这一权利。从阶层来看,外省社团的女性多为资产阶级,如医生、律师、公证人的妻女,都是受过一定教育的女性,她们自比为斯巴达女性,有着作出表率并引导他人的自觉意识。[5] 阿瓦隆(Avallon)地区的博珀拉夫人(Peurat)代表当地的激进女性在一次集会上作了演讲,她的言论可以看成是当时整个法国的女性为佩带武器的权利所做申述的代表性文本。她说:

> 我们与你们一样,具有一颗属于法国的,爱国的心。……作为法国女性,作为母亲和妻子,我们将完成伟大的革命使命。……我们将用长矛保卫自由和权利的平等,这是宪法赋予的权利。感性、温柔和谦和确实是我们的特点,但是,倘若敌人用暴力威胁我们,在最崇高的情感——对自由的热爱,对祖国的热爱——面前我们难道不应暂时放下那些柔顺的感情,依靠我们自己奉献一份力量?[6]

---

[1] 《法国大革命中的女性》,第二卷,第 49 份材料。
[2] Paule-Marie Duhet, *Les femmes et la Révolution* 1789—1794, p. 115.
[3] Paule-Marie Duhet, *Les femmes et la Révolution* 1789—1794, p. 104.
[4] Christine Bard, *Une histoire politique du pantalon*, p. 55.
[5] Paule-Marie Duhet, *Les femmes et la Révolution* 1789—1794, p. 105.
[6] 《法国大革命中的女性》第二卷,第 34 份材料。

在旧制度被彻底颠覆之际,法国女性幻想着加诸自身性别上的不平等的社会规约也能随之被抛弃;与此同时,革命者宣扬着平等自由等普世价值,法国女性无疑将此视为一个争取与男性平等权利的绝好机会。这种平等的权利不仅仅是穿着同样服装的自由,更是在此表象之下,可以同属法国公民的权利。争取穿着与男性一样的服装,是女性希望获得同等政治身份的最初尝试。

支持与反对的声音

对于女性要求与男性一样穿着男装,手持武器走上战场的请求与行动,支持的声音主要来自女性自身。其主要代表就是大革命期间一份立场激进的女性刊物——《杜歇老妈的爱国书信》。这份报纸在 1791 年 2—4 月期间出版,每周六出一期,一共出了十八期。办刊者据说是《杜歇老爹报》的编辑埃贝尔的妻子法朗西斯·古皮·埃贝尔(Françoise Goupil Hébert)。1791 年初,路易十六的姑妈们打算前往意大利,巴黎的市场妇女听闻此消息,向国王递交请愿书,要求国王阻止这类离开祖国的行为。受市场妇女爱国行动的鼓励,《杜歇老妈的爱国书信》便应运而生。[1] 与大革命之前面向文雅女性(femmes qualitées)的那些女性杂志不同,由于面向的读者群文化程度不高,这一刊物的言辞用语也较为通俗。更重要的差异在于内容方面,大革命之前或之后的女性杂志即使涉及时事,其核心内容仍然是传统观点认为女性会感兴趣的服饰或较轻松的话题。《杜歇老妈的爱国书信》则完全围绕时局,每期都是针对一个时事问题进行讨论,既有宗教问题,也有关于售卖国有财产的讨论。例如,她会在信件中论述青少年的教育问题、孤儿的收养以及国家的慈善事业。而对于女性要求像男性一样为保卫国家出力,法朗西斯·古皮更是用了整整一期的篇幅进行讨论。她说:

> 当我看到你们与穿着国民自卫军制服的男人走在一起,头戴投弹手帽,手持弯刀;当我看到你们用与他们一样的坚定的步伐行走,当时我就对自己说,看,这就是法国女性,这就是她们果敢的性格。我很快就想起了对巴士底狱的攻占、十月事件、战胜广场上自愿劳动的巴黎女性以及联盟节……
> 当我看到我们女性与男性一起勇敢无畏地作战,对我来说,这是多么的欣

---

〔1〕 *Lettres bougrement patriotiques de la Mère Duchêne*, Paris: EDHIS, 1989.

图 31　《杜歇老妈的爱国书信》封面

(图片来源：*Lettres bougrement patriotiques de la Mere Duchêne*，Paris：EDHIS，1989)

慰。这些男人，以前摆出那样一副倨傲的样子，把家庭事务甩给女人，甚至把女人看成是圈养在家中的动物……不不不，这真是见鬼！我们女人绝不是他们所想的那样，我们可以把剑玩得像纺锤那么出神入化。你们会看到新的圣女贞德或者其他所有代表着我们女性光辉荣耀的忠诚的亚马逊女战士。如果祖国在危急中，如果贵族们胆敢侵犯我们的自由，我们就会立刻拿起武器。[1]

在此信中，对于男性社会蔑视女性的某些言论，作者予以强烈反击。她说：

某位作家，名叫莫里哀，他认为女人就不应该受教育，就该把自己关在家中，好好处理家务事。在他看来，女人的注意力就不要越出针头线脑。诗人先

---

[1]　*Lettres bougrement patriotiques de la Mere Duchene*，pp. 50-51.

生,您这是瞧不起我们吗？……大自然从不会做无用的安排,您大概对此也不会有异议。女人拥有丰富的想象力,有敏锐的洞察力,这些才能并不是为了让她们穿穿珠子……翻阅一下丰富的历史吧,尤其是那些改变了一个个帝国的重大的事件。我们看到在政治、宗教中掀起了轩然大波的动荡都无法将女性置于一边,这是因为当女性采取了一定的立场,她们就会变得相当固执;当她们陷于愤怒,那就更为糟糕,她们绝不是无足轻重的。[1]

值得一提的是,这份出版物的封面上那位虚拟的"杜歇老妈"的形象也颇为有趣。她的衣着是当时常见的巴黎中下层女性的服装:披着披肩,裹着头巾(这一点与上流社会女性戴着帽子不同,昂贵的帽子不是劳动阶层的女性能够负担的)。可是她的嘴上却叼着一个只有男性才用的大烟斗,左手拿着纺锤,右手居然拿着一把弯刀!除了烟斗之外,这其实是当时"女无套裤汉"的形象。然而,杜歇老妈又多加了一个具有典型男性意味的烟斗,却仍然手拿纺锤,这其中暗含的性别平等的寓意就非常明显了。

需要指出的是,在大革命期间,这些激进的女性把穿着男装与参军或者携带武器的要求相联系,这可以说是一种具有强烈的性别意识形态色彩的行为。但事实上,日常生活中,某些场合普通女性也会穿着类似于男装款式的服装。例如,1789 年在巴黎旅居的俄国文学家卡拉姆津(Karamzine)就在小森林里遇到过四个穿着"亚马逊女装"的女子在游玩散步。[2] 事实上,日常女装从男装那里借鉴灵感,并不是此时才开始出现。最早由英国女性穿着,逐渐流传到其他欧洲国家的女式骑马装,几乎完全仿造了男装的款式。这种在 18 世纪上半叶就流行的骑马装由背心、外套和衬裙组成。外套通常由羽纱制成,像男式礼服一样背后开叉,侧面有褶。衣服的前面则是从左往右扣住。背心的款式类似,通常以金色或银色的饰边与外套相呼应。从 18 世纪 30 年代开始,女式骑马装借用了更多的男装元素,例如在领口和袖口部位的装饰。[3] 有时,甚至会看到穿着骑马装的女性戴着与男性一样的假发,像男性一样胳膊下夹着三角帽。[4] 1786 年第一期《法国和英国的新式时尚杂志》上开篇就谈到如今许多时髦女性喜爱穿着男式短上衣(redingotes d'hommes),因为它可以让女性

〔1〕 *Lettres bougrement patriotiques de la Mere Duchene*, pp. 53-54.
〔2〕 Nikolai Mikhailovich Karamzin, *Voyage en France*, 1789—1790, Traduit du russe et annoté par A. Legrelle, Paris: Hachette, 1885, p. 27.
〔3〕 Aileen Ribeiro, *Dress in Eighteenth-Century Europe* 1715—1789, London: B. T. Batsford, Ltd., 1984, p. 45.
〔4〕 Aileen Ribeiro, *Dress in Eighteenth-Century Europe* 1715—1789, p. 47.

图 32 年轻的"女无套裤汉"

与革命时期激进民众的主体"无套裤汉"相对应，激进的下层女性被称为"女无套裤汉"。她们的典型装束就是头戴三色徽、穿着木鞋、扛着长长的弯刀。（图片来源：Michel Vovelle, *La Révolution française： images et récit，1789—1799*，Paris：Messidor，1986，Vol. 4. ）

也大步流星地行走。由于穿着这种款式的服装非常舒适，所以它会如此广受欢迎。[1] 同一份杂志在 1787 年的刊物上再次写道，如今的女装在色彩和款式与男装如此相像，"除了那些完全无法取代长裙的男士上衣，或者是完全无法取代衬裙的套裤之外，女装在很多方面与男装几乎一样，无论是颜色还是裁剪。鞋、长筒袜、背心、短外套、卷发、帽子、手杖、手表、手套、衬衣、领结，一切的一切，对于男女来说都是一样的"。[2] 到路易十六统治时期，离经叛道的玛丽·安托瓦内特甚至开始直接穿着马裤，跨骑在马上，而不是像之前的贵族女子那样，在裙子下面穿裙裤斜坐在马背上。不少行事大胆的贵族女性以及女艺术家纷纷效仿她。[3] 当然，这样的装束为她招致了很多非议。

对于女性在外观或行为方式上模仿男性，主流社会从来就没有停止过抨击与反对。虽然总体上来看，法国传统社会对于男性穿着女性服装的处罚更为严厉，因为从宗教道德的角度看，男性这一性别地位原本就高于女性，倘若男性放弃自己在外观上的性别特征，改穿较"低等"的女性的服装，这便是一种自甘堕落；而另一个更为实际的原因在于，不论是戏剧舞台上还是街头巷尾流传的奇闻轶事中，常有男性穿着女装潜入情人家中约会的桥段，于是，男性着女装便带上了色情的意味。[4] 相反，在各类道德劝诫故事中，女性穿着男装，往往是为了逃避悲惨的命运，不得已而为之，所以社会舆论对于类似背景下的故事

〔1〕 *Magasin des modes nouvelles françaises et anglaises*，No. 1, 1786.
〔2〕 *Magasin des modes nouvelles françaises et anglaises*，No. 21, 1787.
〔3〕 Christine Bard, *Une histoire politique du pantalon*, pp. 51-52.
〔4〕 Louis Marie Prudhomme, Alexandre Tournon, etc.，*Révolutions de Paris： dédiées à la nation et au district des Petits-Augustins*，Numéros 1 à 13，Paris：De l'imprimerie de P. de Lormel，1790，p. 46.

总是抱有更大的宽容。前文提到的贵族女性率领手下骑士与对手作战,则有着为了家族荣誉英勇献身的含义。此时,在贵族女性的身份中,贵族的成分超越了性别的成分。

但是,上述情况到了18世纪,有了较大的变化。18世纪上半叶的《信使报》上,便不止一次出现过相关的讽刺文章。在嘲笑蔑视女性的同时,挖苦她们试图模仿男性的装束。《信使报》上的文章如是说:女性是愚昧的,她们总是穿着使自己行动不便的衣服;她们是自我中心的,根本就不顾及自己的衣服占据了过多的空间;她们又是毫无廉耻的,展示着腿或者其他不应该裸露的部分。总之,她们用侵犯性的视觉暗示威胁着社会秩序。尤其是,当时时髦女性在袖口、手套、鞋等多种服饰元素上模仿男性服装,而男性的服装却日益走上精致阴柔的趋势。两相对照,女性对性别秩序在外观上的冲击显得尤为突出。[1] 在18世纪的狂欢节上,男性穿着女性的长裙,扮演成女性是很

图33 贵族女性的狩猎装

这是一幅创作于18世纪中叶的狩猎休憩图的细节部分。图中女性上身穿着与男性一样的外套,下穿长裙,这是18世纪贵族女性的骑马装。

(图片来源:拍摄自卢浮宫馆藏藏品)

常见的现象;相反,几乎难以看到有女性装扮成男性的样子出现。在这种街头狂欢中,她们最多只是把衬衣穿在长裙外面,手里拿着一个牧羊女小鞭。[2] 1791年的一份版画小册子上刊登了这样一幅画,画面描绘了两个穿着男装的女子正在穿过一片布满了芦苇的沼泽地。小册子的作者问道:"模仿男性的奇思妙想难道使她们变得更美了?"[3]这种嘲讽在当时并不罕见。

那么,问题就在于,为何到了18世纪下半叶,主流社会对于女性着男装不再宽容了? 联系18世纪,尤其是18世纪后半叶的法国社会舆论就会发现,在一个充满了矛盾和冲突的社会中,尤其到了法国旧制度末年,社会舆论倾向于认为国家之所以问题重

〔1〕 Reed Benhamou, "Fashion in the Mercure: From Human Foible to Female Failing," *Eighteenth-Century Studies*, Vol. 31, No. 1, In Circulation (Fall, 1997), pp. 27-43.
〔2〕 Nicole Pellegrin, *Les Vêtements de la Liberté*, Alinéa, 1989, p. 125.
〔3〕 Balthasar-Anton Dunker, *Costumes des moeurs et de l'esprit françois avant la grande Révolution*, 1791, Lyon, p. 21.

重、王室与贵族特权等级腐败无力，其中一个重要原因就在于蓬巴杜夫人、杜白丽夫人、王后玛丽·安托瓦内特等人为代表的女性掌控了整个社会的权力运作。而 17 世纪以来的法国社会对于女性掌权几乎无法容忍，萨利克法中明确规定女性不能继承王位，路易十四之后再无女性摄政。但如今，虽然凡尔赛宫里的女性没有戴上王冠，但却在背后操纵着朝纲；上流社会的女性们在巴黎的各大沙龙里被人奉为主宰。在时人看来，这显然是一个出了问题的、颠倒错置的社会。人们在试图寻找合理的社会秩序的过程中，自然而然会将性别的秩序看得相当重要。而性别的秩序，最显著的一条便是外观上的秩序。外观上的差别不仅对社会等级意义重要，对于性别等级也同样不可缺失。性别在外观上的混淆无异于事实上的颠倒紊乱。

美国史家琼·兰德尖锐地指出，大革命时期，女性戴着男性的小红帽，希望通过这种方式，自己可被看成是正直警觉的共和主义者；但是，她们不明白的是，对男性而言，她们对这类服饰的诉求意味着穿着异性服装或者乔装打扮会在一种可怕的公开展示中变为日常事件。兰德认为，正是因为激进女性佩戴三色徽、穿长裤、戴小红帽以及佩剑这些行为象征着女性集体利益的公开陈述，而这种利益与和谐家庭的象征性以及崇高共和国的男性实践是相违背的，所以这是导致女性要求穿着男装的诉求遭致严厉反对的主要原因。[1] 换言之，女性要求穿着男装的要求实际上会被视为争取平等的政治公民权利的前奏。而男性革命者坚信，旧制度之所以腐朽混乱的一大原因即在于它容许女性在它的多层权力体系中行使作用、发挥影响。

据说，在十月事件中，把国王和王后带回巴黎的妇女中就有一部分穿着男装，甚至拿着剑与手枪。这在男性看来，是一种难以接受的形象。在当时的革命者眼里，武装的女性已经完全弃绝了自身的性别，背离了自然的和谐安排。肖梅特（Chaumette）和普鲁东（Prudhomme）等男性革命者一再强调，这些女性背叛了自然，她们实际上就是怪物。[2] 因此，当局对于改穿异性的服装的行为，反应非常激烈，严重者可判死刑，尤其对于女性来说："一个女人若使自己看起来像个男人，这是违背任何自然法规的。（女人）你应该在服饰上简朴，在家里勤奋操持家务。"[3]

同样，对于女性提出的要携带武器，以及每个星期天都要集合去联合广场训练的请求，当局也采取了拒绝的态度。国民公会对此回复说："注意，请不要扰乱自然的秩

---

[1] Joan B. Landes, *Women and the Public Sphere*, pp. 164-165.
[2] Élisabeth Badinter, *Paroles d'hommes* (1790—1793): *Condorcet*, *Prudhomme*, *Guyomar*, Paris: P. O. L., 1989, p. 34.
[3] Richard Wrigley, *The Politics of Appearances*, p. 249.

图 34　玛丽·安托瓦内特骑马装

该画作是玛丽·安托瓦内特于 1771 年订购的。不论是画面布局,还是人物姿
态,此画与路易十四的一幅骑马肖像画十分接近。(图片来源:Caroline Weber,
Queen of Fashion,*What Marie Antoinette Wore to the Revolution*,New York:
Henry Holt and Company,2006)

序,自然绝不会让女性去赴死,因为她们柔弱的手并不是用来操纵铁器,也不是用来挥
舞杀人的长矛的。"[1]1793 年 5 月,女公民法福尔(Favre)以曾在军队服役为国作战的
名义申请一张公民证,但是,她的要求被拒绝了。[2]而在不久前,也就是 4 月 30 日,一
道正式的法令禁止女性在法国军队中服役,从此以后,女性希望在战场上报效国家的愿
望就再也不能实现,直至 20 世纪。[3]

　　事实上,正如佩尔格兰所说,对于女性装束男性化的恐惧长期存在于男性的脑海

〔1〕　Paule-Marie Duhet, *Les femmes et la Révolution* 1789—1794, pp. 116-117.
〔2〕　Christine Bard, *Une histoire politique du pantalon*, p. 58.
〔3〕　Christine Bard, *Une histoire politique du pantalon*, p. 57.

图 35　讽刺女性穿男装的漫画

（图片来源：Nicole Pellegrin, *Les Vêtements de la Liberté*, Alina, 1989）

中，当女性在某些政治事件中过于活跃的时候，尤其如此。例如，福隆德运动中，或者是旧制度某年及大革命初期，当一小群"厚颜无耻"的女人居然胆敢借用男性服装中的元素的时候，讽刺漫画便会对此大做文章。[1] 外观上的僭越有时候会上升到主人公在性别上的错置，旧制度末年坊间流传的对玛丽·安托瓦内特与她的女伴有同性恋关系的指责，便是证明。前文那幅以两位着男装的女性为主题的漫画似乎也隐含着类似的暗示，因为在画面的远处，画着一座城堡，在城堡的上方有着避雷针。该画的作者这样写道："避雷针防止雷火击中她们的城堡，然而，事实上，已经有太多触电般的火花了。"因为这是一个不需要男性的城堡，当女性可以穿男装，拿起武器，与男性一样保护自己、保卫家园的时候，男性就可以从她们的世界消失了。这就是当时的男性对于"亚马逊女战士"感到无比恐惧的真正原因。为了诋毁和对抗在此一时期女性表现出来的政治热情，男性社会常常借用性别混淆的形象来加深人们对此的厌恶。被攻击的女性通常被描述为反自然的存在，她们被视为越过了自然规定的界限，她们是丑陋的、淫荡的、怪物似的，她们不是正常的女性，而是"男人婆"（femmes-hommes），她们的行为令人不齿，因为这些举动完全违背了自然赋予她们的与烟斗和套裤完全不一样的魅力。[2] 例如，当贝桑松（Besançon）地区的雅各宾俱乐部与当地的女性俱乐部发生矛盾时，雅各宾派的领导者就污蔑女性俱乐部的主席莫格拉（Maugras）人品败坏，并号称她利用了她那些轻信的姐妹，把俱乐部变成了实现她个人的仇恨和野心的工具。当男性批评者攻击类似的女性俱乐部时，总是会质疑它们的领

〔1〕　Nicole Pellegrin, *Les Vêtements de la Liberté*, p. 13.

〔2〕　Christine Bard, *Une histoire politique du pantalon*, p. 53.

导者或者是成员的道德,或者是拷问女性善感脆弱不理性的特点。[1] 这些攻击的言辞不仅指向梅里古、《女性人权宣言》的作者德古热,也指向罗兰夫人。实际上,它的矛头对准的是所有大革命中积极参与公共事务的女性。1793 年 11 月 3 日,德古热被当局执行死刑,罪名是她"希望成为政治家"(homme d'état),因此法律要严惩这个忘记了身为女性应该具有的德行的阴谋者。[2] 同月,一名女性代表带领着几名和她一样戴着小红帽的妇女来到议会,会场上顿时响起了阵阵窃窃私语,最后有人大声喊出来:"打倒戴小红帽的女人!"议会代表肖梅特对此发表了评论。他说:

> 我恳请记录刚才爆发的抱怨声,因为这是对风俗的尊重。任何一个想要成为男人的女人,都是与所有自然法律背道而驰的,这是令人厌恶的。议会应该记得一段时间以来,这些歪曲了本性的女人,这些悍妇们,戴着小红帽在市场里捣乱,玷污了自由的象征,还试图强迫所有的女性都放弃适合她们的性别的端庄的发型。围坐在这里谨慎行事的法官们应该禁止任何个人作出违背自然的行为。

肖梅特进一步发问:"从何时起,人们可以弃绝自己的性别了? 从何时起,女人放弃了神圣的家务护理工作,扔下她们婴儿的摇篮,跑到公共场合夸夸其谈,人们对此却没有觉得有何不妥? 难道自然把家务活交给男人去做了? ……恬不知耻的妄图成为男人的女人,难道你们没有参与吗? 你们还想要什么? ……以同一个自然的名义,守好作为女人的本分吧!"[3]从肖梅特的发言可以看出,主流男性社会对于女性敢于僭越本分,试图加入到公共事务的行为是深恶痛绝的。并且,虽然大革命的倡导者以平等为口号,但是在关于性别间着装的问题,依然向传统的习俗寻求支持("因为这是对风俗的尊重")。他的发言与距他 180 年前的法国学者努瓦罗(Claude Noirot)如出一辙。努瓦罗在他发表于 1609 年的书中这样写道:"自然区别了两性,自然用它神圣的法律给予男性正直勇敢的心,它希望能保持这一差别。……至于那些乔装打扮成男性的女性,这是违背自然法的疯狂行为,是极其可怕的道德败坏的象征,是最恶劣的大逆不道。"[4]无论是努瓦罗还是肖梅特,在他们看来,服装之间的区别是男女两性在社会角色、功能甚至

---

〔1〕 Suzanne Desan, "'Constitutional Amazons': Jacobin Women's Clubs in the French Revolution," in *Re-creating Authority in Revolutionary France*, ed. Bryant T. Ragan, Jr. and Elizabeth A. Williams, Brunswick, N. J.: Rutgers University Press, 1992, pp. 11-35.

〔2〕 *Réimpression de l'ancien Moniteur*, Vol. 18, Paris: Henri Plon, 1861, p. 450.

〔3〕 *Réimpression de l'ancien Moniteur*, Vol. 18, Paris: Henri Plon, 1861, p. 450.

〔4〕 转引自:Nicole Pellegrin, "Le genre et l'habit. Figures du transvestisme féminin sous l'Ancien Régime," *CLIO. Histoire, femmes et sociétés*, 10 (1999), Femmes travesties: un "mauvais" genre, mis en ligne le 22 mai 2006, consulté le 10 janvier 2013. URL: http://clio. revues. org/258; DOI: 10. 4000/clio. 258.

思想之间截然不同的外在体现。同时,外观上的泾渭分明,也是对这种差异的保障。因而,对于革命者而言,即便是像小红帽这类象征着自由的服饰也应当是保留给男性的特权,女性绝不能染指。否则,就意味着允许性别分界线出现移位甚至消失的状况。所以,连戴上小红帽都被看成是"违背自然的"而饱受攻讦,更不用说,女性企图穿上男性化的服饰,和男性一样走上战场的行为了。因为在男性革命者看来,这样的装束和举动无疑会导致性别等级的失序和混乱,这几乎就会重蹈旧制度的覆辙。这也是为何在1793年出台的关于"着装自由"法令中,明确规定了"每个性别都必须穿着符合自己性别的服装"。

到了1800年11月7日,巴黎警察局收到当局下发的有关法令,正式宣布,禁止女性穿着男装:"如果女性没有填写规定的表格而穿着男装,可以被认为是故意滥用异装而有罪。"如果女性希望穿男装,必须前往警察局申请,以获得准许。而只有在提供正式的医学证明的情况下,才能给予这一许可,同时还需要有市府或者是警察特派员对于申请人的姓名、住址及职业的核实。倘若发现有女性穿着异性的装束,却不具备上述证明,那她就会被逮捕,并被遣送到警察局。[1] 如此详细的规定,可见政府已经将两性在外观上的区分纳入了严格的管理范畴。同时,这实际上也是对上述1793年的有关法规的进一步细化。

因此,虽然常说大革命摧毁了原有的等级社会的外观秩序,带来了服饰上的个人自由主义。但实际上,至少在性别的维度上,这种"自由"是需要被质疑的。国民公会维持旧制度时期反对穿着异性服装的禁令,目的就在于维持清晰的性别界限,防止那些革命者将其界定为有悖自然的行为。[2] 因此,服装,绝不仅仅是个人自由的问题,"从根本上来说,是某种价值学秩序的事实。"[3]罗什曾提出过一个有趣的问题,那就是,服装的旧制度是否存在过?他说,如果从社会等级的表达和革命的决裂之间关联来说,那么它就未存在过。[4] 在"社会等级"之后或许还可以加上"性别等级",因为,大革命中的男性始终强调和坚守着男性着装的特权与统治地位,如同坚守着他们这一性别高于另一性别的统治权。

〔1〕 Christine Bard, "Le DB58 aux Archives de la Préfecture de Police," *CLIO. Histoire, femmes et sociétés*, 10 (1999), Femmes travesties: un "mauvais" genre, mis en ligne le 22 mai 2006, consulté le 10 janvier 2013. URL: http://clio. revues. org/258; DOI: 10.4000/clio. 258.

〔2〕 Cissie Fairchilds, "Fashion and freedom in the French Revolution," *Continuity and Change*, Volume 15, Issue 03, 2000, pp 419-433.

〔3〕 Roland Barthes, "Histoire et sociologie du Vêtement," *Annales. Économies, Sociétés, Civilisations*. 12e année, No. 3, 1957, pp. 430-441.

〔4〕 [法]丹尼尔·罗什:《平常事情的历史》,吴鼐译,天津:百花文艺出版社2005年版,第249页。

　　法国大革命期间,三色徽与革命相联系,最早出现在三级会议时期。一些代表戴上了三色徽,以示革命的决心。1789 年 7 月 17 日,路易十六驾临巴黎,在市府前戴上了三色徽,表示他和革命群众同心同德。此时,三色徽已经从一种民众动员的标志变成了国家民族的象征;就像德穆兰宣称的那样,"三色徽代表着希望"。[1] 在与专制旧制度告别的过程中,一枚小小的徽章似乎会给人们带来新生的允诺。[2] 根据当时的时尚杂志的描述,1790 年初的巴黎街头,很多时髦女性或是以三色徽点缀自己,或是用红蓝白三色作为衣饰的主色调。[3] 革命的热情洋溢在这个城市。1792 年 7 月,作为"祖国在危机之中"的一系列法令之一,佩戴三色徽首次成为强制性要求;若不佩戴三色徽,有可能被处以极刑。[4] 在这个非常时期,三色徽是民族国家统一的象征,对它的态度则是革命与反革命的试金石。"三色徽"成为一个群体统一性的最简单、最明显的表达方式。这种符号具有审美意义,更具政治意味。[5] 事实上,在所有的政治运动中徽章都是最显而易见的外在标志。

　　然而,1793 年却发生了一场"三色徽之争"。这一事件出人意料地发生在同为革

〔1〕 Camille Desmoulins, *Œuvres de Camille Desmoulins*, Vol. 2,1838, Paris: Ébrard, p. 22.

〔2〕 Richard Wrigley, *The Politics of Appearance*, pp. 98-99.

〔3〕 *Journal de la mode et du gout*, No. 2, 1790.

〔4〕 1792 年 7 月 5 日的法令规定除了国外驻法使馆人员外,所有居住在法国及在法国旅行的男性都必须佩戴三色徽。杜维杰·J. B. (编):《法律汇编》(Duvergier, J. -B(ed.), *Collection complète des lois*, Vol. 4, Paris: A. Guyot et Scribe, 1825, p. 240.

〔5〕 Philip Rieff, "Aesthetic Functions in Modern Politics," *World Politics*, July, 1953, pp. 478-502.

命阵营的女性之间。1793 年 8—9 月之间,一部分激进的革命女性要求法律强制所有女性必须佩戴三色徽。可是她们的提议却遭到了巴黎市场妇女的强烈反对。后者不仅自己不佩戴三色徽,还将三色徽从那些激进女性身上扯下来。为此,双方发生了激烈的冲突,惊动了国民公会。最后,国民公会颁布法令,强调女性也必须佩戴三色徽,否则会予以严厉惩罚。[1] 这就是著名的"三色徽之争"。

"三色徽之争"这一事件可以划分为三个阶段。

第一阶段是 1793 年 6 月前后,从那时起,巴黎街头就出现妇女为三色徽争吵甚至打斗的纷争。冲突的双发是激进的革命女性与市场妇女。激进的革命女性总是强迫市场妇女佩戴三色徽,后者对此很不满,于是发起了反击,在路上围攻那些佩戴三色徽的女性。6 月 13 日,一位女性共和革命者俱乐部(la Société républicaine révolutionnaire)的代表投诉,佩戴三色徽经常使她们受到各种羞辱,为了消弭这种分裂,她提议凡是旁听市议会(Conseil général,下同)会议的女性,都应该佩戴三色徽。[2]

第二阶段是当年的 8 月至 9 月,三色徽引发的矛盾愈演愈烈,双方的冲突更频繁。从 8 月 25 日开始,"统一"区的博爱俱乐部向巴黎市议会抱怨他们的成员经常因为佩戴三色徽而被羞辱。于是,"统一"区在 9 月 13 日明确规定,今后只允许戴有三色徽的女性进入民众大会(l'assemblée générale,下同)的议事庭。区议会也很快规定,只有在身上醒目处佩戴三色徽的女性才可以出入公共散步场所。而这个区的女性进一步向科德利埃俱乐部传达他们的要求,希望能把佩戴三色徽变为强制性。9 月 15 日,在圣日耳曼区,没有佩戴三色徽的卖鱼妇们被区里的妇女拦住不让走,双方起了冲突。[3] 9 月 16 日,"统一"区博爱俱乐部的请愿书获得了 28 个区和 4 个俱乐部的支持,这份请愿书被递交到了国民公会。然而,后者并没有对此进行表态。事态进一步发展。9 月 17 日,兵工厂区也决定,只有佩戴三色徽的女性才能进入民众大会的议事庭。短短几天,关于三色徽的混乱在巴黎女性中愈演愈烈。9 月 18 日下

---

[1] 1793 年 4 月,戴三色徽的法令扩大到女性,措辞从"男性"变为"个人";1793 年 9 月 21 日,关于女性佩戴三色徽的法令再次被重申。那些不佩戴三色徽的女性,初犯就要被处以一周的监禁,若再犯,则会被视为嫌疑犯。最严重的处罚是针对那些将别人戴着的三色徽扯下来的行为。实施这种行为的人会被处以 6 年的流放。在代表们的讨论中,可以看到,羞辱三色徽的人几乎已被视为国内的反革命敌人。详见 *Archives parlementaires de 1787 à 1860 Premier Serie* (1789—1799), Paris: Centre national de la recherche scientifique, Vol. 61, pp. 264-266 et Vol. 74, pp. 571-572.

[2] *Réimpression de l'ancien Moniteur*, Vol. 16, Paris: Henri Plon, 1861, p. 638.

[3] Pierre Caron, *Paris pendant la terreur*, Vol. 1, Paris: A. Picard, 1910, p. 94.

午,在巴黎城门处,一群 40 人左右的市场妇女在争论要不要佩戴三色徽。[1] 而据当时的观察者报告,这些妇女不愿意佩戴三色徽,她们说除非是国民公会下命令才会服从。[2] 更有甚者,有些妇女声称只有妓女才会佩戴三色徽。[3] 而另一些女性则认为是那些戴着小红帽和三色徽的女雅各宾派给法国带来了不幸。[4]

第三阶段是 9 月 19 日至 9 月 21 日,最终国民公会颁布法令,解决争端。9 月 19日,巴黎市政府宣布,若有人把三色徽佩戴得十分可笑或者嘲笑别人佩戴三色徽都是可疑的行为,将会受到惩罚。9 月 20 日,应几个区和埃贝尔(Hébert)的要求,市议会要求巴黎人都必须佩戴三色徽。然而,第二天,警察发现由此引起的争吵并没有消停,于是数名警察局局长联名向国民公会提出要求,恳请颁布最终法律。在此情况下,议会于 21 日当天立即下令,规定所有人必须佩戴三色徽。但是,值得注意的是,实际上,议会的这一法律仅仅限于惩罚那些侮辱三色徽的人。对于那些没有佩戴三色徽而出现在公共场所的人,警察通常只是劝其回家戴上三色徽再出门。

关于这一事件,索布尔等大革命史家都已有所关注。[5] 索布尔认为,"三色徽之争"的结局说明国民公会采取了令它自身反感的措施。它不得不这么做的原因在于,民众施加给国民公会和政府委员会的压力增加了。无套裤汉在政治领域开始了大规模的肃清运动和持续的镇压;在经济层面,早先采取的措施对他们来说是远远不够的,普遍限价仍然是他们的目标。国民公会和政府在一些细节方面让步,实际上可能是希望在一些根本的问题上能够坚守更长时间。不过,最终,民众运动还是取得了胜利,9 月 17 日,国民公会投票并通过《嫌疑犯法》;29 日,通过了《最高限价法》。[6]

美国学者玛丽·乔森(Mary Durham Johnson)则提出,"三色徽之争"这一事件是雅各宾派控制革命中的女性力量的典型例子。[7] 1793 年秋天,雅各宾派在无套

[1] Pierre Caron, *Paris pendant la terreur*, Vol. 1, p. 127.

[2] Pierre Caron, *Paris pendant la terreur*, Vol. 1, p. 138.

[3] 当时的观察者认为,在人群中散布这些言论的妇女,有可能是被人收买的。详见 Pierre Caron, *Paris pendant la terreur*, Vol. 1, p. 143.

[4] Darline Gay Levy, *Women in Revolutionary Paris*, 1789—1795, Urbana, Chicago and London: University of Illinois Press,1981, p. 209.

[5] 法国史家索布尔发表于 1961 年的一篇短文对此有详细描述。关于该事件具体经过,本书参考了索布尔的文章以及其他相关材料。Albert Soboul, "Un Episode des luttes populaires en septembre 1793: la guerre des cocardes," *Annales historiques de la Révolution française*, Vol. 16,1961, No. 1, pp. 52-55.

[6] Albert Soboul, "Un Episode des luttes populaires en septembre 1793: la guerre des cocardes," *Annales historiques de la Révolution française*, Vol. 16,1961, No. 1, pp. 52-55.

[7] Mary Durham Johnson, "Old Wine in New Bottles: The Institutional Changes for Women of the People During the French Revolution," in Carol Berkin, Clara Maria Lovett, *Women, War and Revolution*, New York: Holmes & Meier, 1980, pp. 124-126.

裤汉的帮助下巩固了自身的政治力量之后,开始加强对各区的民众大会和委员会的控制。当局颁布了《嫌疑犯法》和《最高限价法》,这些法令都对市场妇女产生了重要影响。同时,雅各宾派还加强了无套裤汉委员会对市场行为的监控,这无疑直接有损于市场妇女的利益。市场妇女和仆妇们对于新出台的经济法令以及迫害她们有钱主顾的法规感到不满甚至愤慨,"雅各宾派和巴黎妇女之间对峙的典型就是'三色徽之争'"[1]。在玛丽·乔森看来,"三色徽之争"是掌握了主动权的雅各宾派与巴黎某些下层民众群体之间的冲突,事件涉及的主要是政治斗争而非观念或性别之争。

前文已提及的戈迪诺(Dominique Godineau)是大革命史专家伏维尔(Michel Vovelle)的学生,长于研究大革命中的女性问题。戈迪诺提出,"三色徽之争"确实是发生在街头女性之间的争斗,男性没有参与其中。然而,即使这一事件直接涉及的只是女性,它也与整个民众运动有关。9月21日的法令,可以看成是爱国女公民的胜利,也可以看成是民众运动的胜利。女性的力量在无套裤汉运动崛起时随之兴起,这一力量使得一部分女性的要求成为整个民众运动要求不可或缺的一部分。这一段关于徽章的插曲显现出1793年春夏之际,女性在革命运动中争取到的地位,而并不仅仅是女性共和革命者的激进主义所取得的胜利。[2]

从上述论述可以看出,索布尔是把"三色徽之争"放在民众运动和国民公会之间的相持这样一个大背景之下进行分析。玛丽·乔森则强调革命进行过程中,雅各宾派与民众群体之间的不和。他们都没有强调女性在这一事件中的核心地位。而事实上,从整个事件的缘起到结局,其主角始终是女性。最终法令解决的也是关于女性是否佩戴三色徽章的争端。戈迪诺看到了女性在这一事件中的重要作用,可她偏重的是革命进程中男女两性之间的冲突与对立,忽视了一部分革命女性身上发生的变化,以及这种变化给整个女性革命团体带来的分裂。

回顾这一事件,会发现以下几个有趣的问题亟待解决。首先,冲突双方都属于支持革命的女性,无论哪一方都不属于反革命。既然都是革命的支持者,为何会因革命的象征物而起激烈冲突?其次,为何所有羞辱三色徽的行为,都是针对女性的?并没有撕下男性佩戴的三色徽的报道,个中缘由是什么?最后,在这一事件中,男性到底是站在冲突双方的哪一边?如果澄清了这三个问题,那么就有可能理解"三色徽之争"的原因以及这一事件在整个女性史进程中的影响。

---

[1] Carol Berkin, Clara Maria Lovett, *Women*, *War and Revolution*, p. 125.
[2] Dominique Godineau, *The Women of Paris and their French Revolution*, pp. 158-160.

"三色徽之争"事件中斗争双方

"三色徽之争"的经过前文已述,那么冲突双方的社会阶层以及她们在革命中的诉求又有何种差异呢?

首先,"三色徽之争"中,对峙的一方是巴黎的市场妇女,另一方是更为激进的参加革命俱乐部的女性。

"市场妇女"(Les Femmes de la Halle)是一些小零售商,在巴黎的各个市场从事小买卖——从大商人手中买入货物,再出售给零散顾客。她们举止粗俗,有时候也被称为"卖鱼妇"(poissardes)。梅西耶在《巴黎图景》中讲到,市场妇女在巴黎下层民众中具有很大的影响力,[1]她们把持着关乎生计的各大市场。[2]同时,她们与王权有着特殊的关系。一方面,她们受国王的保护;另一方面,她们又扮演着民众代言人的角色,路易十六的王子出生之时,市场妇女曾作为民众代表被邀请去凡尔赛见证。[3]

市场妇女在1789年8月向三级会议递交了请愿书,控诉到处搜刮的包税人,指责他们使物价高涨,令下层人民的生活变得如此艰难,说他们"贪婪的手伸得老长,……如果他们嗅到了藏货物的地方,就会狠狠地罚款"[4]。市场妇女也痛恨法律的不公,贵族和教士享有特权,用种种苛捐杂税盘剥人民。[5]这份请愿书与当时很多请愿书一样,表达了对国家和国王的热爱,对特权者与包税商的痛恨,认为社会不公的根源就是特权体制。

革命的降临无疑给市场妇女带来了改变现状的希望。1789年三级会议召开的时候,市场妇女把会议的代表看成是各种美德的化身,看成是会给法国人民带来幸福的保障。她们说:"先生们,我们对你们充满了敬意。当你们为了人民的利益而努力支撑,人民为你们而欢呼。……为你们珍贵的生命所做的祈祷将一直伴随着你

〔1〕 Louis Sébastien Mercier, *Tableau de Paris*, Vol. 1, 1781, p. 52.
〔2〕 Louis Sébastien Mercier, *Tableau de Paris*, Vol. 1, p. 121.
〔3〕 *Motion curieuse des dames de la place Maubert*. Paris: Veuve Guillaume, 1789. 见《法国大革命中的女性》第1卷,第21份材料。
〔4〕 *Cahier des plaints et doléances des Dames de la halle et des marchés de Paris*, *rédigé au grand salon des Porcherons*, *le premier dimanche de Mai*, *pour être présenté à Messieurs les Etats-Généraux*, Paris: 1789, p. 7. 见《法国大革命中的女性》第1卷,第7份材料。
〔5〕 《巴黎市场妇女的请愿书——致三级会议的代表,1789》,第34-35页。

们，直到我们生命的终点。"[1]当时的市场妇女们还传唱着一首歌谣。其中有这样的歌词：

> 我们多么幸福！
>
> 再也没有忧伤与泪水，
>
> ……
>
> 我们的三级会议
>
> 如此勤勉工作
>
> 他们所有的努力
>
> 是为了整个法国的幸福
>
> 歌唱吧，所有的区
>
> 万岁，国家的代表
>
> 万岁，我们伟大的代表
>
> 他们的智慧与勇气
>
> 让所有心灵激荡
>
> 他们已经取得巨大成就
>
> 他们已经成功
>
> 我们为此心满意足，感谢上帝
>
> ……
>
> 国王，公民和战士
>
> 我们的父亲、朋友和兄弟
>
> 请原谅我，如果我还没有表达出我们真诚的意愿
>
> 发自内心的话语也许不那么完美
>
> 但是我们的心在一起，这是最重要的[2]

从歌词可以看出，市场妇女对革命寄予了多大的希望。她们满腔热情地去迎接、拥抱革命。她们热爱这个新生的国家。那么，这就很容易理解为何 1789 年的市场妇女如此珍视象征着爱国的三色徽；也就不难解释为何关于三色徽在凡尔赛被羞

---

[1] *Compliment des dames poissardes à leurs frères du Tiers Etat* 1789, dans Charles-Louis Chassin, *Les Elections et les cahiers de Paris en* 1789, Vol. 3, Paris, 1889, pp. 252-253, 转引自 Darline Gay Levy, *Women in Revolutionary Paris*, 1789—1795, p. 27.

[2] *Chanson des Dames des Marché S. Paul, des Quinze-vingts, de la Halle et d'Aguesseau* (Paris, été 1789), 见《法国大革命中的女性》第 1 卷，第 12 份材料。

图 36　"十月事件"中的巴黎女性

该绘画表现了参与"十月事件"的巴黎女性举着长茅、拉着大炮从巴黎走向凡尔赛的情形。（图片来源：拍摄自巴黎卡纳瓦博物馆馆藏）

辱的消息会导致市场妇女的群情激奋。[1]

　　革命初始，三色徽对于拥护革命的人来说意味着爱国、统一和自由。相反，其他颜色的徽章，如白色和黑色的徽章，则表明反对革命的政治立场。[2] 例如，贵族们佩戴着黑色徽章出没在香榭丽舍大街上。为此，巴黎市政府特别发布公文指

[1]　关于三色徽被羞辱是"十月事件"导火索的说法，马迪厄的文章对此有详细分析。也可参看 *Archives parlementaires*，Vol. 9，p. 346；或《法国大革命中的女性》第 1 卷，第 16 份材料中收录的无名氏写的 *Les héroïnes de Paris，ou，L'entiere liberté de la France，par les femmes*，1789。

[2]　Nicola J. Shilliam，"Cocardes Nationales and Bonnets Rouges: Symbolic Headdresses of the French Revolution," *Journal of the Museum of Fine Arts*，Vol. 5，1993，pp. 104-131.

出："某些人背弃国家和巴黎市政府,抛弃了象征着统一和自由的三色徽。"公文强调,公民只应该佩戴红蓝白三色徽。[1] 在王室接待佛拉德军团的宴会上,宫廷妇女向军官们分发象征着波旁王朝的白色徽章以及象征着王后的黑色徽章。当这个消息传到巴黎,立即引起骚动。10 月 4 日,许多妇女聚集在罗亚尔广场。"这些妇女不是那些被饥饿逼上绝路的可怜人,而是来自一些生活还过得去的阶层,很多是商贩。"[2] 在此,我们可以看到,市场妇女对这个消息非常敏感。10 月 5 日,由市场妇女为主的巴黎妇女向凡尔赛进军,她们的目的除了向国王"索要面包"之外就是要求"佩戴黑色徽章的人必须立即离开"。[3] 途中,目击者看到这些妇女把几个偶遇的佩戴着黑色徽章的人从马上拉下来。[4] 这些事实都表明,三色徽在促发"十月事件"中具有举足轻重的作用。而市场妇女此时对三色徽的态度,是完全的热爱和拥护。

但是,随着革命的推进,市场妇女对三色徽的态度却发生了微妙的变化。尤其是从 1793 年开始,事情发生了明显的逆转。1793 年 9 月爆发了"三色徽之争"。

在这一事件中的另一方是激进的革命女性。她们通常是那些参加区俱乐部的妇女,或者是女性共和革命者俱乐部的成员。1793 年 5 月 10 日成立的女性共和革命者俱乐部是一个专为女性而设的俱乐部,不对男性开放。俱乐部成员大概有170 名。从现有资料来看,这些激进的革命女性多为未婚或者是儿女已成年的女性,养家糊口的负担相对较轻。她们的职业分布比较广泛,大部分人受过教育。只有三分之一的成员不会签名。不过,现有证据表明,尽管该俱乐部的组织者属于小资产者,但成员多为底层女性。她们非常关注革命的动向,积极旁听议会的各种讨论,自发组织学习讨论政府的法令法规以及各类宣传革命理念的报刊、小册子。[5]

---

〔1〕 Albert Mathiez, "Etude critique sur les journées des 5 et 6 octobre 1789," *Revue Historique*, Vol. 66, 1898, p. 291.

〔2〕 关于参加 1789 年 10 月 5、6 日"催驾事件"的妇女到底是什么社会阶层的人,不仅马迪厄的文章中有分析,还可以参见乔治·鲁德在《法国大革命中的群众》(何新译,北京:生活·读书·新知三联书店1963年版)中的分析。鲁德这样写道:"在 10 月 5 日早晨,暴动在中央市场和圣安东郊区同时开始;在这两个地区起领导作用的都是妇女;从许多人的各种叙述中看来,参加以后各项活动的有各个社会阶层的妇女——市场卖鱼妇和女摊贩、郊区的劳动妇女、衣着漂亮的资产阶级和'戴帽子的女人'"(第 79 页)。在第 83 页,他提到,在凡尔赛时,人们鼓动的就是一群市场妇女。

〔3〕 *Evénements de Paris et de Versailles, par une des Dames qui a eu l'honneur d'être de la Députaion à l'Assemblée générale, Paris, Après les journées des 5 et 6 octobre 1789.* 见《法国大革命中的女性》第 1 卷,第 17 份材料。

〔4〕 *Procédure criminelle instruite au Châtelet de Paris*, Vol. 1, Paris: 1790, pp. 117-132.

〔5〕 关于法国大革命中拥护革命的女性的社会组成以及她们之间的区别,可以参看:Dominique Godineau, *The Women of Paris and their French Revolution*, p. 113。

图 37　大革命时期的女性俱乐部成员共读《导报》

叙厄尔兄弟所作水粉画系列。画中人物的服饰上有红蓝白的元素。(图片来源:拍摄自巴黎卡纳瓦博物馆馆藏)

由此可知,单从俱乐部成员的社会身份来看,她们与市场妇女没有太大差别,俱乐部的领袖之一克莱尔·拉孔布(Claire Lacombe)是一位外省商人的女儿;另一位领导者保利诺·莱昂(Pauline Léon)则是一位制作巧克力的女子。但是,由于所在行业或生活来源的差异,更重要的是观念上的迥异,使得她们对于革命的理解与诉求与市场妇女产生了明显的不同。她们最鲜明的特点便是与无套裤汉接近的激进的革命主张。在该俱乐部的成立宣言中,她们宣称要寻找快速有效的方法来拯救国家,也就是说要消灭"一切恶棍"以及逮捕所有可疑公民的武装。她们鼓励武装的亚马逊(Amazones)同伴反对国内的敌人。[1]

也就是说,与其他参与革命或者支持革命的女性不同,以女性共和革命者俱乐部为代表的激进派女性更关心政治,而不是面包。这是她们与市场妇女最根本的区别。她们被动员起来的主要原因是政治问题:女性的公民权、捍卫革命,以及1793年夏天行政权的构成等。[2] 德古热就是一个典型的代表。在《女性和女公民的权利宣言》中,她写道:"在权利上,女性天生且始终与男性保持平等。社会区别只能建立在普遍的社会分工上……一个女人既然可以上断头台,她也同样有权利站上法庭,只要她的行为不扰乱法律建立的公共秩序……在维护公共力量以及行政开销方面,女性与男性的贡献是等同的,女性参加所有的徭役和重活,因此,她也有权利分享各个行业的职位,以及其他公职与荣耀。"[3]激进派女性认为女性应该拥有与男性一样的公民权利,也应该积极参与到公共事务之中。就像拉孔布宣布的那样,"我也要尽我的责任,与祖国的敌人做斗争"[4]。莱昂在请愿时也说:"我们是女公民,我们不能对国家的命运无动于衷。…… 你们的前辈把宪法交到我们手中保管如同交给你们。"[5]

正因为她们关注的是政治权利,所以女性共和革命者俱乐部的所有成员都被要求戴上三色徽这一象征着公民身份的标志。为了争取与男性平等的公民权,在女性共和革命者俱乐部创立之初,她们便提出要获得与男性公民一样的携带武器的权利。在请愿书中,她们这样说:"(携带武器的权利)是每个个体所拥有的保卫生命和自由的自然的权利。"[6]事实上,在参加革命的游行活动时,俱乐部的成员就是以武装的亚马逊女战士的装束出现的。[7] 因为,在她们看来,当父亲、丈夫和兄弟们在前线与外敌厮杀时,她们作为国家的公民,就有义务也有权拿起武器,抗击国内的敌人。[8] 她们宣称:"愤怒、悲伤和绝望会促使我们进入到公共空间。在那里,我们将

---

[1] 关于这个俱乐部的情况,可参看:Marie Cerati, *Le Club des Citoyennes Républicaines Révolutionnaires*, Paris: Editions sociales, 1966;以及戈迪诺的上述书中相关章节。在下列著作中也有论述:Annette Rosa, *Citoyennes: Les Femmes et la Révolution française*, Paris: Messidor, 1988; Joan B. Landes, *Women and the Public Sphere in the Age of the French Revolution*; Olwen H. Hufton, *Women and the limits of citizenship in the French Revolution*, Toronto, Canada: University of Toronto Press, Scholarly Publishing Division, 1992。

[2] Dominique Godineau, *The women of Paris and their French Revolution*, p. 153.

[3] Olympe de Gouges, *Déclaration des Droits de la Femme et de la Citoyenne*, 1789.《法国大革命中的女性》第2卷,第36份材料。

[4] Marie Cerati, *Le Club des Citoyennes Républicaines Révolutionnaires*, p. 35.

[5] Marie Cerati, *Le Club des Citoyennes Républicaines Révolutionnaires*, p. 41.

[6] Dominique Godineau, *The Women of Paris and their French Revolution*, p. 108.

[7] Dominique Godineau, *The Women of Paris and their French Revolution*, p. 123.

[8] Dominique Godineau, *The Women of Paris and their French Revolution*, p. 122.

会为自由而战；……我们将会拯救祖国，或者与它一起牺牲。"[1]1793 年 5 月 12 日，俱乐部的一名代表向雅各宾派请愿，希望政府可以组织所有十八到五十岁的女性建成军队，奔赴旺代对抗叛军。[2] 在激进派女性看来，一旦获得携带武器的权利以及参军的资格，那么她们实际上就成了无可争议的共和国公民。

和无套裤汉一样，激进派女性也要求采取进一步的革命措施与恐怖手段。1793 年 5 月 19 日，女性共和革命者俱乐部向国民公会上书，要求立即逮捕所有的嫌疑犯，审判布里索等人，在巴黎每个区都设立革命法庭，在全国每个城市建立革命武装。她们还向公会索要代表资格证，以便列席旁听。山岳派推翻吉伦特派的"政变"，也离不开女性共和革命者俱乐部的支持。手持长矛，腰挎弯刀的激进革命女性高呼着："打倒 12 人委员会！山岳派万岁！将布里索派推上断头台！马拉万岁！杜歇老爹万岁！"[3]可见，1793 年革命的积极化和恐怖统治的建立，不仅是无套裤汉的功劳，那些激进派女性也发挥了不容忽视的作用。

总之，尽管市场妇女和激进派女性的主体都是巴黎下层民众，但是前者更关心一日三餐问题，后者则是一股强大的政治力量，更关心妇女权利、革命任务等较为抽象而宏大的问题。到了革命形势愈发严峻的 1793 年，双方对于某些革命措施产生了分歧，这就引发了"三色徽之争"。

"三色徽之争"的客观原因

当雅各宾派开始推行严厉的革命措施之际，市场妇女对于革命的态度发生了微妙的变化。因为《嫌疑犯法》和《最高限价法》等法令对她们的生活产生了巨大的影响。由于《嫌疑犯法》对"嫌疑犯"的定义十分宽泛，妓女、工作女性、仆妇甚至家庭主妇都可能被纳入到受审的行列；而《最高限价法》直接规定了五十种基本生活必需品的价格，用严苛的法律手段监管巴黎市场交易。按《最高限价法》规定，商贩们只能按 1790 年的最低价格再加三分之一来出售商品，[4]这意味着，商品的价格被削减了至少一半。[5] 或者是以某一固定的价格来出售某类商品，如黄油的价格被限定在一

[1] Darline Gay Levy, *Women in Revolutionary Paris*, 1789—1795, p. 67.
[2] Marie Cerati, *Le Club des Citoyennes Républicaines Révolutionnaires*, p. 53.
[3] Marie Cerati, *Le Club des Citoyennes Républicaines Révolutionnaires*, pp. 53-56.
[4] Albert Mathiez, *La vie chère et le mouvement social sous la Terreur*, Vol. 2, Paris：Payot, 1973, p. 17.
[5] Albert Mathiez, *La vie chère et le mouvement social sous la Terreur*, Vol. 2, p. 32.

磅 20 苏,这几乎就是黄油产地的价格,因此,商贩们完全无利可图了。[1] 市场妇女只得关门谢客,要不就以次充好,滥竽充数,为此被捕入狱的女商人不在少数。[2] 但是,她们并不就此屈服,她们认为法律限定的价格无法挣到买面包的钱,因而青睐那些愿意出更高价格的有钱人。

在 1793 年秋天的政治环境下,市场妇女的立场已然变得相对保守了。实际的利益使得这些曾经的革命生力军和革命政府之间产生了分歧。而此时,女性共和革命者俱乐部希望把共和理念强加给市场,因此向政府提议出台法令要求所有女性都必须佩戴三色徽。而且,她们还去市场巡逻,监督那里的人们遵守新的"限奢令"。面对这群摆出一副官方姿态的俱乐部妇女,那些忙着买卖和生计问题的市场妇女显然抱有敌意。她们对于前者使出了各种反抗手段:谩骂、扔泥巴、扔烂水果。[3] 同时,在这样的情境下,市场妇女自然也会迁怒于"三色徽"。三色徽成了她们抗议政府强制措施的对象。对市场妇女而言,三色徽这时的含义已然发生了微妙的变化:它似乎已经不能代表革命本身了,它代表的是那些令她们深感不满的政府官僚,以及自诩为官方代理人的激进派女性。

由此,我们看到,女性是否也应该佩戴三色徽的争论将这些隐藏的冲突从汹涌的暗流变为真正的正面对抗,从而酿成"三色徽之争"。此时,在市场妇女看来,三色徽已变为损害她们根本利益的激进革命者和强制性经济措施的象征物。她们拒斥甚至羞辱三色徽的行为实际上表达的是对当局的不满。在她们眼里,那些政治俱乐部里的活跃女人都是为虎作伥的帮凶,只有那些不用为一日三餐问题发愁的人才会支持这样的做法。市场妇女或许还没有强大到可以直接对抗国民公会的法令。她们也缺乏组织性,没有集体行动的经验。她们的抗议行为是零散的,是"即兴"的。她们所采取的就是斯科特所谓的"弱者的武器"[4]。三色徽成了替罪羊,成了不满情绪的发泄口。

更有意思的是,所有这些针对或羞辱三色徽的行为都是指向女性的,没有一件案例涉及男性佩戴的三色徽。而在当时,几乎所有男性都是佩戴三色徽的。其中的原因就在于,支撑市场妇女抗争的是一种"传统"的观念。市场妇女提出女人就不应

---

[1] Albert Mathiez, *La vie chère et le mouvement social sous la Terreur*, Vol. 2, p. 39.

[2] Albert Mathiez, *La vie chère et le mouvement social sous la Terreur*, Vol. 2, p. 37.

[3] Mary Durham Johnson, "Old Wine in New Bottles: The Institutional Changes for Women of the People During the French Revolution," in Carol Berkin, Clara Maria Lovett, *Women*, *War and Revolution*, New York: Holmes & Meier, 1980, pp. 124-126.

[4] [美]詹姆斯·C.斯科特:《弱者的武器》,郑广怀、张敏、何江穗译,南京:译林出版社 2007 年版。

该参与政治,而参与政治的女人就是不本分的。她们声称女人"只应该关心家务事,不应该卷入到时事中去";至于三色徽,是留给男人们戴的。[1] 市场妇女甚至进一步宣称是那些带着小红帽和三色徽的女雅各宾派给法国带来了不幸,[2]"只有荡妇和女雅各宾派才会佩戴三色徽"[3]。借用传统的言语,她们为自己的反抗行为提供正当的理由,并以此将自己与那些政治要求更激进的女性团体相区别。

正因为如此,"三色徽之争"实际上隐含着关于界定女性社会角色的分歧。在 9 月 21 日法令颁布后,类似的冲突并未停息。原因之一在于,市场妇女的话语已然超越了这一事件本身。她们认为,女性应隶属家庭这个"私人"领域,而佩戴三色徽的行为实际上是僭越了女性的本分,侵入了一个本不属于她们的"公共"领域。她们实则在重提旧制度末年关于"女性干政"会给国家带来灾祸的观点。在 18 世纪七八十年代,公众舆论认为,法国上流社会的女性过多干预公共事务,导致社会性别角色的紊乱,以至于国家的混乱。[4] 革命期间,对王后玛丽·安托瓦内特的仇恨便是这种心态的集中体现。1793 年 10 月 29 日的一份请愿书要求关闭革命女性俱乐部——"我们要求取消所有的女性俱乐部,因为是某一个女人(这里指的是法国王后玛丽·安托瓦内特)给法国带来了不幸"[5]。

从上文的分析可以看到,市场妇女曾是三色徽忠诚的拥护者之一,但是到了 1793 年,她们态度发生了变化。一方面,由于自身的直接经济利益受损,她们将三色徽看作革命激进措施的象征,并将它同那群品行低下的"荡妇"联系在一起。三色徽曾经具有的那种爱国、自由的意义在她们眼中已荡然无存。此外,更重要的是,在 1789 年十月事件中,市场妇女扮演的是革命者的形象,而在 1793 年,她们更强调自己性别身份,以此提出,政治体的幸福与性别角色的秩序相关。在"三色徽之争"中,社会利益与性别政治这两套相互关联的逻辑,使得这一事件最终超出了女性群体,构成了革命中性别政治文化的一个根本转折点。

男性对"三色徽之争"的态度

市场妇女的性别话语很快被男性革命者借用,这一提法迅速在男性革命者中得

---

〔1〕 Dominique Godineau, *The Women of Paris and their French Revolution*, p. 160.

〔2〕 Darline Gay Levy, *Women in Revolutionary Paris*, 1789—1795, p. 209.

〔3〕 Dominique Godineau, *The Women of Paris and their French Revolution*, p. 160.

〔4〕 Louis Sébastien Mercier, *Tableau de Paris*, Vol. 2, p. 26.

〔5〕 *Réimpression de l'ancien Moniteur*, Vol. 18, Paris: Henri Plon, 1861, p. 160 et p. 299.

到了回应。实际上,1793 年前后,他们对于这一问题的态度其实也发生了某种程度的转变。

对于女性是否应当佩戴三色徽,男性革命者此前基本持支持态度。1791 年 2 月 8 日,克雷尔—奥兹(Creil-sur-Oise)代表市府向帕尔姆·达乐黛(Palm d'Aelders)颁发三色徽和民族奖章,表彰她带领女性争取自由和平等的行为。[1] 国民公会中有代表也曾提出应当颁布法令让所有女性都佩戴三色徽,以消除分歧和维护爱国思想。[2] 这是因为,在 1793 年之前,关于女性佩戴三色徽,人们在这一问题上关注的只是爱国精神和政治统一。较之性别区分,三色徽代表的政治身份的区分更为重要。

但是,在"三色徽之争"中,市场妇女提出的性别角色的区分逐渐盖过了政治区分。在她们看来,女性不能佩戴三色徽,不是因为她们是反革命,而是因为她们是女性。这套性别话语很快被男性革命者借用。他们借此不断阐发性别角色的混乱会引发政治无序的观点。根据巴黎警察局的密探拉蒙塔涅(Latour-Lamontagne)在报告中这样写道:"这(指三色徽的混乱)就是那些不怀好意的人投掷在我们中间的一个新苹果,它使得女人们渴望与男人分享政治权利。男人们说,当她们有了三色徽,她们就会要求公民证,然后又会要求投票权,与我们分享行政职位。这些观念和利益上的争夺就会给我们的蓝图带来混乱。"[3]

类似的话语也出现在国民公会的议厅里。法布尔·埃格朗蒂纳(Fabre d'Eglantine)在 10 月 29 日的发言博得了代表们的阵阵掌声。他认为,必须限制女性的公共活动:"你们决定让女性也要戴三色徽。可是,她们是不会满足于此的。她们很快就会像要求面包那样要求携带手枪……性别所造成的分裂的种子还不仅在于此;在革命、博爱或其他组织的名义下,还形成了妇女联盟。"与市场妇女的说辞类似,埃格朗蒂纳指出,往往是不本分的女人才会热衷于公共事务:"(女性俱乐部)完全都不是由家庭里的母亲、女儿或者那些照顾年弱弟妹的姐姐组成;而是由那些女冒险家,女游侠或者是无人管教的女儿及女投弹手们构成。……鉴于此,我要求公安委员会对女性俱乐部做出一份形势报告。"[4]

同一天,国民公会下令,每个人都有穿着符合他/她性别的衣着的自由,任何人

〔1〕 详见:*Extrait du régistre des délibérations de la municipalité de Créil-sur-Oise*. 见:《法国大革命中的女性》第 2 卷,第 33 份材料。

〔2〕 *Archives parlementaires de 1787 à 1860 Premier Serie* (1789—1799), Paris: Centre national de la recherche scientifique, Vol. 74, pp. 571-572.

〔3〕 *Pierre Caron*, *Paris pendant la terreur*, Vol. 1, p. 155.

〔4〕 *Réimpression de l'ancien Moniteur*, Vol. 18, Paris: Henri Plon, 1861, p. 290.

不得强迫他人穿着某种特殊服饰,否则将被视为扰乱公共安宁的嫌疑犯。[1]一个多月前的 9 月 21 日法令强调出入公共场合的所有人都必须佩戴三色徽,而在 10 月 29 日这条法令中,强调的则是性别与自由。可见,性别的区分较之前变得更为突出。

两天后,也就是 10 月 31 日,国民公会代表阿马尔(Amar)以公安委员会的名义做了一份详细的报告。他从表面上的服饰问题出发,深入分析女性是否有能力,是否应该参与到公共事务中来。在这份报告中,我们可以清晰地看到大革命时期,男性关于女性是否应该踏入公共领域、是否应该参与时事的基本观点。

阿马尔认为这些扰乱共和国秩序的事件都是由那些自称雅各宾派的妇女强迫别的女性与她们做一样的打扮而引起的。更有可能是某些心怀恶意的人戴着爱国者的面具挑拨起巴黎的动乱。因此,在考虑是否应当禁止女性民众俱乐部的同时,委员会还应该考虑更深远的问题。他明确提出,女性没有能力行使政治权利,也不应该加入到政府事务。他说:

自然将私人的工作交与妇女,这也是社会普遍秩序所坚守的。这一社会秩序在男性和女性之间做出区隔。每种性别有其自身的任务,他/她的行为只能在这个范围内而不能擅自逾越。因为是自然为人们设定了这个界限。……在照顾好家庭之后,培育共和国的孩子就是女性的工作。女人,天生注定要使他人热爱美德。当她们完成了所有这些任务,对于国家来说,她们就是称职的。[2]

另一位巴泽尔(Bazire)代表更进一步提出,不必考虑关闭女性俱乐部是否违反了革命的基本原则,关键在于这些俱乐部破坏了公共秩序。过去这些天的骚乱已经证明了它们是灾难性的(funeste),所以它们必须被禁止。[3]

"三色徽之争"的后果及影响

上述官方言论的出现,意味着在法国大革命中,女性的政治命运走到了尽头。自从 1789 年以来,她们曾是多次革命运动的参与者,她们也曾积极参与区议会和市议会的讨论,向制宪议会、立法议会和国民公会递交各类请愿书。在革命的前三年里,男性支持女性政治权利的言论并不是很多,但是并没有人明确反对这一点。从这一点来看,1793 年的三色徽之争意味着一个明显的转折:源于革命女性内部的分

[1] *Réimpression de l'ancien Moniteur*, Vol. 18, p. 290.
[2] *Réimpression de l'ancien Moniteur*, Vol. 18, pp. 299-300.
[3] *Réimpression de l'ancien Moniteur*, Vol. 18, p. 300.

歧,性别的话语重新浮现出来。这促使国民公会和雅各宾俱乐部中男性代表开始反思政治秩序的问题。旧制度的危机让人们对女性参政问题十分敏感。埃格朗蒂纳和阿马尔等人的言论清楚地反映了这种焦虑。因此,"三色徽之争"这一事件改变了整个政治结构的秩序,女性渴求政治权利的道路由此关闭。

1793 年 10 月 31 日,也就是阿马尔向公会提交报告的当天,国民公会颁布法令:不论以何种名义建立的女性民众俱乐部,都将被禁止。[1] 没有过多解释,女性共和革命俱乐部连同其他女性社团就这样被粗暴地关闭了。这条法令使得两性在政治上最终处于不平等的位置。女性的活动再次被限定在家庭之内,她们的职责是养儿育女,在家庭里完成自然交与她们的看护工作。只有在家庭之内,她的身上才表现出正派女性的真正美德。妇女若踏入政治的公共舞台,立刻被斥为不守女人本分,越界犯规,模糊了两性分野。[2]

罗兰夫人置身革命之中,深深感到身为女性所受的压制,她说:"事实上,我作为一个女性,是被压制的。在一个不同的时代,我可能会有一个灵魂,一个不同的性别。我多希望身为一个斯巴达或者古罗马的女性,或者是一个法国男性。"[3]当她于 1793 年 11 月 3 日被押赴断头台的时候,罪名就是擅越自然本位的错置,忘记适合她本身性别的德行。[4]

1793 年的这些反对女性参与政治的话语实则是启蒙哲人观点的再现。伏尔泰、狄德罗等启蒙作家一再强调女性在体质和道德上的天生的脆弱,不适于承担政治角色。[5] 同样,孟德斯鸠也在《论法的精神》里也表露了同样的忧虑,他认为女性涉足公共领域,将腐化社会风气。[6] 这种思想最著名的代表人物就是卢梭,他明确提出女性应该"待在家里,用她们全部的精力来管理家务。大自然和理性安排给女性的生活方式就是这样"[7]。

"三色徽之争"以及女性共和革命者俱乐部受其影响被关闭的事件在整个法国大革命女性史中占据着显著的位置。正如有研究者指出,源于旧制度末年父权制的

---

[1] *Réimpression de l'ancien Moniteur*, Vol. 18, p. 300.
[2] [美]林・亨特:《家庭罗曼史》,郑明萱、陈瑛译,北京:商务印书馆 2008 年版,第 89 页。
[3] Parker Harold T, *The Cult of Antiquity and the French Revolution*, Chicago: University of Chicago Press,1937, p. 55.
[4] [美]林・亨特:《家庭罗曼史》,第 131 页。
[5] Voltaire, *Dictionnaire philosophique* (londres, 1764) 中 "女性" 词条 (article 《Femme》 Physique et morale);Denis Diderot, *Œuvres complètes de Diderot*, Vol. 10, Paris: le Club français du livre, 1971, p. 31.
[6] [法]孟德斯鸠:《论法的精神》,第 82、208 页。
[7] [法]卢梭:《爱弥儿》下卷,第 541 页。

动摇,1789 年革命一度为女性打开了一扇获取政治权利的大门。[1] 基于革命自由与博爱的原则,女性开始要求改变自身在婚姻和家庭中的从属地位。在这样的背景下,女性共和革命者俱乐部和《女性和女公民的权利宣言》的出现也就不足为奇。革命早期,一种强调"统合"的政治文化盖过了性别的区分。但是,"三色徽之争"却暴露了隐藏于人们观念深处的关于性别的分歧。争端虽肇始于市场妇女的利益受损,但很快,更深层的分裂随之出现。关于性别与政治的讨论重提旧制度晚期性别错位的话题。关闭女性共和革命者俱乐部的日期实际上是一个转折点,标志着当局对女性激进活动从宽容到压制的分水岭。[2] 一个以契约形式建立起来的男性共和国逐步定型。女性只被分配到家居的内室空间。公共领域里的美德,需要阳刚的男子气来完成。[3] 1804 年的《拿破仑法典》将妻子们排除于公共领域之外,她们仅仅在与丈夫的联系中存在。在私人领域,她们从属于丈夫的自然权力。[4] 安守家庭本分的、温良贤淑型的女性形象在大革命之后悄然凸显,并盛行于整个 19 世纪。[5]

〔1〕 Karen Offen, "The New Sexual Politics of French Revolutionary Historiography," *French Historical Studies*, Vol. 4, 1990, pp. 909-922.

〔2〕 Albert Soboul, *Understanding the French Revolution*, New York: International Publishers, 1988, p. 162.

〔3〕 [美]林·亨特:《家庭罗曼史》,第 133 页。

〔4〕 [加]巴巴拉·阿内尔:《政治学与女性主义》,郭夏娟译,北京:东方出版社 2005 年版,第 46 页。

〔5〕 [美]林·亨特:《家庭罗曼史》,第 208 页。

『白衣少女』与 美德的具象化

　　穿着白色衣裙的女性形象,在革命的各大庆典或者各类仪式上多次出现,这是大革命时期一个非常突出的现象。例如,1792 年 4 月 15 日,这是大革命的第一个自由节。人们在欢迎老城堡(Chateau vieux)的瑞士士兵的游行中特意安排了一列穿着白衣的少女作为引导,被扯断的铁链作为战利饰品佩戴在她们身上。[1] 同年纪念 8 月 10 日死难者的仪式上,失去丈夫的妻子们穿着白衣系着黑腰带,她们就是人民受害的证明。[2] 1793 年,在法国各地举行的理性节上,扮演"理性女神"的女演员也是穿着白色的希腊式长袍,头戴小红帽,围绕在她身边的少女们则全部穿着白色的长裙,戴着玫瑰花环。[3]

　　革命时期著名女演员菲西在其回忆录里描写了"最高主宰节"(la Fête de Etre-Suprême)的情景。她说:"毫无疑问,这个庆典是这个时代最为美丽的节日。人们在杜勒伊宫的空地上搭建了巨大的圆形建筑,它的前半部分是阶梯式的,参加庆典的女性们两个两个沿着台阶站着,唱着赞歌。每个人穿着白色的希腊式长袍,头戴玫瑰花环,手提装满玫瑰花叶的花篮。这种统一的服装给予眼睛愉悦的享受。"[4] 在菲西的描述中,女性在节日庆典上的功能明显具有强烈的装饰作用,她们是美丽的,赏

---

〔1〕　Louis Marie Prudhomme, etc., *Révolutions de Paris*, T12, No. 144, 1792(合订本), p. 52.

〔2〕　Paule-Marie Duhet, *Les femmes et la Révolution* 1789—1794, p. 108.

〔3〕　Louis Marie Prudhomme, etc., *Révolutions de Paris*, T17, No. 215, 1793(合订本), pp. 214-215.

〔4〕　Louise Fusil, *Souvenirs d'une actrice*. Vol. 2, Paris: Dumont, 1841—1846, p. 57.

图 38　1793 年理性节上的"理性女神"和白衣少女

（图片来源：法国国家图书馆黎世留馆馆藏 Collection de Vinck，编号 6323）

心悦目的，歌声动听，但是却与一幅背景、一束鲜花一样，没有任何自己的思想和声音。

　　留存于世的图片中，这些白衣少女形象给人深刻印象：洁白无瑕的长裙，有时手捧玫瑰花，有时则头戴玫瑰花环，仿佛笼罩着一层圣洁的光芒。节日的组织者为何安排女性如此打扮？他们想要传达和宣扬什么样的理念？这样一种女性形象是大革命的创举，抑或有其源头？

　　穿着白裙的女性，显然象征着纯洁、德行和自然之美。但是，很难说这是女性真正介入公共领域的表现，她们在这种场合的"在场"更多的是作为某种理念的注释，有时候是作为"母亲"或"妻子"这一群体的集合，有时候则是为了把抽象的革命精神具象化，如美德与自然。在外省的许多游行中，女性的装束也都以白色为主。1791 年 7 月 7 日的《共同报》(Gazette Universelle)上刊登了这样一则报道：

　　　　在波尔多，那些平时胆小害怕的女性们却作出了了不起的表率。一个名为

图 39　1794 年"最高主宰节"上的白衣少女

(图片来源：Michel Vovelle, *La Révolution française：images et récit*, *1789—1799*, Paris：Messidor, 1986, Vol. 4.)

"宪政之友"（Amies de la Constitution）的俱乐部聚集了三千到四千名成员，在操场上集会。她们全都穿着白色的衣裙，装饰着三色缎带，每个人都捧着花束。……这支隆重而热烈的队伍被国民卫队和阿让奈的士兵们簇拥着，成为一道崭新的风景线，令人感动之余又肃然起敬，不禁让人联想到古希腊的节日盛况，而这正是我们现代宗教所缺乏的场景。所有的女性都毫无区别地加入其中，并没有将哪一部分人排斥出去。公共精神已经如此深入人心，以至于当人们向我们的亚马逊女战士讲述迦太基的女性当年捐出首饰，甚至剪短自己的长发，为共和国建造船上的绳索时，她们认为这是很平常的举动，甚至为人们对此称颂而觉得不可思议。[1]

〔1〕　Albert Mathier, "les femmes et la revolution," *Annales révolutionaires*, 1908, t. 1, pp. 303-305.

同年 7 月 17 日的《共同报》则报道了在
图尔召开的一场"宪政之友"大会上,超过六
百多名女性来到现场宣誓。她们非常热烈
地讨论战神广场(Champ de Mars)应该给女
性留出一席之地,设想着应该由一名年轻的
女性举着大旗,引领着她们的队伍走向象征
着联盟的广场;她们将排成两队,头上戴着
白色的羽毛和三色徽章,长发盘起来;统一
的服装是白色的上衣和白色的长裙,身上还
斜佩着红蓝白三色绶带。[1] 很多外省的女
性表达了同样的热情,在马松屈斯(Mâcon
Cusse)等地的女性在祖国的圣坛前宣誓;在
奥尔良(Orléans),人们举行了庄严的仪式:
在市府旁边的祭坛上摆放着一圈椅子,坐满
了爱国女公民,她们清一色穿着白色,佩戴着
三色徽章,系着象征着国家的三色腰带,手里
捧着鲜花。在她们面前,站着杜拉克(Dulac)
夫人,奥尔良国民自卫军陆军上校的妻子。
她手里拿着一面旗帜,白色的旗帜上写着"勇

图 40　"农业节"上的白衣少女
(图 片 来 源: Michel Vovelle, *La Révolution
française*: *images et récit*, 1789—1799,
Paris: Messidor, 1986, Vol. 5.)

气多于力量"。[2] 身着白色衣裙的女性,是大革命中一道异常美丽的风景。问题在
于,为什么众人如何钟爱白裙子呢?

日常生活中的白色衣裙及其流传原因

　　不仅是在特殊的场合,女性会穿着白裙子作为统一的服装。日常生活中,白色
衣裙在该时期也已经大范围流行。如 1790 年第十期的《时尚与品位杂志》上就描绘
了一个在公园散步的女性的形象:"她围着白色的纱制披肩,蓬蓬的;塔夫绸制成的
短上衣也是全白的,唯有袖口点缀着一些天蓝色,与腰间的缎带相呼应,裙子的下摆

〔1〕　Albert Mathier, "les femmes et la revolution," *Annales révolutionaires*, 1908, t. 1, pp. 303-305.
〔2〕　Paule-Marie Duhet, *Les femmes et la Révolution* 1789—1794, p. 52.

图 41　1793 年苏维里男爵夫人肖像

画中人物以简洁白色长裙示人，头发上毫无任何装饰，表现了革命高潮时期，法国上流社会女性的衣着深受革命风气的影响。

（图片来源：拍摄自卢浮宫馆藏）

则是白色与天蓝相间隔的条纹，里头衬着同样是白色的塔夫绸底裙。"[1]

　　1791 年 12 月 5 日的《时尚与品位杂志》上则这样写道："自从女性几乎不再穿着隆重的长裙，白色便占据了主流。它几乎可以和所有颜色搭配。当人们用品味将其他色彩与白色协调时，确实没有比这更优雅更丰富的效果了。这种服装不仅与美丽的女子相称，即便是相貌平平的，也能穿着，甚至不分年龄大小。"[2]

　　那么，问题便是，这种白裙子为何在大革命期间如此时兴？它的源头到底是什么？如前文所述，旧制度末年王后引领的简洁之风是受了英式服装的影响。[3] 事实

〔1〕　*Journal de la mode et du goût*, No. 10, 1790.
〔2〕　*Journal de la mode et du goût*, No. 29, 1791.
〔3〕　*Magasin des modes nouvelles françaises*, No. 18, 1789.

上,当时的水印画出版物就已经注意到了法式时装对英式服装的模仿。[1] 因此,这类白裙子的原型之一可能来自海峡对岸。不少英国服装史家也都持类似的观点,如拉维和里贝罗。因为相对于法式宫廷服装大量运用丝绸、花边、裙撑而形成的华美繁复而言,英式裙以其色彩素雅、款式简洁的特点在18世纪后半叶深受法国上流社会女性的喜爱。

不过,除了受英国的影响之外,这种风格的流行,与当时的社会风气的细微变化也是密不可分的。18世纪后半叶,启蒙哲人对自然之美、自然人性的大力宣扬,使得人们对情感逐渐重视,这也是为何卢梭在当时是以情感教育小说《爱弥儿》和《新爱洛漪丝》的作者之名享有盛誉。在1790年的《时尚与品位杂志》上经常可以看到或是悲秋伤月或是表达融入大自然的欣喜的小散文。[2] 但是,这种情感并不是18世纪早期被看成是与理性截

图42 1793年迪普朗小姐肖像
(图片来源:Aileen Ribeiro, *The Art of Dress*, New Haven and London: Yale University Press, 1995)

然对立的那种毫无节制、奔放的情感。在经过启蒙时代的洗礼之后,人们相信大自然自身就是理性和谐的,感情并不只是激情或者感性,它也包含着平衡、和谐与克制。换言之,这是一种与理性和谐相处的情感。理性也不再是一副冷冰冰的枯燥面孔,而是被称为"诗意的理性"。[3] 因此,表现在衣着上,自然而然地,服装慢慢地不再仅仅以仪式性的、表明社会地位身份的意义而存在,人们开始注重个人的穿着感受,那么服饰的舒适度就随之获得重视。[4] 女性抛弃了路易十五时期流行的巨大的裙撑、裙子上的装饰口袋以及厚厚的衣垫,随之兴起的是那些穿着者可以活动自如的长裙;服装随着身体的自然曲线起伏,没有特别夸张,也没有刻意掩盖的部分,不

〔1〕 Balthasar-Anton Dunker, *Costumes des moeurs et de l'esprit françois avant la grande Révolution*, 1791, Lyon: p. 46.
〔2〕 例如,*Journal de la mode et du goût*, No. 1, 1790.
〔3〕 关于18世纪情感观念的变化,可以参考:Annie Becq, *Genèse de l'esthétique française moderne. De la Raison classique à l'Imagination créatrice* (1680—1814), Pise: Pacini editore, 1984,尤其是书中第二、三编。
〔4〕 Daniel Roche, *La Culture des Apparences*, p. 472.

图 43　1795 年的迪泰小姐肖像

（图片来源：Aileen Ribeiro, *The Art of Dress*, New Haven and London：Yale University Press，1995）

再用各种紧缚的内衣扭曲身体。甚至连发型也变得简洁。[1]

因此，单从服装形式的流变来看，确实是英国舒适简洁的款式影响了法国服装。不过，从深层原因来看，这样的款式得以流行的动力源泉是当时人们对情感和身体的双重自由的渴望。就像《时尚与品位杂志》的编辑所说，穿金戴银的风俗已经消逝，另一种存在于舒适、整洁与裁剪的优雅得体之中的奢侈开始扩大，有谁能抗拒这种优雅？[2] 巴黎女性穿着便装出现在沙龙、公园和剧场。[3] 可以让身体更舒适惬意的服装更受人们的喜爱。[4] 白裙子无疑是这种新的优雅典范的最佳代表。对自然的追求，来源于时人对于旧制度末年过于精致、过于矫揉造作的社会风气的反叛。卢梭在《新爱洛漪丝》里说："在大城市里第一个毛病是，那里的人们变得跟原来的样子不同，而社会给予他们的可以说是跟他们本身不同的本质。这在巴黎尤其是如此，对于妇女更是如此，她们所关心的生活是吸引人们的注意。在一个集会上你接近一个贵夫人时，以为看到的是一个巴黎妇女，但所看见的只是时髦式样的幌子。她的高度、宽度、步态、身材、胸脯、颜色、风度、眼神、说话、举止，所有这一切都不是她的；如果你在她自然的情况下看到她时，你不会认识她。"[5] 虽然在卢梭生活的年代，精致或者矫揉依然是上流社会的主流，但是，追求舒适、柔软、方便的普遍趋势，在女性服装中已经成为一股缓慢却难以打

〔1〕 *Journal de la mode et du goût*, No. 23, 1790.
〔2〕 *Journal de la mode et du goût*, No. 13, 1790.
〔3〕 *Journal de la mode et du goût*, No. 7, 1790.
〔4〕 *Journal de la mode et du goût*, No. 5, 1791.
〔5〕 ［法］卢梭：《新爱洛漪丝》，第 321 页。

断的潮流。[1]

　　但是,仅仅看到这一源头是远远不够的。因为我们无论如何不能忽视新古典主义在18世纪晚期对于审美的影响。有趣的是,与前面提到的英式风格的影响一样,一种品味或者说一种审美趣味的流行,总是与它所附带的政治理念有着千丝万缕的关联。孟德斯鸠、伏尔泰等人对英国政治体制的推崇已无须赘言。而新古典主义的兴起,也与古典政治理念的重获新生如影相随。古典艺术的审美和政治氛围在18世纪后期持续地变得明显。有研究者指出,有两位主要人物对此发挥了重要的影响,一是大卫,另一位是德国古典艺术家——温克尔曼(J. J. Winckelman)。温克尔曼认为希腊的理想主义审美是那个遗失了的美好世界的美与自由的体现。他觉得,古代那种不可模仿的美来自于古希腊城邦独享的政治自由这样一个独一无二的条件。所以在这种美当中会感到一种放浪形骸的沉醉。而到了1789年之后,大卫和他的门徒竭力追求的,正是这种纯粹的古典审美与政治自由之间的联合。[2]即便是当时的人,也已经注意到,到了1790年,无论是文学、艺术还是时尚,都带着一种情绪高昂的印记,年轻的一代相信,古罗马的伟大将在法国重生。[3]

　　而且,从更深层次来看,上述两个原因是可以结合在一起的。因为它们都符合了当时的一种新的审美趋势,那就是人们开始厌倦矫揉造作的风尚,不再青睐过于人工化的审美倾向,变得更为注重个体的感受,向往更自由的生活。无论是建筑还是服饰,从路易十四的巴洛克风格到路易十五的洛可可风,或金碧辉煌或精美异常,实际上都是强调人为的美。到了路易十六统治时期,人们实际上已经开始逐渐转向更为自然清新的风格。凡尔赛一隅的小特农亚宫里的村舍虽然与当时真实的村庄存在一定的差距,但是,审美趣味的转变还是可从中获得清晰印证。大革命时期,有一份材料详细论述了君主制以来法国女性服饰演变的过程。该材料的作者认为,最初的时候,女性并不注重外表,她们的服装的变化甚至还不如男性服饰。作为妻子和母亲,她们只关心取悦丈夫和照顾孩子,这是符合女性的天职的。但是,随着社会风气的转变,女性变得越来越注重外表的修饰,在衣着首饰上追逐潮流,花费大量金钱,却弄出一堆累赘可笑的服装款式及发型。在作者看来,与自然最契合的装饰应该是简单而且是清淡的。他说:

---

[1] François Boucher, *Histoire du costume : en occident de l'antiquité à nos jours*, Paris: Flammarion, 1965, p. 330.

[2] Alex Potts, "Beautiful Bodies and Dying Heroes: Images of Ideal Manhood in the French Revolution," *History Workshop*, No. 30 (Autumn, 1990), pp. 1-21.

[3] Louise Fusil, *Souvenirs d'une actrice*, Vol. 2, Paris: Dumont, 1841, pp. 127-128.

最懂得展现魅力的希腊女性,只用轻盈柔软的材料制成的面纱。因为这样的面纱会随着人的动作而动,显得自然而优雅。从这个美丽国度而来的所有雕塑,作为艺术的摇篮,被艺术家和文人所仰慕,也具有不可超越的真实性和轻快的特征。……如果女性能够向自然和艺术家更多地征询意见,尤其是当她们能听从这种自然的高尚品位而不是盲目跟随心怀叵测的人所建议的纷繁的变化,那么她们在装扮艺术上的进步就会更快。……而那些投身于学习自然之美的艺术家则是我们国家天生的法官。[1]

从这份材料中可以明显看到,作者把推崇自然与对古典之美的热情结合在一起,把它们看成是对自然与真实的美的追求。

通过上述分析不难理解,为何在革命前夕以及革命时期,日常服饰中,女性白裙子会如此广泛的流行。但是这只是解释了这一服饰在日常生活中被人喜爱的原因。更关键的问题在于,革命期间,为何在重要的节日或者仪式上,这种白裙子会被作为统一的着装大规模地使用?日常的服装如何被提升为带有明显政治意味的符号,成为某些抽象概念的形象表述?除了上述两个原因之外,是否还有其他的因素在起作用?

节日服装的政治化

法国史家布诺认为,革命者相信节日的教化作用大于学校教育,因为作为一种意识形态的表达,节日试图将革命称颂的价值通过象征物外化,因此有青年节、自由节、理性节、知识节、人民主权节、老年节及农业节;作为教化方式的节日,肩负着深入那些价值代码的精髓的任务,而它自身,正是来源于它们同时又要表现它们。他把革命期间的节日看作是整个政治结构所运用的某种外化的仪式。[2] 在此情况下,节日或庆典中的服饰显然也是经过精心选择的,它们必然承载着节日组织者希望传达的价值和理念。那么具体到革命节日或者是庆典上大量出现的白色衣裙,它显然也表达了革命者希望借此宣扬的某种理念。

从现有的材料来看,男性对于女性的白色长裙,显然是持一以贯之的赞赏的态

---

[1] Nicolas Ponce, *Aperçu sur les modes françaises* ([Reprod.]), [s. n.], 179 ?. 该文献的作者仅署名为"公民尼古拉·蓬斯",生活在大革命期间有一名画家名叫玛丽·尼古拉·蓬斯,但无法确定此文作者即为该画家。

[2] Jacques Bouineau, *Les toges du pouvoir*, Toulouse: Editions Eché, 1986, pp. 253—255.

度。1792 年 8 月 16 日 83 省联盟军致信巴黎公民和议会主席,邀请他们参加葬礼,纪念 8 月 10 日死难者。信中,特别要求爱国妇女身穿白色衣服、三色绶带以及头上戴着花叶饰边,并组成 24 人的队伍参加联盟军的游行车队。[1] 只要女性没有要求主导节日或者在节日游行的队伍中佩带武器,男性革命者对于女性的这些活动并不反感,反而看成是"自然的"和"有用的"。[2]

实际上,将白裙子作为某种仪式上的统一着装并不是革命的创举,白衣少女在一些并非革命节日的民众集会上,如某些宗教活动中都会出现。在革命爆发的那个时代,巴黎人民与教会的矛盾十分尖锐,人们痛恨教会的腐化、教士的贪婪,然而大部分巴黎人民仍然是虔诚信教的,这与他们对教会的厌恶并不矛盾,相反,正是由于虔诚,他们更对教会和教士的腐化深感不满。1789 年"十月节"(Journées d'octobre)前夕,在圣尼古拉等几个堂区爆发了大规模的民众骚乱,骚乱的起因是由于某位神甫拒绝免费给一位意外身亡的木匠安葬。于是,巴黎的各类行会都自发前去声援这一民众运动。人们强迫神甫隆重安葬去世的不幸者,相邻堂区的唱诗班成员甚至冒着被教会辞退的风险赶过来表达他们的支持。在仪式上,年轻的女孩子,身着白裙,走在游行队伍的最前列,带领人们向圣女日南斐法(sainte Geneviève)和巴黎圣母祈福,祈求她们继续保佑巴黎,挫败贵族的阴谋,确保这个城市的自由。[3] 很明显,在这种场景中出现的白裙子与日常穿着中强调自然感性舒适并无关联,与 18 世纪后期十分受推崇的古典情结也相去甚远。它是在一个非常宗教化的仪式中,代表着虔诚和纯洁或者德行。而革命节日中的宗教因素,向来是历史学家们非常感兴趣的话题。奥祖夫就曾说过:"宗教仪式与革命节日的联系,这种在联盟节期间形成的同盟本身是非常牢固的。"在这一点上,她认可马迪厄的观点,即:革命时期,在那些与宗教庆典完全隔断了联系的节日里,正在发展出宗教情感的另外一种表现方式。由此,任何共和国的集会显然也就具有了宗教性。[4] 因此,不难理解,为何 1789 年宗教骚乱中的白裙子与革命庆典中的女性服饰有了隐约的相似性。通过节日庆典,原本已在日常生活中逐渐流行的服装被赋予了特殊的政治教化意味,成为宣传革命理念的理想工具,因而,也就成为革命政治文化中的一部分。

[1] Alexandre Tuetey, *Répertoire général des sources manuscrites de l'histoire de Paris pendant la Révolution Franccaise*, IV, Paris: Imprimerie nouvelle, 1890, No. 2959, p. 374.
[2] 参见 Suzanne Desan, "'Constitutional Amazons': Jacobin Women's Clubs in the French Revolution"。
[3] A. Mathiez, "Étude Critique sur les journées des 5 &6 Octobre 1789 (Suite)," *Revue Historique*, T. 68, Fasc. 2 (1898), pp. 258-294.
[4] [法]莫娜·奥祖夫:《革命节日》,刘北成译,北京:商务印书馆 2012 年版,第 376、380 页。

"玫瑰节"与"玫瑰少女"

事实上,如果将视野放得更远,就会看到,革命时期的白裙子在旧制度晚期还有一个更相似的体现,那就是在大革命爆发之前的 18 世纪七十年代开始在巴黎山区开始传播开来的"玫瑰节"(Fête de la Rose)。这场运动虽然在历史上并不是广为人知,但在当时的影响还是很大的。

据记载,"玫瑰节"是生活在十五世纪的教士圣梅达尔(Saint Medard)在努瓦永地区(Noyon)一个名叫撒朗西(Salency)的小山村创立的节日。这一地区是这位教士的领地。他创立了这个节日之后,将第一个"玫瑰少女"(Rosière)的称号颁给了自己的一个妹妹,颂扬她的美德。自此以后,在这个村子里,每年由村民共同推举三位德行出众的未婚少女作为"玫瑰少女"的候选人,然后再由当地的领主和教堂从中选出当年的"玫瑰少女"。被选中的少女会在教堂里由本堂神甫戴上玫瑰花环,接受人们的祝贺,人们还会簇拥着这位"玫瑰少女"和她的父母在村庄里游行。玫瑰少女的遴选非常严格,不仅女孩本人要有高尚纯洁的品德,就连她的父母家人也要德行出众,甚至上溯到四代的远祖,也要为人正直善良,才能被村民们一致通过。因此,对于当地人来说,"玫瑰少女"是一个很崇高的荣誉称号,获得这一荣誉的少女不仅能获得一份奖金,还会因此美名远扬,引来众多追求者。这一传统节日在这个默默无闻的小山村流传了很多年,但是外界对此并不知晓。这个节日为法国其他地区所知,还得归功于 18 世纪七十年代著名的让利斯伯爵夫人到此地的一次出游。她和她的丈夫受当地领主的邀请来此度假。在度假期间,她发现了这个有趣的节日,并把它告诉给了巴黎的文人圈。凑巧的是,当年撒朗西的领主当雷(Danré)因为深受启蒙思想的影响,认为当地的"玫瑰节"带有浓郁的宗教愚昧色彩,拒绝为村民挑选最后的"玫瑰少女"。于是,村民委托律师将这位领主告上了法庭。最后,巴黎最高法院判定,撒朗西村胜诉,领主必须尊重当地的习俗,为村名选定"玫瑰少女"。经过让利斯夫人的描述,以及这场沸沸扬扬的官司,撒朗西的"玫瑰节"变得广为人知。这一主题甚至还被搬上了戏剧舞台。[1] 当时的人们将"玫瑰节"看成是没有被文明污染的淳朴的美德,"玫瑰少女"象征着自然的、天

---

[1] Favart Merigot, *La couronne de roses*, *ou*, *La fête de Salency : comédie en deux actes*, Paris : Chez Merigot jeune, 1770.

真的未经雕琢的原始的美丽。它迎合了18世纪晚期,人们对田园牧歌式的自然生活的向往。更重要的,在当时如火如荼的对于德行的讨论中,人们认为,这种质朴的美德是人心最本真最难能可贵的流露。另一方面,因为"玫瑰少女"是由全村村民共同推选产生,这种选举方式显然非常民主。因此,结果便是,不仅撒朗西地区的"玫瑰节"办得轰轰烈烈,法国的很多其他地区也纷纷效仿,推选他们自己的"玫瑰少女"。这场"玫瑰节"的运动,成为旧制度末年,法国社会对自然、纯真与美德的追求的最佳写照。

在"玫瑰节"上,"玫瑰少女"的装束是约定俗成的。她必须穿着洁白的长裙,头戴玫瑰做成的花冠。前文已经多次提到,在大革命时期的公共节日中,几乎所有参与游行的少女,都是同样的装束,也就是与玫瑰少女一样,身穿白裙,头戴玫瑰花冠。加之,"玫瑰节"本身确实带有非常浓厚的宗教色彩,因为它的仪式都是在教堂举行,它也强调对上帝的虔诚,重视奉献精神。而对于革命节日来说,它们所具有的宗教仪式般的教化作用也一直为人所注意。联系到革命节日颂扬的女性美德也是"纯洁"、"端庄谦逊",那么,两者之间的联系就更为明显。正是因为在大革命之前的十几年间,不论是从宗教仪式,还是"玫瑰节"的流行来看,白裙子已经作为象征着女性美德与纯洁的仪式性的服装在法国流传,所以在革命节日上,组织者们会选择同样的服装来装饰队伍中的女性就不足为奇了。

不论是在"玫瑰节"上,还是革命节日的队列中,白裙都象征着"道德"和"善",尤其是女性德行。在革命节日上,女性化身成为"共和母亲"或者是"自由女神"、"理性女神"。通常会有一大群年轻的母亲带着她们的孩子参加游行的彩车,或者有一队美丽的少女戴着玫瑰花冠参与其中。她们代表的"母性美"或者是"纯洁",这些都是共和国赞赏的女性美德。但是,必须指出的是,即便是这些美德,也并不是来自女性自身,而是源于女性与她们所依附的家庭领域。也就是说,女性自身毫无可颂之处,她所具有的美德只能从她与他人的关系中体现出来,比如作为温顺的女儿、善良的姐妹、贤惠的妻子或者是慈爱的母亲。就像革命时期最著名的画家大卫的画作所表现的那样。在大卫的作品中,女性的价值从来不是来自她们自身,而仅表现为她们为作品服务的政治意义。例如,有研究者分析了他著名的《贺拉斯兄弟的誓言》这一作品。在这幅画中,三个男性表现出一种新的关于国家、平等、个人的观念;女性则是用来表现情感的部分,她们作为母亲,守护着家庭和孩子,但并不能超越她们与男性的关联。面对男性们自愿的超越,她们每人都只能孤独地沉浸在压垮她们的悲伤

图 44　贺拉斯兄弟的誓言

（图片来源：互联网）

之中。一方是公共空间（武器、宣誓），另一方是家庭空间（妻子、孩子）。[1] 因此，在革命者眼中，女性的美德是与家庭紧密联系在一起的。

[1] Sylvie Chaperon, "L'image de la femme dans les tableaux d'histoire de David, jusau' a 1789," *Les femmes et la Révolution française：actes du colloque international*, Université de Toulouse-le-Mirail, Presses Univercité du Mirail, 1991, Vol. 2, p. 331-335.

图 45　贺拉斯兄弟的誓言（细节）

革命政治推崇的女性德行

　　从服饰审美的层面出发，无论是从"玫瑰节"上"玫瑰少女"装束所蕴含的纯洁质朴，还是从日常生活中上流社会女性服装日渐体现的简洁舒适，两者都昭示着女性服饰审美观念在 18 世纪中晚期发生了深刻的改变。除了审美趣味发生改变之外，更为重要的原因来自性别文化层面，即这一时期法国精英阶层面对之前宫廷文化、沙龙文化盛行的社会，关于何为女性美德，有一种全新的思考。卢梭或者布雷东等人推崇的女性美的形象是内敛温和谦恭的，同时又是安分守己充满了女性的柔美，与此相对立的是旧制度末年，人们在宫廷中、沙龙里或者是罗亚尔宫广场上看到的张扬的追逐时尚的女人，她们周旋在上流社会的男性之间，玩弄权术，满足自己对权力和金钱的野心。这正是革命者最为痛恨的女性形象，他们甚至认为旧制度腐败的根源之一就在于性别秩序的混乱,以杜白丽夫人、玛丽·安托瓦内特为代表的女性把持着朝纲。因而他们要建立的新世界必须是一个性别秩序井然有序的社会:两性各司其职,作为女性来说,那就是操持家务,抚育子女,安守妇道。1790 年,一位同样名叫卢梭的代表提出,要建立一套女性社会与道德机构,负责人从女性中选举,同时也由女性自己组织和管理,监督所有女性的行为举止。这项提案受到广大妇女的热烈拥护。前文也已论述,当时法国女性受革命的影响,焕发出积极参与公共事务的热情。全法国有六十多个大大小小的女性俱乐部,人数从二十多到六、七百不等。她们平时的活动通常是一起阅读《导报》、讨论如何用爱国思想教育子女,或者是积极投身到当地的拥军或慈善事业。而且,不少地区的俱乐部成员同时也是当地革命节日中的热心参与者。不过,需要看到的是,对于大部分的女性俱乐部来说,社会慈善福利工作是她们活动的主要内容,这与旧制度下带有宗教色彩的女性慈善机构很接近。这一点,其实也符合当时人们普遍认为女性相较男性更感性的观念有关。一方面,女性的感性使其更容易受别人的影响,没有主见;另一方面,这种感性也使女性对于他人的遭遇更能感同身受,有更多的同情心。[1] 因此,从旧制度时期沿袭下来的以女性为主的社会慈善活动到了革命时期,换了一种形式,带上不同的宣传口号,重新活跃起来。对于女性来说,共和国赋予她们的任务便是培育合格的下一代以及肩负起"社会母亲"的责任。后一项任务也可看成是前一项职责的扩大,也就是将家庭中的看护工作延伸到社会中,担负起照看社会的教育和道德的职责。由此,便很容易理解,为何在革命游行的队伍中,常常要安排母亲或者妻子的角色,这是共和国最为看重的女性的美德。另一方面,这些节日往往会强调女性对于激发男性的勇气和爱国精神的能力,那些穿着白裙的少女象征着人们要去保卫和为止战斗的革命理念。她们是"纯洁"、"自由"等共和美德的化身。

而"德行"(vertu)这个词的词根 vir 最早指的是"男子气的"、"强壮的",它与美德、价值、力量相联系。用在女性身上的时候,同样意味着责任与自我克制。不过,作为女性的德行来说,独立、价值和坚强并不在被涉及的范围之内。革命者相信,男性的共和德行包含着勇气与力量,为国捐躯的奉献精神;而女性的共和美德则蕴涵着仁慈、纯洁以及在私人领域里的无私奉献。[2] 因此,我们看到,革命时代身穿白裙

---

〔1〕 关于革命时期,法国女性俱乐部的整体情况可参考:Suzanne Desan, "'Constitutional Amazons': Jacobin Women's Clubs in the French Revolution";更早的研究也可参见:Baron Marc de Villers, *Histoire des Clubs de Femmes et de Légions d'Amazones*, Paris: Librairie Plon, 1910。

〔2〕 Joan B. Landes, *Visualizing the Nation*, Ithaca, New York: Cornell University Press, 2001, pp. 90-91.

图 46　联盟节上的母亲形象

图中的年轻母亲形象位于该作品的前方醒目处。这位母亲身穿白裙,头扎蓝色缎带,怀抱婴儿。

(图片来源:拍摄自巴黎卡纳瓦博物馆馆藏)

的女性总是与"家庭"紧密联系在一起。即使是对国家的情感,也是通过"家"这个中介发生联系,而不是像男性那样,是直接属于国家的公民。这点从当时上演的剧目亦可窥知一二。比如,1793 年开始,以女性为主题的剧目《帕尔玛》(*Paléma*)在巴黎多次演出,该剧宣扬的政治宽容、宗教宽容使得编剧入狱,引起不小的社会反响。暂且不讨论此剧目的政治或宗教态度,单从《帕尔玛》中颂扬的女性美德而言,便可看出当时人对于理想的女性形象的描绘,该剧的主旨便是美德最终战胜了出身与财富。同时,剧中被赞美的都是女性在家庭里的角色:姐妹、母亲、配偶或情人。1795年版的剧本中附录了一段《致女性》,它这样写道:

> 当哀伤笼罩我的祖国,
> 温柔的女性啊,你要完成你的使命!
> 谁会感受不到你神奇的品德,
> 当我们被遗弃在这哀伤的世界,
> 幸运的是,有人可以减轻它的镣铐,
> 一个姐妹、一位妻子、一个情人、一位母亲!
> 母亲、情人、妻子、姐妹,
> 多么珍贵和神圣的名字,我挚爱的关系![1]

　　然而,悖论在于,女性在被大力颂扬的同时,其本身却不能作为独立的个体被社会所承认,她必须依附于家庭,她的德行必须是以家庭职责为出发点。这才是她安身立命之所在。就像 1791 年的《铁嘴报》(*La Bouche de Fer*)所说:女性的王冠是在家庭之中,她的荣誉来自于亲手抚养大的孩子为国争得的荣誉。[2] 例如,1789 年,巴黎艺术家的妻子和女儿率先向国民议会捐赠首饰,表达她们的爱国之情以及对革命的支持。在捐赠仪式上,代表女性发言的里加尔(Rigal)夫人说:"国家就是我们共同的家园,我们女性天生具有强烈的家庭意识。"[3]《巴黎诸革命》这样报道当时的情景:她们出现了,穿着白色,胸前佩戴着三色徽章;其中的一个,尤其年轻美丽,手中捧着一个首饰盒。[4]

〔1〕 这出剧目是从英国的同名小说改变而来。18 世纪上半叶,该小说在欧洲流传甚广。革命时期,该剧将审判国王,处置王后等政治事件改编入戏,数位法国著名女演员曾出演帕尔玛这一角色。详见:Martin Nadeau, "Des héroïnes vertueuses:autour des représentations de la pièce Pamela (1793—1797)," *Annales historiques de la Révolution française*, No. 344, 2006. pp. 93-105.
〔2〕 Paule-Marie Duhet, *Les femmes et la Révolution* 1789—1794, p. 98.
〔3〕 Paule-Marie Duhet, *Les femmes et la Révolution* 1789—1794, p. 50.
〔4〕 Louis Marie Prudhomme, Alexandre Tournon, etc., *Révolutions de Paris : dédiées à la nation et au district des Petits-Augustins*, Numéros 1 à 13, Paris: De l'imprimerie de P. de Lormel, 1790, p. 20.

图 47　带领着孩子的母亲

该图是叙厄尔兄弟创作的水粉画系列中的细节图。这位母亲的衣裙用红蓝白装饰,她给孩子
指点着观看不远处正在演讲的男子。(图片来源:拍摄自巴黎卡纳瓦博物馆馆藏)

从当时流传下来的,以此事件为主题的各类绘画中,在男性中间走向圣坛的艺术家妻女,每个人都穿着白色的长裙,系着红白蓝三色腰带,脸上带着幸福的笑容。

在 1793 年的理性节上,杜勒伊区所作发言题为《一位好母亲》,颇具代表性。这位名叫迪洛朗(Dilaurent)的代表讲述了一位母亲在丈夫多年参军打仗的情况下,独自一人教育培养了三个德行高尚的女儿,"她培养她们的情操,塑造她们的心灵,教育她们符合女性的美德",并且用母爱感化了犯错的儿子。作者在文章的最后说:

> 女性啊,法律已经宣布了。虽然你们从不会在政治机会中处理关系国家重大利益的事务,但是,依然有光荣的任务等着你们完成:照料你们的家务,教育你们的孩子,温柔对待你们的丈夫,这就值得你们自豪和欣慰。你们可以和我们一样为共和国服务,因为你们能够给予我们良好的风气,没有良好的风气,共和国无以立足;你们可以为共和国服务,因为你们能激发我们的勇气和才能,没有勇气和才能,共和国无法胜利。[1]

在这段发言中,我们可以看到,男性和女性的任务截然不同,作为父亲的男性并没有出现,他呈现给读者的就是一个遥远的英雄形象——为了共和国,参战多年不回家;而作为母亲的女性,则承担起全部家庭的责任,养儿育女。这就是大革命给两性安排的截然不同的职责。而自然本身被理所当然地看成是这种职责分化的依据。因为在文章的起始,作者就说:"自然给了我另一支画笔,并对我说,今天你描绘一个母亲的形象吧。我欣然从命。"

然而,如果当参加节日的女性看起来与慈母贤妻相去甚远的时候,即便她们依然身着白裙,男性对她们也是厌恶反感的。在 1792 年夏天,纪念西莫诺(Simoneau)的游行中,革命时期热衷于教化人民,大力鼓吹女性要安守妇道的革命者普鲁东(Prudhomme,1752—1830)提到德古热带领的一队女性。他说:"紧随其后的是一队妇女,领头的是德古热夫人,她的举止实在是太像走在她们那喧嚣吵闹的队伍前头的鼓乐队长。当制宪议会把法律惯例交由家庭中的母亲们来看管的时候,毫无疑问,它肯定不愿意把这搞成一出戏剧化的表演。这队妇女穿着白裙,头戴橡树冠,但却没有预期的成功。不管怎么说,女性不适合出现在这种庄严的日子。"[2]我们看

---

〔1〕 Dulaurent, *Citoyen*, *La bonne mère*, *discours prononcé dans la section des Tuileries*, *à la fête de la raison*, *le 20 frimaire*, *l'an 2e de la république une* & *indivisible* (〔*Reprod.*〕), Paris: de l'Impr. nationale exécutive du Louvre, 1793.

〔2〕 Louis Marie Prudhomme, etc., *Révolutions de Paris*, *dédiées à la Nation*, T12, No. 152, 1792(合订本), p. 454.

图 48　爱国女性向国家捐赠首饰

革命初年,以艺术家妻女为主的爱国女性公开向国家捐赠首饰。她们的行动被看成是模仿斯巴达妇女的爱国行为,广为传颂。(图片来源:拍摄自巴黎卡纳瓦博物馆馆藏)

到,革命时期,白裙成为理想化女性的外表特征,成为女性美德的符号。然而,它始终只是一个表象,并不是穿了白裙就能得到男性的认可,他们看重的是女性贤良淑德的"共和美德"。在他们看来,像德古热这样积极投身于争取平等政治权利、撰写《女性人权宣言》的女性,无法实现他们想要的装点盛典的目的,反而会把崇高的节日变成闹剧。甚至可以说,在庄严的公共场面,女性除非是安静地充当背景板,否则她们的出席就会变得不受欢迎。男性革命者觉得,德古热那样的激进分子,不仅会把革命节日,甚至会把革命本身变成一场喧嚣的闹剧。普鲁东本人虽然是离婚法案的支持者,但是他支持的只是由男方提出的离婚,至于女性,他认为提出离婚是有失体面的(indécent),他说:"即便是一个不幸的妻子,也应该为了家庭鞠躬尽瘁,而不是抱怨。"他认为,女性的心灵和教育都只应该局限于家庭事务,否则就是有失妇道。在如此极端保守的态度之下,他们必然坚决反对女性涉入政治领域,"我们不会越俎代庖去教你们如何养儿育女,所以也请你们省省力气,不要到我们的俱乐部来就公民的义务指手画脚"。[1]

以阿马尔、普鲁东等人为代表的男性革命者如此强烈反对女性干政,其缘由在于他们坚信女性天生就不能涉足政治领域,一旦违背了自然对此所作的安排,就会导致国家和社会的混乱。他们觉得,旧制度末年朝纲不振、社会风气腐化,很大一部分原因在于女性在这个社会里占据了各种权力,她们"玩弄权术,操纵外交,像把玩幼年时的布娃娃一样将国家控制在手中"。其结果便是"交际花的统治加速了民族的灭亡,王后们又将其挥霍一空,我们看到一位受人爱戴的王子(这里指的是路易十五)在一群毫无廉耻的女人的环抱里变得品性堕落"。在旧制度末年的小册子的描述中,整个凡尔赛都是道德败坏的贵族女性:混乱的男女关系,寻欢作乐、挥霍无度的生活。[2] 除了把国家事务以及宫廷生活扰乱得乌烟瘴气之外,女性另一大罪名便是天天想着追逐外表的美丽,使心灵变得轻浮,人们不再有严肃的思想,道德与精神消失殆尽。[3] 他们心目中的理想女性就应该在父母或者丈夫的屋檐下度过一生,她的依附性是天生的并且是永久性的,她只具有私人性质的美德,她只懂得那些父母或丈夫认为适合她了解的事物,而政治的公民的自由对她来说毫无用处。因此,女性应该完全远离政治生涯[4]。虽然,第戎和里昂的激进女性强烈反对将她们驱逐出政治生活的言论,她们抗议说:"因为在这个共和国里,每个个体都是整体不可或缺的一部分……作为社会一部分的女性,理应竭尽所能,为所有人的幸福贡献自己的力量。……公民普鲁东,我们绝不满足于为自由高唱赞歌,就像你们建议我们做的那样,我们还要进行具有公民责任感的行动。……公民普鲁东,放弃您的体系吧,这是对女性的专制,就如同那时候贵族对人民的专制。"[5]但实际上,在那个时代,前一种声音占据着绝对主流的位置,就连赫赫有名的罗兰夫人虽积极投身于政治活动,但她自身也很怀疑女性在这个领域的角色。[6]

当时唯一为女性权利呼吁呐喊的只有孔多塞和居约马尔(Guyomar)。孔多塞曾反驳时人提出的对城邦的奉献使女性远离她们的家庭责任的观点。[7] 他指出,应当

[1] Baron Marc de Villers, *Histoire des Clubs de Femmes et de Légions d'Amazones*, Paris: Librairie Plon, 1910, pp. 38-39.

[2] Chantal Thomas, *La Reine scélérate*, Paris: Seuil, 2003, p. 122.

[3] *Récolutions de Paris*, No. 83, 12février 1791,转引自:Élisabeth Badinter, Paroles d'hommes (1790—1793): Condorcet, Prudhomme, Guyomar, pp. 68-69。

[4] *Récolutions de Paris*, No. 83, 12février 1791,转引自:Élisabeth Badinter, Paroles d'hommes (1790—1793): Condorcet, Prudhomme, Guyomar, pp. 68-69。

[5] Élisabeth Badinter, *Paroles d'hommes* (1790—1793): *Condorcet, Prudhomme, Guyomar*, pp. 127-130.

[6] Paule-Marie Duhet, *Les femmes et la Révolution* 1789—1794, p. 78.

[7] Paule-Marie Duhet, *Les femmes et la Révolution* 1789—1794, p. 65.

尊重当时盛行的自然权利——即人人生而平等,但女性被排除在政治领域之外的现实显然与此相违背。[1] 居约马尔提出,除了性别以外,无论是理性还是激情,两性之间没有任何差异,而性别上的不同不应该成为男性的优势,因为男女是各自独立的个体,权利和义务都应该为两性所共有。良好的教育可以使每个人都发展自己的才能。一部好的宪法,是建立在自然法典的基础上,理当对所有人都适用。居约马尔这样写道:"自由的法国说:女性也享有平等的政治权利。……出色女性有被选举的权利。……只有权利上的平等才能维持家庭的和谐。……新的宪法应该承认女性的地位和权利,女性应该被包括在社会契约当中。"[2] 这些话语是距今二百多年的一位法国男性写下的,他支持女性争取平等权利的出发点也是基于自然权利。然而,孔多塞和居约马尔的声音在当时如此渺小,以至于很快就被反对的浪潮所淹没。那些手持武器的亚马逊女战士或者被推上了断头台,或者流落在街头,成为嘲笑讥讽的对象。留在历史长廊里的,是穿着白色长裙的,谦和沉默的母亲或妻子的形象。

---

〔1〕 Paule-Marie Duhet, *Les femmes et la Révolution* 1789—1794, p. 66.
〔2〕 《大革命中的女性》,第二卷,第 45 份材料。

革命退潮时期
女性服饰的嬗变

督政府时期,巴黎出现了一股新的女性服装风潮。这股潮流与大革命之前上流社会贵族女性那种繁复隆重的风格迥然不同。1794 年的那个冬天,巴黎的年轻女子穿着薄如纱翼的高腰连衣裙,即使在最寒冷的日子里,也裸露着脖子、胳膊与小腿。她们中最显赫的那几位把持着上流社会的沙龙社团舞会,结交各类名流政要。有人说,被大革命的恐怖摧毁的女性统治,随着革命高潮的结束,重新降临巴黎社会。[1]"督政府将特权赋予女性"[2],这群女性被冠以"绝美女人"(Merveilleuses)的称呼,她们被称为"督政府时期的王后们"[3]。虽然每一部有关法国的服装史都会提到"绝美女人"和她们在这个时期极其特殊的装束。但是,不论是从政治史还是思想史的角度,对她们的研究,都难觅其踪。这或许是因为,即便是最出名的那几位绝美女人,她们自身"既无智慧,也无才情",空有绝顶美貌;也可能是因为她们对时政的影响力远远及不上她们在大革命前的前辈们。但是,如果从服饰文化的视角加以研究,探讨为何在惨烈的革命结束之后,会出现这样的女性服饰潮流?这不失为一个有趣且可行的途径,从中可以了解一个经历了革命的社会是如何面对刚刚过去的革命恐怖,以及如何在一片废墟和混乱之中慢慢调整与恢复秩序,并且重新寻找未来的方向。这就是"'热月'之后的法国社会及'绝美女人'"章希望解决的问题。

在整个 18 世纪,上流社会男性的服装和女性的一样,颜色绚丽,布满装饰。然而,在大革命之后的 19 世纪,优雅的男士逐渐选择用合体的裁剪以及一些昂贵却低调的小饰物来先显示他们的品味(bon goût)及财富;相反,女士依然用各种精致面料、精美花纹或者是凸现女性曲线的款式来展示自身的美丽及社会地位。服饰间的性别差异日益扩大。由此,在外观上,男性愈来愈显得沉稳庄重,女性则以瞬息万变的服饰诠释着时尚的随心所欲以及日益浓厚的"女人味"。

同时,时尚在一个重新排列组合构成的社会里,依然发挥着社会区隔的界标的作用;然而,与 18 世纪不同,由于工业社会、消费文化在 19 世纪的迅猛发展,作为界标的时尚同时又强化了它本身具有的颠覆自身确立的界限的相反作用。此外,大革命之后的服饰文化在彰显社会地位、扩大性别区分、形成群体认同的同时,也愈来愈

〔1〕 Paul Lacroix, *Directoire, Consulat et Empire moeurs et usages, lettres, sciences et arts France*, 1795—1815, *ouvrage illustré de 10 chromolithographies et de 410 gravures sur bois d'après Ingre, Gros, Prud'hon et autres*, Paris: Firmin-Didot et cie, 1884, p. 23.

〔2〕 *Mémoiree d'une femme de qualité sur le Consulat et L'Empire*, Paris: Mercure de France, 2004, p. 104.

〔3〕 *Michel Vovelle, La Révolution française: images et récit*, 1789—1799, Paris: Messidor, 1986, Vol. 5, p. 117; Octave Uzanne, *Les Modes de Paris. Variations du goût et de l'esthétique de la femme*, Paris: L.-H. May, 1898, p. 12.

承担起个人自我表达的作用,人们的生活态度、精神状态等内在的东西可以借助外在的服饰来体现。而这种个体的表达又往往与群体认同发生相互作用。随着社会民主化的进一步深入,这种颠覆与破坏固有秩序的倾向与其源远流长的用以区分身份的基本功能之间发生了剧烈的碰撞。这种碰撞产生的能量无疑是 19 世纪法国时尚得以发扬光大的原动力之一。"一种新的审美趣味和性别外观的确立"章试图解答下列问题:首先,外观上的阶层差异与区分是如何发生的? 又是在何种社会情境下逐渐稳固? 其次,作为阶层区分存在的时尚为何在 19 世纪逐渐变成女性的"专属物"? 最后,它与 19 世纪上半叶法国社会对于女性地位与角色的重新认定之间又有何种关联?

"绝美女人"及其佼佼者

　　关于"绝美女人"这个词的来源。语言学家利特在他的法语词典里解释为自以为很有风度的女性,暗含矫揉造作之意,尤指督政府时期的时髦女人。[1] 但是,在现有材料中,我们发现 1778 年的《仕女报》(*Journal des dames*)上提到过 merveilleuse 这个词。虽然这个词的广为使用是在督政府时期,但事实上,在恐怖统治结束前几个月,就曾有女性以她们的性别特点的名义,反对恐怖统治带来的无套裤汉式的粗鄙品味。但是,时尚企图复兴的趋势很快被罗伯斯庇尔的小团体所压制,后者坚持斯巴达式的朴实无华。不过,"绝美女人"们倒也不拒绝希腊式或罗马式的服饰,因为那样的款式还挺适合比较丰腴的女性,如果她们有漂亮的腿部线条,精致的小手以及可爱的脚。也就是从那时起,喜爱穿着古典式服饰的女性开始模仿古希腊罗马的雕塑,把自己装扮成神话中的女神模样。[2]

　　关于这些风行一时的"绝美女人"的典型形象,可以简单概括为:透明、夸张的高腰裙、紧贴头皮的短发以及交叉系带的罗马式平底鞋。这种古怪的着装风格与旧制度末年主流的女装样式迥然不同,与第一帝国时期的服装风格也差异甚大。一夜之间,它风靡整个巴黎,流行了几年之后又迅速销声匿迹,似乎从未出现过。如今,我们只能从大量的回忆录中找到对此的描述。比如,阿布昂黛公爵夫人回忆了她第一

[1] Émile Littré, *Dictionnaire de la langue française*, Paris: L. Hachette, 1869, Vol. 3, p. 528.
[2] Paul Lacroix, *Directoire*, *Consulat et Empire moeurs et usages*, *lettres*, *sciences et arts France*, 1795—1815, Paris: Firmin-Didot et cie, 1885, pp. 79-81.

图 49　1789 年巴黎街头的"绝美女人"

（图片来源：法国国家图书馆在线资源）

次见到塔里安夫人（Mme Tallien）时的情景：

> "我的天哪，这位美丽的夫人是谁？"随着某位夫人的一声惊叹，一个女子走进了沙龙。人们不仅注视着她，人群还向她涌去……她穿着一条简单的印度平

纹细布制成的白裙子,像古代的人那样缠裹在身上,肩膀处各用一块浮雕玉石固定,腰间束着一根金色的腰带,搭扣处同样是以玉石做装饰;胳膊肘上方袖子收口处戴着一个宽宽的金质臂钏;她的头发像黑丝绒一样光滑,修剪得短短的,卷卷的,几乎贴着头皮,这种发型叫"提图斯型";她那洁白美丽的肩膀上搭着一条红色的羊绒披肩,那个时候这种披肩非常稀少和昂贵。她围披肩的方式是那么优雅和别致,给她整个人增添了令人陶醉的魅力。[1]

19世纪晚期的服装史专家基舍拉(Quicherat)在他的书中这样描写道:

那时候,流行"雅典裙"(robe à l'Athénienne)或者"罗马裙"(robe à Romaine),人们一年四季裸露着手臂;人们穿着的鞋其实是用缎带交叉绑起来的软底垫,不过缎带一直交叉着绑到小腿处……因为担心衬裙和衬衣会影响外面的罩裙的褶皱效果,人们渐渐不再穿着衬衣或衬裙。[2]

在1798年的一幅漫画中,"绝美女人"的形象被描绘为一位穿着曳地长裙的年轻姑娘。长裙的裙边像希腊人那样镶着花边。虽然裙子看起来非常轻巧,但是裙摆非常长,因此不得不提着它走路,这样便将穿着者的小腿和脚都露了出来。这位姑娘的头上还戴着一顶系着巨大绸带的草帽,帽檐宽大到几乎看不清她的脸。

这就是在督政府时期最为时髦的"绝美女人"的装扮:透明、裸露、夸张。由印度薄纱、丝绸、细麻布、麻纱、高级密织或薄纱等材质制成的衬裙是如此普遍,整个巴黎到处可见作此打扮的女性,人们用"戴安娜"、"美女"、"女神"、"白色影子",或者是"芙里尼"、"赫塔瑞"[3]等称谓影射她们是高级交际花。[4]当时英国的一幅漫画讽刺巴黎街头的"绝美女人"们在瑟瑟寒风中还穿着露出小腿的透明衣裙。

塔里安夫人(Mme Tallien)、赫卡米夫人(Mme Récamier)是其中的代表人物。其中最著名的当属塔里安夫人。卡瓦鲁斯·塔里安出生于1773年,父亲是一位富裕的银行家并在大革命时期出任西班牙驻法大使。她14岁时与法国的丰特纳侯爵结

〔1〕 Laure Junot Abrantès, *Mémoires de Madame la duchesse d'Abrantès, ou Souvenirs historiques sur Napoléon la Révolution, le Directoire, le Consulat, l'Empire et la Restauration*, Tome 2, Paris: Ladvocat, 1831, p. 92.
〔2〕 Jules Étienne Joseph Quicherat, *Histoire du costume en France depuis les temps les plus reculés jusqu'à la fin du XVIIIe siècle*, p. 640.
〔3〕 "赫塔瑞"在古希腊指的是那些受过良好教育,精通才艺的高级交际花;"芙里尼"是其中著名的代表人物。
〔4〕 Betty-Bright P. Low, "Of Muslins and Merveilleuses: Excerpts from the Letters of Josephine du Pont and Margaret Manigault," *Winterthur Portfolio*, Vol. 9 (1974), pp. 29-75.

婚,不久即离婚。1789 年革命初期,她开
始结交巴纳夫等人。在恐怖统治时期,塔
里安夫人通过自己的关系网络,解救了很
多原本要被判处死刑的"嫌疑犯",其中不
乏与她素不相识者。[1] 在热月政变之后,
这一善举为她赢得了"热月圣母"(Notre
Dame de Thermidor)的美誉。当然,这也
与她的第二任丈夫塔里安在推翻罗伯斯
庇尔的行动中起了核心作用不无关系。
热月时期,塔里安夫人无疑是巴黎社交界
的真正王后,她的一举一动都吸引着关
注,引导着时尚的风向。[2] 她的美丽有目
共睹,她的装束成为所有时髦的女性模仿
对象。正是她第一个将古希腊式的紧身
长裙变为最时髦的风尚。[3] 她用佛朗德
地区出产的,轻盈得像蒸汽一样的面料搭
配印度细软的平纹布,并且大胆地露出双
臂甚至胸部,配上臂钏、手镯、戒指等装
饰;她的脚上穿着金色的丝绸绑成的拖
鞋,脚趾上戴着精细的指环。[4] 当时的一
位作曲家这样写道:"当她走进沙龙,世界
便化为白昼与黑夜。白昼只为她,所有余
下的人都被黑暗笼罩。"[5]

图 50 塔里安夫人肖像

该画由热拉尔(François Gérard)完成,现藏于巴黎
卡纳瓦博物馆。(图片来源:拍摄自巴黎卡纳瓦博
物馆馆藏)

　　与所有活跃在社交界的女性一样,塔里安夫人的品行也是被人热衷讨论的话
题。虽然人们众口交赞塔里安夫人的美貌,但对于她的品行,时人则褒贬不一。一

〔1〕 Anne Forray-Carlier, *Au temps de Merveilleuses*,: *La société parisienne sous le Directoire et le Consulat*,
　　　Paris: Association Paris-Musées, 2005, p. 76.
〔2〕 Francois-Alphonse Aulard, *Paris Pendant La Reaction Thermidorienne Et Sous Le Directoire*, Vol. 1,
　　　Paris: Librairie Léopold Cerf, 1900, p. 371.
〔3〕 *Mémoiree d'une femme de qualité sur le Consulat et L'Empire*, p. 105.
〔4〕 Laure Junot Abrantès, *Mémoires de Madame la duchesse d'Abrantès*, Vol. 2, Paris: L. Mame, 1835, p.
　　　92.
〔5〕 Claudette Joannis, *Joséphine impératrice de la mode*, Paris: RMN, 2007, p. 17.

些人真诚赞美她的善良仁慈。比如,当时流亡回来的女画家勒布菌就对塔里安夫人赞誉有加。她说:"除了美貌以外,塔里安夫人还有一颗仁慈的心。我们知道,在革命时期,多亏她向塔里安求救,才使得一批被判了死刑的受害者获得拯救,所以人们把她称为'佑护圣母'。(在舞会上)她完美的优雅令我折服。"[1]也有人激赏她的共和主义立场,[2]把她看成是反抗拿破仑搞帝制的女斗士。这不仅是因为塔里安夫人在革命早期的"亚马逊女战士"形象给人留下了深刻的印象,[3]她与拿破仑的公开矛盾也是众所周知的事实。然而,与此同时,另一些人则把她看成是"新的安托瓦内特"。当时有一封题为《魔鬼致巴黎最著名妓女的信》就是对她的公开讨伐:

> 虽然你这个坏女人长得挺美的,但自从你为女人们创造了那样的时尚,把原应掩盖的都裸露出来,于是美丽失去了她的价值……你的随心所欲,你的品味,比法律更受人关注……这个时代的梅瑟琳娜,[4]告诉我,你为何敢于与贞洁对抗,腐蚀灵魂,杀死德行;贞洁是令人着迷的女性最珍贵的特性,女性因此才会受人尊敬,变得端庄、天真和懂得爱……与你相比,那些真正的烟花女子就像天使一样;远离天使的完美,你也无法赢得魔鬼的青睐,魔鬼有他自己的德行;而你,从来不知道什么是德行……[5]

下层民众尤其痛恨她的铺张与奢侈,人们甚至怀疑她的财富就是来自于恐怖时期收受了贵族们高达几十万锂的贿赂,用以免除他们的死刑。[6]除了奢侈之外,塔里安夫人生活上的不检点也成为众矢之的,她被称为"所有丑闻的女主角","酒神狂欢节上的女王"。这些恶名有不少都是由于她在服装上的大胆狂妄而起。在18世纪末的公共场合,塔里安夫人穿着长及膝盖的裙子,露着小腿,打扮成狄安娜的样子确实是惊世骇俗的。[7]还有人讽刺她的床是摆在大街上的,她的私生活是公开的,如果没能进入她的香闺,只不过是因为付的钱不够多。[8]虽然这些言辞与大革命之前

---

[1] Louise-Elisabeth Vigée Le Brun, *Souvenirs de Madame Vigée Le Brun*, Vol. 2, Paris: Charpentier, 1869, p. 116.

[2] *Mémoiree d'une femme de qualité sur le Consulat et L'Empire*, p. 105.

[3] Houssaye Arsène, *Notre-dame de thermidor; historie de Madame Tallien*, Paris: H. Plon, 1867, p. 25.

[4] 如本书第一章第二节所注,梅瑟琳娜是公元1世纪罗马帝国的一位荒淫无度的皇后。后世的法国文学作品中,常用她比附有权势但无节操的女性。

[5] Belzébuth, *Lettre du diable à la plus grande putain de Paris*. De l'imprimerie de Jean Rouge, 1802. 转引自 Anne Forray-Carlier, Au temps de Merveilleuses, p. 81.

[6] François Gendron, *La Jeunesse d'orée*, Quebec: Les Presses de l'Université du Québec, 1979, p. 60.

[7] Fleischmann Hector, *Napoléon adultère*, Paris: A. Méricant, 1909, p. 66.

[8] Fleischmann Hector, *Napoléon adultère*, p. 62.

的那些攻击王后的小册子有异曲同工之处，比如都将她们比附作古罗马时期那些著名的行为不端的王后。但是，无论是从文本的数量还是攻击的程度来说，较之玛丽·安托瓦内特，这位热月时期的社交王后显然要幸运得多。当时社会风气之宽松自由也由此可见一斑。

　　另一位同样以容貌著称的"绝美女人"是赫卡米夫人。与塔里安不同，这位里昂公证人的女儿出生于 1777 年。在她的一生，从未涉足政治事件中，也没有像斯达尔夫人那样发表过作品，她几乎对公共事务毫无兴趣。但是，人们都说，她在巴黎的住所是当时最热闹最优雅的沙龙。[1] 包括吕西安·拿破仑在内的各界名流都是那里的常客。而美貌为她赢得了"巴黎最时尚女人"的称号。当她外出散步时，人们为了一睹芳容，站在椅子上，伸长了脖子，甚至相互打斗；她一出现在剧场，很多人会忘了正在上演的剧目，大声说："快看啊，美丽的赫卡米夫人来了！"[2] 1802 年，赫卡米到伦敦访友，引起整个伦敦社交界

图 51　赫卡米夫人肖像

该画同样由当时非常年轻的画家热拉尔（他是大卫的学生）完成。标志性的白色透明长裙加上价值不菲的羊绒披肩是"绝美女人"们的经典装束。画中的赫卡米夫人赤足，不戴一件首饰，却显得妖娆万分。此画现藏于巴黎卡纳瓦博物馆。（图片来源：拍摄自巴黎卡纳瓦博物馆馆藏）

轰动，几乎所有报纸都报道了她的到来。[3] 那些撰写回忆录的作者，也都对她的美貌与优雅赞不绝口。与其他"绝美女人"不同之处在于，赫卡米夫人行事比较收敛，她以优雅温和著称。就像某位德国旅行者在他的回忆录里这样写道："我的邻座告诉我，那就是赫卡米夫人，边说边指给我看。我的目光在第一排中寻找她，想象着她会在钻石的璀璨中美得光彩夺目。但是，我错了，她坐在包厢的最里面，就像紫罗兰

〔1〕　Mathieu Molé, *Souvenirs d'un témoin de la révolution et de l'empire* (1791—1803), Genève：Éditions du Milieu du Monde, 1943, p. 306.

〔2〕　Constance de Constant Rebecque de Cazenove d'Arlens, *Deux mois à Paris et à Lyon sous le consulat：Journal de Mme de Cazenove d'Arlens* (*février-avril* 1803), Paris：A. Picard, 1903, p. 70.

〔3〕　Anne Forray-Carlier, *Au temps de Merveilleuses*, p. 98.

躲藏在青草里。她穿着一条简单的白裙子,头上毫无装饰,点缀她的只有端庄的优雅。"[1]即便是温和文雅的赫卡米夫人,她的爱慕者们也可以列出长长一串名单。不过,赫卡米夫人毕竟是"绝美女人"中的少数,其他人如阿梅兰夫人(Hamelin)或者约瑟芬等,都是周旋在当时的权贵身边的著名交际花。

这些"绝美女人"中的佼佼者,被称为巴黎的女王,没有她们的参加几乎不能称之为一个舞会,她们是督政府时期无可争议的统治者。[2]然而,在后世看来,她们无法与革命前那些优雅睿智的沙龙女主人相提并论。19世纪著名的传记作家尤瑟纳这样描绘道:"她们只是在舒适中堕落,萎靡不振,追求感官快乐,没有道德,没有方向,也没有自尊。大革命将女性抛到街头,她们不再有内在的快乐,也没有精神的沙龙,也不拥有高贵并受过良好教育的品味。"[3]她们只是那个混乱而迷茫的社会的象征。

"绝美女人"风尚出现的缘由

非常有意思的是,"绝美女人"们的标志性服饰仍然是白裙子。不过,这种白裙子的样式与大革命期间流传的腰间束带款式大相径庭。"绝美女人"式白裙子更加接近古希腊女式长袍,腰线提得非常高,几乎就在胸部以下,并且,使用的面料都是十分轻薄透明的,使女性的腿部在裙下若隐若现。然而,这种白裙子兴起的根源仍可追溯到法国人对英式风尚的喜爱。有研究者提出,在督政府及执政府时期,法国社会又重新燃起"英国热",甚至可以说18世纪中叶开始的"英国热"的真正爆发其实是在罗伯斯庇尔倒台之后。因为在革命期间,不少保守派流亡到英国,当他们重返家园的时候,便将很多英式的生活习惯以及英式的服装带到了法国。比如,有段时间,巴黎人也流行喝"潘趣酒"或者是下午茶,甚至喜欢在散步的时候牵着一头典型的英式斗牛犬。伦敦街头的马车式样也被法国人带回了海峡对岸。旧制度末年最有名的御用裁缝贝尔丹小姐当时也流亡到了英国,她把英国的女士短上衣以及披巾介绍到了巴黎。[4]不过,著名的服装史专家詹姆士·拉维并不认同这样的观点,他

---

[1] August von Kotzebue, *Souvenirs de Paris, en* 1804, Vol. 1, Paris: chez Barba, 1805, p. 156.

[2] Octave Uzanne, *Les Modes de Paris. Variations du goût et de l'esthétique de la femme*, p. 27.

[3] Octave Uzanne, *Les Modes de Paris. Variations du goût et de l'esthétique de la femme*, p. 62.

[4] James Laver, *Taste and Fashion*, pp. 16-17；在 Quicherat 编写的服装史中,他也提到英式服装随着流亡裁缝的回归,来到了法国。见:Jules Etienne Joseph Quicherat, *Histoire du costume en France depuis les temps les plus reculés jusqu'à la fin du XVIIIe siècle*, p. 634.

认为,法式服装在短短时间内有如此大的风格转变,其中缘由,"英国热"只是起了推波助澜的作用,更主要的原因还是要归结到法国人对古典范式的迷恋,尤其是古希腊的民主和古罗马的共和国深深吸引着法国人,他们将这些理念当成一个新的政治气象的理想模型。因此,他们对古希腊罗马的热爱促使他们模仿那个遥远时代的所有事物,其中就包括服饰。[1] 而在《服饰与道德》一书中,里贝罗则认同梅西耶在《新巴黎》中提出的观点,她相信这种风尚的兴起可以归结为古典雕塑在博物馆及公共场合的大规模出现,半裸的塑像鼓励了女性"在服饰上的不正派"。[2] 这些观点都不无道理。但是,一种服装样式出现的根源,大多数情况下很难将其归拢为一个缘由,通常都是几种因素共同作用的结果,如果不细细分析其中不同层次的原因,未免有武断之嫌。

关于"绝美女人"这股时尚之风,需要分析的问题可以简单归结为以下几点。首先是:"绝美女人"风潮出现的环境土壤是什么,换言之,即它何以出现? 因为我们知道,从革命开始直到热月政变,日常生活中常见的女性服饰延续的始终是旧制度最后几年里开始兴盛的简洁的款式,并不是什么希腊罗马裙。然而另一个不容忽视的事实便是,革命节日以及革命的戏剧舞台上,希腊罗马式的服装款式比比皆是。为何革命政府大力提倡的古希腊罗马风格在革命时期始终没有被人们真正接受,而当罗伯斯庇尔倒台,恐怖统治一结束,整个巴黎城几乎都是那样的装束? 为什么在共和国的原则与美德被放弃之后,它的外在形式——服饰却能如此大放异彩? 其次,除了外部环境,即政治变动等因素之外,"绝美女人"风潮中,服饰自身的因素是否也构成动因之一? 最后,还应当考察这股风潮的走向,即最终它是以何种方式来完成它在历史上的使命? 这种转变的背后,也可能隐藏着理解这个历史阶段的钥匙。

首先是对革命宣扬的斯巴达式的简朴的反动。恐怖统治造成的社会紧张一旦释放,服饰上的"自由主义"便泛滥成灾。前文所说的这类服饰的特征便可充分说明这一点:透明、裸露、夸张,这是一种狂欢式的放纵。

雅各宾派当权期间,时尚始终被贬斥为女性肤浅无聊的小玩意,对于共和国来说,需要的是斯巴达式的严峻简朴。在大卫等革命画家笔下,男性的躯体本身便是美德与勇气的最佳表现,裸露的躯体更是一种将自我献祭给国家的忠诚;而披挂着衣饰的女性无疑是软弱无力的,她们在即将出征前的丈夫面前痛哭不已,难以做到

[1] *James Laver*, *Taste and Fashion*, pp. 17-18.
[2] Aileen Ribeiro, *Dress and Morality*, London: B. T. Batsford, 1986, p. 117.

把国家的利益置于个体之上。[1] 这种对立不仅是性别的对立,也是两种不同文化的对立:以服饰为代表的对感官的追求被看成是爱国与忠诚的对立面。所以在革命最严峻的年代,人们都模仿无套裤汉的装束,以求寻得一个"安全的外表"。即便之前最时髦的女性也放弃了引人注目的装扮,以免被当作嫌疑犯。所以,虽然古典女神像随处可见,身穿女神式长裙的女演员活跃在革命游行的队伍和革命的舞台上,但是对于巴黎人来说,他们日日生活在断头台的阴影之下,随时会有被投入牢狱之灾,哪里有闲情逸致去关注服饰这类琐碎的事情。

但是热月政变之后,一切迅速发生了变化。人们一下子就处于一种近乎狂热的寻欢作乐之中。"巴黎到处是舞会,到处是剧院,到处是聚餐,到处是高声笑语。整个城市忘记了它的痛苦,不再有忧伤。"[2] 大街小巷到处张贴着各类舞会的广告,每个阶层的人都有自己的舞会,"这是一种狂热,一种普遍的爱好"[3]。人们在大街上举行假面舞会,赫卡米夫人等显贵都参与其中,流连忘返。[4] 据说当时整个巴黎有1800多个舞会,23家剧场。[5] 与此同时,时尚行业也在短时间内迅速回归:知名的时尚商人到处受人追捧;[6] 1797—1799年期间,巴黎重新出现了6家专注于时尚服饰的杂志。[7] 像《仕女与时尚报》这种办得极为成功的杂志为了满足读者的需求,还常常出合订本或者是将往期的插图合集出版。[8] 罗亚尔广场重新成为时髦男女聚会的场所,大大小小的咖啡馆里也重新挤满了喧闹的人群。英国旅行家斯文博(Henry Swinburne)如此描述他所见到的巴黎:"在两个月中,人们的衣着和行为方式发生了多大的变化啊!压在那些俊男美女们心头的恐惧一旦缓解,奢侈便以一种不可思议的方式席卷而来。豪华的马车随处可见,后面跟着的仆从令人震撼。"[9]

所有这一切,宣告着巴黎人对愉悦生活的追求卷土重来,人们沉浸在一种彻底

[1] Darcy Grimaldo Grigs, "Nudity à la grecque in 1799," *The Art Bulletin*, Vol. 80, No. 2 (Jun., 1998), pp. 311-335.
[2] Octave Uzanne, *Les Modes de Paris. Variations du goût et de l'esthétique de la femme*, p. 88.
[3] Sébastien Mercier, *Paris pendant la Révolution* (1789—1798) *ou le Nouveau Paris*, Vol. 1, Paris: Poulet-Malassis, 1862, p. 380.
[4] Constance de Constant Rebecque de Cazenove d'Arlens, *Deux mois à Paris et à Lyon sous le consulat: Journal de Mme de Cazenove d'Arlens (février-avril* 1803), p. 48.
[5] Sébastien Mercier, Paris pendant la Révolution (1789—1798) ou le Nouveau Paris, Vol. 1, p. 319.
[6] Paul Lacroix, Directoire, *Consulat et Empire moeurs et usages, lettres, sciences et arts France*, 1795—1815, p. 102.
[7] Margaret Waller, "Disembodiment as a Masquerade: Fashion Journalists and Other "Realist" Observers in Directory Paris," *L'Esprit Créateur*, Volume 37, Number 1, Spring 1997, pp. 44-54.
[8] 参见《仕女与时尚报》上经常出现的此类通知。
[9] Henry Swinburne, *La France et Paris sous le directoire*, *lettres d'une voyageuse anglaise*, Paris: Firmin-Didot, 1888, p. 273.

释放的氛围之中。这种近乎癫狂的放纵中,还暗含着人们对于能早日抹去恐怖记忆的愿望。[1] 正如尤瑟纳所说,督政府时期的法国社会,充斥着无意识的狂欢意味。依照拉维的观点,像公共场合的舞会这样的现象,它不仅仅是人们劫后余生的狂喜心情的体现与释放,同时,这样的场所也是时尚得以重生的舞台。[2] 女性在舞会、饭馆、咖啡店以及各大公园的草坪上可以尽情展示她们最新式的服装和最时髦的发型。而此时大规模兴起的时尚杂志更是为时尚文化提供了观察者、报道者、大批的读者以及刊登广告的媒介。[3]

革命时期加诸在外表或者服饰上的一切禁忌在一夜之间消失不见了。"舞会上女人们打扮成仙女、苏丹王妃、野人,时而是智慧女神密涅瓦或者朱诺女神,时而又是月亮女神狄安娜或者感恩女神欧卡里斯。所有的女人都穿着白色,白色映衬着她们中的每一个。"[4] 在著名的"被害人舞会"(bals à la victime)上,为了纪念那些在革命期间被处死的亲朋好友,人们会把头发剃得特别短,这是因为在上断头台之前,死囚都会被剪短头发。参加舞会的人甚至在脖子上系上红丝带,假装是被铡刀切过的印痕。斯文博在他的信中这样写道:"多怪异的服装啊!脚上穿着羊毛半靴,脖子上系着红色领带,这就是人们现在去舞会的装束。"[5] 这样的舞会造型很难说是出于美学的考虑,不如看成是一种长期压抑的紧张情绪的扭曲释放,中间还混杂着对未来的茫然,最终以怪诞甚至诡异的趣味表现出来。在这样一个浮躁的社会中,时尚的多变浮夸恰好迎合了人们难以安定的内心。《仕女与时尚》杂志上的一篇散文对此作了清晰的表述:不论时尚以多么可笑夸张的形式存在,追逐它的男女总是心甘情愿被它俘虏。在他们看来,仅仅是"时尚"这个词,就已经解答了一切,给予任何事物以合法性,也美化了一切。时尚以它的无常取悦着人们,以它的随心所欲诱惑着人们。[6]

---

[1] Louise Fusil, *Souvenirs d'une actrice*, Tome 2, Paris: Dumont, 1841, p. 115.

[2] James Laver, *Taste and Fashion*, p. 20.

[3] Margaret Waller, "Disembodiment as a Masquerade: Fashion Journalists and Other 'Realist' Observers in Directory Paris," *L'Esprit Créateur*, Volume 37, Number 1, Spring 1997, pp. 44-54. 关于这个时期,时尚杂志的研究,详见德国学者 Kleinert, Annemarie 的研究: *Journal des Dames et des Modes ou la Conquète de l'Europe Fèminine* (1797—1839), Stuttgart: Thorbecke, 2001。

[4] Sébastien Mercier, *Paris pendant la Révolution* (1789—1798) *ou le Nouveau Paris*, Vol. 1, p. 384.

[5] Henry Swinburne, *La France et Paris sous le directoire*, *lettres d'une voyageuse anglaise*, p. 273.

[6] *Journal des dames et des modes*, 1801, p. 19.

"绝美女人"与"金色青年"

当涉及热月时期的"绝美女人",历史学家们往往还会提到与她们相对应的另一个群体,那就是所谓的"金色青年"(jeunesse dorée)。这些男青年大多来自较富裕的资产阶级家庭,他们或是商人、律师,或是公职人员或店员,还有一些年轻贵族。[1]也许社会背景各有不同,但是有一个特征是相通的,那就是他们都对革命抱有极强的仇视心理。在费雷龙、塔里安等热月党人的带领下,"金色青年"是革命之后"第一次白色恐怖"的主干力量。[2]甚至在恐怖统治时期,当时被称为"纨绔子弟"的这帮年轻人,已经开始用服饰来表明他们与无套裤汉的势不两立。他们特意穿着考究异常的外套,外加紧身套裤,夸张的尖头鞋与无套裤汉的木屐形成鲜明对比。罗伯斯庇尔倒台之后,这批年轻人被政府中的反动势力利用,成为打击雅各宾俱乐部的有力武器。此时,他们的衣着更向着夸张颓废发展:手里拿着镶着铅头的手杖,随时用以袭击路上遇到的貌似雅各宾派的人,这样的手杖被他们称为"执行的权利"。他们的发辫梳成狗耳朵的样式,巨大的黑色或绿色的领结几乎遮住整个下巴,他们也因此被称为"黑领人"。[3]

虽然在史书上,"绝美女人"总是与这些"金色青年"[4]相提并论,但实际上,两者之间存在着非常大的差异。首先,"金色青年"是有着明确政治观念的群体,即他们都反对革命;但对于"绝美女人"来说,她们之中虽然有一部分是明确反对罗伯斯庇尔的,如斯达尔夫人和塔里安夫人,但她们中的大部分人却没有明确的政治态度。其次,"金色青年"有真正的政治行为,他们在清除雅各宾派势力的斗争中起到了相

---

[1] 关于金色青年的社会组成,可以参考:François Gendron, *La Jeunesse d'orée*, Québec: Les Presses de l'Université du Québec, 1979, pp. 356-406.

[2] Michel Vovelle, *La Révolution Française*, *Images Et Récit* 1789—1799, tome 5, p. 116.

[3] Jules Etienne Joseph Quicherat, *Histoire du costume en France depuis les temps les plus reculés jusqu'à la fin du XVIIIᵉ siècle*, p. 634.

[4] 法国大革命期间以及革命后期出现的"金色青年"在不同的年份有不同的称谓。1794 年时他们被称为"纨绔子弟",将他们称为"金色青年",是由于他们中有个名叫 Fréron 的经常以领导人物自居,人们就把他们称为"Fréron 的金色青年"。在"金色青年"之后,另一群年轻人在说话时故意不发"r"这个音,因此说起"不可思议"(Incroayable)这个词的时候十分怪异,于是人们就称呼他们为"不可思议的"。对于后者来说,他们实际上并没有非常强烈的政治意图,他们更多的是在服饰上创造了一股怪诞颓废的风格。这股风格正是契合了革命退潮时期,年轻人迷茫沉沉的精神状态。见:Katell Le Bourhis, *The Age of Napoléon*: *Costume from Revolution to Empire*, 1789—1815, p. 59.

图 52 "金色青年"的装束

图中青年人怪异的装扮:"狗耳朵"似的帽檐、巨大的领结、夸张的大翻领、乱糟糟的头发以及手杖,便是"金色青年"们的典型装束。(图片来源:Claudette Joannis, *Joséphine impératrice de la mode*, Paris: RMN, 2007)

当重要的作用,从这一角度来看,"金色青年"可以说是一股政治力量;[1]相比较,"绝美女人"不过是一些社交名媛,大多与政治无涉,即便是那些可能利用人脉,有所图谋的女性,对整个政局并无多大影响。但是,从她们放浪形骸的生活方式来看,这也

---

[1] 关于"金色青年"的详细研究,可参见 François Gendron, *La Jeunesse d'orée*, Les Presses de l'Université du Québec, 1979 以及高毅:《在革命与反动之间——法国革命热月时期金色青年运动刍论》,载《中国社会科学季刊》(香港)1994 年秋季卷。

未尝不是对雅各宾统治时期的革命文化的挑战与反动。

虽然存在着上述明显的不同之处,但是就服饰层面而言,两者之间却是异曲同工,那就是表现出一种打破常规的极端性。"金色青年"以颓废怪异甚至荒唐可笑来引人注意,以示与众不同;"绝美女人"则以挑战现有道德底线的方式,以那个时代最裸露的方式来表达放荡与自由。她们最离经叛道的表现就是身穿几乎透明的衣裙出现在公众场合。如"绝美女人"中以优美舞姿而闻名的阿梅兰和她的同伴仅穿一件薄纱裙便去香榭丽大街散步,结果在人们的哄笑声中不得不逃回马车。[1] 此外,将一头长发剪得很短的女性在当时也比比皆是,她们的短发几乎贴着头皮,那样的发型被称为"提图斯"(Titus)。《仕女和时尚报》的编辑说,在一千个女性中几乎只有十个还留着长发。[2] 这或许有夸大的成分,但是,可以想见当时确实有不少女性以那样的发型示人。关于短发,阿布昂黛夫人在她的《巴黎沙龙史》中给出了令人比较信服的解释。[3] 她说,修剪成这样的短发,其来源实际上是当时有一批女性在恐怖时期被投进了监狱。不少人认为自己必死无疑,所以自己将头发剪下,留赠给亲人;或者是不愿意在上断头台之前让别人来剪自己的头发,宁愿自己动手,所以很多女性干脆将长发剪短,塔里安夫人也是其中的一位。当她们出狱的时候,她们的短发形象居然被人追捧。这一方面可能确实是因为塔里安夫人非常美丽,她的一头短发给人新奇的美感。但更重要的原因,可能还在于人们对于革命的逆反心理,把革命时期留下的"伤痕"看成是美丽的标志,以此来表达对革命的仇视。

"绝美女人"也模仿古希腊古罗马时期其他人物的发型,比如"阿格里皮娜发型"(coiffure à l'Agrippine)、"费德尔发型"(à la Phèdre)、"阿斯帕齐娅发型"(à l'Aspasie)等。理发店里装饰着古希腊女神和罗马王后们的半身像,[4]发明和制作这类发型的理发师中如贝尔堂(Bertrand)等人亦随之出名。除此以外,金色的假发也是当时极为流行的装饰物。有人还特意撰文详细描述各种各样的假发,有孩童一样的金色假发,也有亚麻色的淡金黄假发,还有榛子色金黄,不一而足。塔里安夫人拥有三十多个不同的金色假发,有时候一天当中就要更换三次,[5]每个售价大约需

---

[1] Jules Etienne Joseph Quicherat, *Histoire du costume en France depuis les temps les plus reculés jusqu'à la fin du XVIIIᵉ siècle*, p. 640.

[2] *Journal des Dames et du Goût*, 1798, p. 92.

[3] Laure Junot Abrantès, *Histoire des Salons de Paris*, Vol. 3, Paris: Ladvocat, 1838, p. 95.

[4] Jules Etienne Joseph Quicherat, *Histoire du costume en France depuis les temps les plus reculés jusqu'à la fin du XVIIIᵉ siècle*, p. 643.

[5] Jules Etienne Joseph Quicherat, *Histoire du costume en France depuis les temps les plus reculés jusqu'à la fin du XVIIIᵉ siècle*, p. 644.

要十个金路易。[1]那些不敢或不愿剪短头发的女性为了追逐时髦就会将头发全都罩在金色或珊瑚色的帽冠里,这种帽子被叫作"头巾式女帽"[2],斯达尔夫人就常常戴着这样的帽子。

热月之后的社会风气与时尚

法国历史学家乔治·勒费弗尔这样描述热月政变之后的法国社会:"沙龙又重新开张。节日庆典在平等宫举行。卡瓦鲁斯如今已是塔里安夫人、'热月圣母'和全巴黎的风流人物。金融家和投机家重新登上被政客们占去的宝座。平原派的共和分子自觉自愿地接受上流社会的感染。他们对道德说教早已听厌,自然愿意开戒取乐。"[3]事实上,绝大多数法国人认为旧制度已经一去不复返,他们对政治生活和社会对抗再也不关心,年轻人则贪图享乐。[4]除了像塔里安夫人那样的上流贵妇之外,普通家庭的年轻女性也追求着"绝美女人"式的时尚。从这股风尚中可以感受到那个时代混乱迷茫的氛围。除此以外,在革命之前已经开始萌发的新的审美趣味也重新焕发活力。在时尚领域里,后一点也是不容忽视的推动力。而在这样的社会风气与时尚氛围中,个体意识也在进一步加强,人们更注重自身的感受,更向往自我的表达。这样的心态延续了18世纪中叶已经开始萌发的对个人情感体验的注重。

当时一首名为《时尚或无拘无束》的歌谣是这样讽刺夸张的时尚和人们放纵的心态:

> 感谢时尚,
> 人们再也不要头发;
> 啊,逍遥自在,
> 这样多好。
> 感谢时尚,
> 人们就这样随随便便;
> 啊,逍遥自在,

[1] Jules Etienne Joseph Quicherat, *Directoire, Consulat et Empire moeurs et usages, lettres, sciences et arts France*, 1795—1815, p. 72.
[2] Jules Etienne Joseph Quicherat, *Histoire du costume en France depuis les temps les plus reculés jusqu'à la fin du XVIIIe siècle*, p. 638.
[3] [法]乔治·勒费弗尔:《法国革命史》,顾良等译,北京:商务印书馆2012年版,第443页。
[4] [法]乔治·勒费弗尔:《法国革命史》,第627页。

连衬裙都可以丢弃。

感谢时尚，

人们再也不用围巾；

啊，逍遥自在，

一切都在堕落。

感谢时尚，

一件衬衣便已足够。

啊！逍遥自在，

这就是益处。

感谢时尚，

人们只穿一件衣服；

啊！逍遥自在，

什么都变得透明。

感谢时尚，

人们现在什么都不用隐藏。[1]

也有观察者这样描述督政府时期的女性：

她们从未如此精细地把自己变白，肥皂与面包一样必不可少。……轻云般的面纱半遮面孔。就像迷人的空气中的精灵从早到晚在街上处处留下白色的影子……

20 年前，没有父亲的允许，母亲的陪伴，女孩子是不能随便出门的。她们的眼睛总是肃穆地低垂着，唯一能看的男子就是她们被允许选作丈夫的人。然而，大革命改变了这种隶属关系。她们可以无拘无束自由地乱跑、玩耍，与她们的追求者交谈。不再织补烹饪，她们只会被那个长着翅膀拿着弓箭的小神刺中。青少年很早就谈恋爱，她们被称为垮掉的一代。[2]

詹姆斯·波特提出，从 18 世纪末开始的这股复古潮流将"关于身体的全新话语与古典的身体相并列；在柔软、纤细的纱幔中，女性能体会到理想化的、仪式性的民

---

[1] Jules Claretie, *Les muscadins*, Paris: E. Dentu, 1876, p. 236；也可参见：Judith Bennahum, *The Lure of Perfection: Fashion and Ballet*, 1780—1830, New. York: Routledge, 2005, p. 93.

[2] Octave Uzanne, *Les Modes de Paris. Variations du goût et de l'esthétique de la femme*, pp. 66-67.

主与平等,以及其他通过服饰可以表现的价值"[1]。从上文所述来看,他的观点可能有阐释过度之嫌,因为目前尚没有证据明确地将"绝美女人"潮流与民主、平等政治理念相联系;相反,正如《纨绔子弟》中明确提到的那样,这种奢侈与美貌的极度铺张绝不是德行所支配的,仅仅是因为恐怖刚刚过去。人们曾经以为自己会上断头台,却发现自己好好地活了下来。也不要因为人们穿着希腊的长裙,梳着希腊的发型就以此判断人们向往共和国,这只是某种制度的假面舞会。这种制度也有它的伟大之处,那就是它想让人们更自由。[2]那时的法国在外国人的眼里,就是"放荡的乐园,充斥着无所事事和挥霍无度。在那里,奢侈被置于神龛,人们带着前所未有的虚荣追逐着轻浮的感官乐趣;女性衣衫不整地在公共场合漫步,毫无羞耻"。而女性穿着那样的服装,在时人看来,显然就是一个社会道德标准堕落的标志。[3]

不难看出,督政府时期流于宽松的社会风气是"绝美女人"以及她们放浪形骸的生活的温床。梅西耶说,女人们酷爱在林荫大道上散步,就因为那里弥漫着自由与放任的氛围。[4]不过,这种风尚在拿破仑当上了第一执政之后,便受到了约束。拿破仑毫不迟疑地下令,要求所有在杜勒伊宫散步的女性不得穿着不体面的服装。[5]1799年冬天,塔里安夫人和她的两个朋友装扮成狩猎女神出现在歌剧院的看台上。她们穿着短短的束腰裙,露着小腿,脚上是紫色细皮带编制的拖鞋,脚趾头上还戴着首饰。不曾想,就在第二天,塔里安夫人就收到约瑟芬代表第一执政的来信,警告她这种过分的举动是不会得到宽容的,"传奇的时代终结了,统治的历史如今已经开始"[6]。

虽然,大革命期间斯巴达式的革命禁欲风气一度中止了从18世纪中期就开始的追求自然的趋势,但是,一旦革命的高潮退却,年轻的一代创造着自己的时尚来体现新的自我意识,对自然线条以及舒适性的追求愈加被看重。[7]

出现这种现象,一方面,自18世纪50年代开始,人们逐渐厌倦了洛可可风格的过度精巧与柔美,加之庞贝古城被发掘等缘由,新古典主义的崇古之风大行其道。

---

[1] James I. Porter, *Constructions of the Classical Body*, Ann Arbor: University of Michigan Press, 2002, p. 13.

[2] Jules Claretie, *Les muscadins*, p. 202.

[3] Aileen Ribeiro, *Dress and Morality*, p. 121.

[4] Sébastien Mercier, *Paris pendant la Révolution* (1789—1798) *ou le Nouveau Paris*, Vol. 2, Paris: Poulet-Malassis, 1862, p. 193.

[5] *Mémoiree d'une femme de qualité sur le Consulat et L'Empire*, p. 105.

[6] Katell Le Bourhis, *The Age of Napoléon: Costume from Revolution to Empire*, 1789—1815, p. 71.

[7] Katell Le Bourhis, *The Age of Napoléon: Costume from Revolution to Empire*, 1789—1815, p. 69.

模仿古城壁画上的古希腊装束成为一时风气。更深层的原因在于崇尚理性的思潮
在古典主义的复兴中找到契合点。美国艺术史家哈兰德这样评价当时时尚中的新
古典主义,她说:"新古典主义赞美简洁抽象,认为这是理性在其最高形式中的形象;
它并不等待洛可可趣味的缓慢退潮,而是截然地用古典的装饰取代了那种重复扭
曲。古典言辞旨在重修并且复活其简洁源泉。"[1]我们可以看到,在当时,古希腊式
样的长裙主要流行在上流阶层,体现的是穿着者对于雅典民主、古代德行以及古典
英雄的崇拜。[2]大革命时期,著名的演员们也都时兴古典式装束。因为当时的剧目
大都以古希腊罗马的英雄故事为题材。[3]督政府时期,这股崇古潮流兴盛不衰。这
与革命时期以大卫为代表的艺术家们一直把古典艺术与古典共和国的理念挂钩有
关。大卫不仅创作了大量以古希腊罗马为主题的画作,而且在1795年,在他为五百
人议会的代表设计的制服中,也沿袭了许多古罗马服装的要素。[4]因此,基舍拉认
为是大卫把对古希腊罗马的热爱推广开来。[5]到了执政府与第一帝国时期,虽然在
关于艺术与美的讨论中,有关宗教的或者是神秘主义的话语开始增多,但艺术界对
于古典范式依然心存敬意。[6]

　　前文已提及,"绝美女人"的装束中最核心的部分——白色长裙虽然在款式上与
革命之前及革命时期流行的白裙子有较大差异,但是,两者的核心内涵——简洁和
舒适,是前后呼应的。这是因为这类白裙子的原型实则是大革命之前就开始流行的
"王后衬裙"(robe à la reine)。前文已经谈及,玛丽·安托瓦内特在非公开的场合总
喜欢穿着白色长裙,腰系彩色缎带,显得简洁自然又很舒适。旧制度的最后岁月里,
上流社会的许多女性都喜欢穿着类似的白裙。当时留存下来的许多画作里,这些优
雅的女性都身穿白裙,神情舒展从容。大卫于1778年为拉瓦锡及夫人创作的著名油
画中,拉瓦锡夫人的衣着就是很好的证明。在勒布菡夫人的回忆录里有个小小细节
也颇能说明督政府时期的长裙与旧制度晚期的白裙子有着某种相似之处。当勒布
菡夫人刚回巴黎,发愁没有合适的精美服装去参加上流社会的社交活动时,她发现

〔1〕 Anne Hollander, "The Modernization of Fashion," *Design Quarterly*, No. 154 (Winter, 1992), pp. 27-33.
〔2〕 Katell Le Bourhis, *The Age of Napoléon: Costume from Revolution to Empire*, 1789—1815, p. 73.
〔3〕 Louise Fusil, *Souvenirs d'une actrice*, Vol. 2, p. 114.
〔4〕 Aileen Ribeiro, *Fashion in the French Revolution*, p. 105.
〔5〕 Jules Etienne Joseph Quicherat, *Histoire du costume en France depuis les temps les plus reculés jusqu'à la fin du XVIIIᵉ siècle*, p. 640.
〔6〕 Annie Becq, "Esthétique et politique sous le Consulat et l'Empire: la notion de beau idéal〉, *Romantisme*, 1986, n°51. pp. 23-38.

当年杜白丽夫人赠予的一条白色平纹细部绣花裙只要让巴黎最好的裁缝改一下,就可以变成时下时髦的款式。[1]

热月政变之后,虽然整个法国社会尚处于废墟与混乱之中,但是,不同阶层的女性都不约而同地重新拾起对白色长裙的热爱。[2]女性服装在这个年代几乎完全放弃了旧制度末年法式裙装的华丽繁复,以自然简洁为美,最正式的装饰也显得十分简单。与此相适应,人们也"不再用胭脂,不再给头发扑粉……不再穿紧身衣和裙撑,而是用很多的鲜花(作装饰)"[3]。在塔里安夫人等名媛们的带领下,女装的简洁轻盈发挥到了登峰造极的地步:裙子的面料变得更轻薄,据说整条裙子叠起来,不过是小小一团。[4]一整套女式服装,包括鞋子在内,有时不到一公斤的重量;[5]从众多肖像画中可以看到,身着督政府时期的白裙的女性,裸露的面积扩大到小腿、胳膊甚至胸前;最极端的情况下,裙子本

图 53　拉瓦锡和他的妻子

该画由大卫创作于 1788 年。(图片来源:互联网)

身几乎是半透明的。当然,普通女性穿着时,不会夸张到漫画表现得那种程度。虽然这其中难免有放纵的意味,但是,对身体自然线条的接受与认可也是这个时期无可争辩的事实。因为不仅面料和款式与旧制度时期的正式服装有了很大的区别,更重要的是,"绝美女人"式的高腰裙彻底放弃了长久以来一直沿用的女式紧身内衣。这种内衣紧紧束缚女性的身体,以求塑造出纤细苗条的外观。女性在年纪很小的时候就要穿上这样的紧身衣来塑造体形。此外,督政府时期的高腰裙也弃绝了巨大裙

〔1〕　Laure Junot Abrantès, *Mémoires de Madame la duchesse d'Abrantès*, Vol. 2, p. 106.

〔2〕　Claudette Joannis, *Josephine impératrice de la Mode*, p. 12.

〔3〕　August von Kotzebue, *Souvenirs de Paris*, en 1804, p. 279.

〔4〕　Betty-Bright P. Low, "Of Muslins and Merveilleuses: Excerpts from the Letters of Josephine du Pont and Margaret Manigault," *Winterthur Portfolio*, Vol. 9 (1974), pp. 29-75.

〔5〕　Paul Lacroix, Directoire, *Consulat et Empire moeurs et usages*, *lettres*, *sciences et arts France*, 1795—1815, p. 50.

图 54 1807 年冬天的巴黎女性

该图为 1807 年和 1810 年的彩色木版画,作者是当时非常有名的木版画画家梅桑吉尔(Pierre Mesangère)。图中的女性分别身穿羊绒和丝绒的大衣。(图片来源:Claudette Joannis, *Joséphine impératrice de la mode*, Paris:RMN, 2007)

撑的使用。这种裙撑多用鲸鱼骨制成,穿着时单独用带子固定在腰间,外面再罩上衬裙,然后再穿上正式的外裙。这样的裙撑加上上半身的紧身内衣,便将女性的身体人为地勒出上小下大的完美比例以及不盈一握的腰身。18 世纪中期,矫揉造作的洛可可风格大为兴盛之时,宫廷中贵妇们的裙撑直径几乎超过一米。这种完全背离了自然之美的"法式裙"一直存在到大革命爆发,在贵族们纷纷出逃之后,便再也看不到它的身影。

回头再看"绝美女人"的高腰裙,从形式上来说,它实际上是糅合了革命前的"王后衬裙"及古希腊长裙这两种款式。材质上,底裙采用细软平纹布外罩薄纱,这是沿袭前者;款式上的无袖或短袖及高腰,则是模仿后者。另外,当时的高腰式样不仅被运用在连衣裙上,即便是较为厚重的其他女装,甚至大衣,也纷纷借用高腰的款式。不难理解这样的款式大受欢迎是因为它对女性身材的要求较为宽松,即便是略微臃肿的体态,也可以穿着。所以当时有些刻薄的评论者不无讽刺地说,现在无论高矮胖瘦、美丽或丑陋的女子,都穿上了最时髦的服装,还个个以为自己魅力无

穷。[1] 但这也可以从侧面看出,这种款式的服装对身体的束缚比较小。

虽然巴黎女性无比热爱这种轻盈飘逸的长裙,但当时人们对"绝美女人"的装束却颇多微词。例如,梅西耶就认为法国女性并不适合在公共场合穿着这种敞开的透明裙子,因为这把含蓄优雅的美丽破坏殆尽。[2] 他还说:"我不知道是否有人在别的时代别的国家见过这样的情景,那就是在最寒冷的冬天,没有穿袜子,光着脚,只穿着薄

---

[1] Claudette Joannis, *Josephine impératrice de la Mode*, p. 13.
[2] Sébastien Mercier, *Paris pendant la Révolution* (1789—1798) *ou le Nouveau Paris*, Vol. 2, p. 187.

薄的缎带制成的露趾拖鞋，就为了让人们看见她套着指环的脚趾。”[1]在巴黎这个满是泥巴和尘土的城市穿着原本应该出现在晴朗温和天空下的白裙子，无疑是荒唐可笑的。[2]当时在巴黎的德国旅行者科策布（August von Kotzebue）也赞同梅西耶的观点，觉得这样的风潮真是既放荡又可笑，如果依照这样的趋势发展下去，以后的女孩子什么都不用穿了，围一片树叶子就足够了。[3] 事实上，对于担忧革命后社会风气的梅西耶来说，更重要的原因在于他觉得模仿一个因奢侈而出名的历史古城的服饰并不妥当。[4] 此外，确实有很多女性在寒冷的季节依然穿着薄薄的细布裙，[5]这对她们的健康造成了严重的危害。当时有医生撰文指出，这类服饰其实并不适合巴黎寒冷的天气，很多年轻女子就因为在严冬仍穿着单薄的衣裙而得病去世。[6]

图55　1800年简洁的白色高腰裙

该裙现藏于大都会博物馆（图片来源：Katell Le Bourhis, *The Age of Napoléon: Costume from Revolution to Empire*, 1789—1815, Metropolitan Museum of Art, 2013）

但是我们看到，这种线条流畅简洁的白裙，没有过多装饰，再配上短短的卷发，相较于大革命之前那些凸显雍容华贵的巨大裙撑、层层叠叠的天鹅绒，高耸的夸张假发，“绝美女人”这股潮流中体现的更多的是对女性自然美的肯定，对个体舒适性的认同。而且，这种款式的衣裙在很大程度上确实更有利于女性身体的舒展与活动。从这个意义上，“绝美女人”风潮无疑可以看成是服装史上女性身体的一次解放。[7]

〔1〕　Sébastien Mercier, *Paris pendant la Révolution* (1789—1798) *ou le Nouveau Paris*, Vol. 1, p. 390.

〔2〕　Sébastien Mercier, *Paris pendant la Révolution* (1789—1798) *ou le Nouveau Paris*, Vol. 2, p. 292.

〔3〕　August von Kotzebue, *Souvenirs de Paris*, en 1804, Paris: Barba, p. 279.

〔4〕　Sébastien Mercier, *Paris pendant la Révolution* (1789—1798) *ou le Nouveau Paris*, Vol. 2, p. 187.

〔5〕　August von Kotzebue, *Souvenirs de Paris*, en 1804, p. 274.

〔6〕　Paul Lacroix, *Directoire, Consulat et Empire moeurs et usages, lettres, sciences et arts France*, 1795—1815, pp. 34-35.

〔7〕　Judith Bennahum, *The Lure of Perfection: Fashion and Ballet*, 1780—1830, New York: Routledge, 2005, p. 98.

失序社会在外表上的重组

最后,应当看到,1795 年的法国,就是一个临时拼凑的社会:旧的贵族作为一个等级已然消失,但作为一个个小群体,他们依旧活跃在巴黎的社交圈;而在革命中崛起的新贵们已经迫不及待地展示着他们的权力和财富。于是,各种品味与元素混杂在一起。社会的各个群体之间又总是在相互嘲笑与贬斥,多元对抗的社会阻碍着建立一个强大的国家。[1] 一个新的社会阶层在形成的过程中,用以彰显自身的手段依旧是旧制度下贵族等级的那一整套方式:奢华的舞会、铺张的宴请以及别具一格的装束。[2] 同时,这个社会也在迅速地分化。金字塔顶端的群体急于将紧随其后的群体远远摆脱,而后者却亦步亦趋地模仿前者,至少力图在表面上显得与前者差别不大。

大革命高潮结束之后的巴黎社会,最显著的特征就是一批新贵的出现。金钱、权力、职位全都易手给了新的群体。人们在一夜之间暴富,也可能在短时间内迅速败落。新富群体的主要成员除了革命期间发家致富的军火供应商、投机分子、银行家等,也有不少戎马出身的将军。勒布菡夫人在回忆录里提到,巴黎的沙龙已经是一个全新的世界,她很少看到熟悉的旧面孔,多了不少军官将军。[3] 在革命之前,他们很多都是籍籍无名的小人物,因此即便住进了豪宅,穿上了华服,他们的言谈举止却仍然掩饰不了他们之前的身份地位。就像当时一位作者说的:"在乱世出英豪的年代,我们的将军们用他们的剑换得了头衔,他们的荣耀使人们忘却了他们的不学无术。"[4] 他们中的很多人甚至需要专门聘请家庭教师教授语法课。梅西耶就以嘲笑的口吻说:"对他们(新的百万富翁)来说,头等大事就是和那些当红交际花一起坐在盖拉(Pierre-Jean Garat)的音乐会上,或者是观看里比耶(Louis-Francois Ribié)[5]的戏剧,虽然他们对音乐一无所知。"[6]

---

[1] Katell Le Bourhis, *The Age of Napoléon : Costume from Revolution to Empire*, 1789—1815, p. 69.

[2] Sébastien Mercier, *Paris pendant la Révolution* (1789—1798) *ou le Nouveau Paris*, Vol. 2, p. 430.

[3] Laure Junot Abrantès, *Mémoires de Madame la duchesse d'Abrantès*, Vol. 2, p. 107.

[4] Louise Fusil, *Souvenirs d'une actrice*, Vol. 2, p. 115.

[5] 盖拉(Pierre-Jean Garat,1762—1823)是法国大革命时代著名的音乐家和歌唱家。18 世纪 80 年代,他的保护人是王后安托瓦内特,因此,在 1789 年之后,他曾因保王立场而短暂入狱,此后便流亡国外,直到督政府时期才回到法国。盖拉是拿破仑非常喜爱的歌唱家,红极一时。里比耶(Louis-Francois Ribie,1758—1830)是盖拉同时代的戏剧表演家,里比耶曾经参加过攻占巴士底狱的行动,故被称为"巴士底狱的英雄之一"。18 世纪 90 年代后期他成为巴黎主办戏剧的主要人物之一。

[6] Sébastien Mercier, *Paris pendant la Révolution* (1789—1798) *ou le Nouveau Paris*, Vol. 1, p. 406.

而他们的妻女,虽然此时穿金戴银,身上的衣着是最时兴的样式,但是她们所受过的教育却少得可怜,甚至还不如旧制度末年时尚商店的女售货员以及大家族里的女佣人。[1] 她们的典型形象便是督政府和执政府时期著名的戏剧人物——安郭夫人(Madame Angot)[2]。在各类以她为主角的戏剧中,安郭夫人是一位既没有受过良好教育也不懂得礼仪规范,更谈不上有任何素养的女士。她也许只是巴黎市场里的女商贩,但是不知何故发了财,很有可能是靠革命时期贩卖肥皂起家的。在她眼里,金钱是最重要的。生活上,安郭夫人希望表现得像一位高贵的夫人,可是她的品味却糟糕透顶。通常,安郭夫人喜欢穿一条宽大袖子的红裙子,配着白色的大围巾,戴着一顶绿丝带的帽子以及黄色的手套,身上挂满各种金色的首饰……[3] 在留存下来的画作中,"绝美女人"们用带着优越感的目光嘲笑着安郭夫人的粗

图 56 "热月"之后的巴黎舞会
(图 片 来 源:Claudette Joannis, *Joséphine impératrice de la mode*, Paris:RMN, 2007)

鄙,仿佛这样就可以使她们自己显得高贵优雅。殊不知,在旧贵族眼里,她们也依然只是空有美丽容颜的庸俗女人。例如,当时在巴黎的荷兰驻法外交官的妻子达朗夫人提到著名的"绝美女人"塔里安夫人时说:"她对奢侈和外表的追求仿佛没有止境……[4] 她很高也很美,穿得非常好。但是她的秘密明明白白地写在脸上:愚蠢和虚荣。"[5] 因为,虽然金钱和权势可以迅速地装点起外在的一切,但内在的修养和素

[1] Anne Forray-Carlier, *Au temps de Merveilleuses*, p. 64.

[2] Charles Simond, *La vie parisienne à travers le XIXe siècle Paris de 1800 à 1900 d'après les estampes et les mémoires du temps*. Vol. 1, Paris:E. Plon, Nourrit et Cie, 1900—1901, pp. 8-11,为了突出这个人物的粗鄙可笑,安郭夫人的角色一般都由男性饰演。

[3] Ève, Antoine-François, *Madame Angot,ou La poissarde parvenue*, Paris:Barba, libraire, 1796.

[4] Constance de Constant Rebecque de Cazenove d'Arlens, *Deux mois à Paris et à Lyon sous le consulat:Journal de Mme de Cazenove d'Arlens(février-avril* 1803), Paris:A. Picard, 1903, p. 2.

[5] Constance de Constant Rebecque de Cazenove d'Arlens, *Deux mois à Paris et à Lyon sous le consulat:Journal de Mme de Cazenove d'Arlens(février-avril* 1803), p. 22.

质却是无论如何难以在短时间内养成的。这就是为何达朗夫人在她著名的日记《在巴黎与里昂的两个月》里多次提到大革命后的巴黎社交界充斥着无聊的宴会，乏味的谈话。[1] 人们只能寒暄天气，或者互相在背地里嘲笑别人的衣着和舞姿。[2] "轻浮而无聊的谈话让人很清楚地看清了这些'绝美女人'的脑袋里装着些什么。"[3]

很多时候，在赫卡米夫人那用鲜花点缀得美轮美奂的沙龙里，[4]顶着各种头衔的夫人们热衷于赌博游戏，整夜整夜地流连在赌桌边，有些是为了赢得钱财，有些则是为了寻求刺激。沙龙里的另一些人则欣赏着歌舞表演，有时自己也加入舞蹈的行列："美丽清纯的面庞映衬着大人物或者是银行家们苍白的皱皮核桃似的面容。"勒布菡夫人注意到，此时，在沙龙里跳舞已经成为一种时髦。[5] 相反，当时仅有的一些还保留着启蒙时期传统的注重思想和精神交流的沙龙，不论是数量上还是知名程度，都不如前一类。[6] 由此可见，巴黎的沙龙看似在1794年的冬天恢复了它们的活力。然而，与革命前的"文人共和国"式的沙龙完全不同，即便在某些沙龙里，人们还会讨论政治话题，但是它几乎已经失去了针砭时事、交流思想的功能，退化成为上流社会消磨时间的娱乐场所或者是那些急于向上攀附的文人墨客向统治者献媚的场所。[7]

相反，那些真正的旧贵族们，却故意在出行时乘坐最简陋的马车，对自己的外表也毫不修饰，仿佛在用这种方式表达对新贵们的轻视与不屑。[8] 达朗夫人说，在巴黎的"旧世界"（l'ancien monde）里，好的品味依然没有消失，旧贵族会穿着黑色的外套参加重要的事务，或者身着正式的礼服出席他们自己圈子里的社交活动。

总之，在革命之后的巴黎，革命之前就已经开始缓慢发生的外表混淆的现象愈演愈烈，旧的上流社会消失，新的掌权阶层的崛起，社会的流动性达到史无前例的水平。就像女演员路易丝·菲西所说，巴黎社会变化之大令人觉得在几十年间仿佛一

〔1〕 Constance de Constant Rebecque de Cazenove d'Arlens, *Deux mois à Paris et à Lyon sous le consulat: Journal de Mme de Cazenove d'Arlens (février-avril* 1803), p. 59 et p. 131.
〔2〕 Constance de Constant Rebecque de Cazenove d'Arlens, *Deux mois à Paris et à Lyon sous le consulat: Journal de Mme de Cazenove d'Arlens (février-avril* 1803), p. 22, p. 39. et p. 104.
〔3〕 Constance de Constant Rebecque de Cazenove d'Arlens, *Deux mois à Paris et à Lyon sous le consulat: Journal de Mme de Cazenove d'Arlens (février-avril* 1803), p. 89.
〔4〕 Jules Claretie, *Les muscadins*, p. 7.
〔5〕 Louise-Elisabeth Vigée LeBrun, *Souvenirs de Madame Vigée Le Brun*, Vol. 2, p. 119.
〔6〕 Mathieu Molé, *Souvenirs d'un témoin de la révolution et de l'empire* (1791—1803), p. 308.
〔7〕 Paul Lacroix, Directoire, *Consulat et Empire moeurs et usages, lettres, sciences et arts France*, 1795—1815, pp. 39-66. 其中谈到 Genlis 夫人每两周会向拿破仑写一封信，推荐在她的沙龙中新出现的优秀的文人或作品。因此，很多人特意去拜访 Genlis 夫人，以求获得赏识。
〔8〕 Constance de Constant Rebecque de Cazenove d'Arlens, *Deux mois à Paris et à Lyon sous le consulat: Journal de Mme de Cazenove d'Arlens (février-avril* 1803), p. 38.

图 57 "热月"之后巴黎的社交沙龙

(图片来源:Claudette Joannis, *Joséphine impératrice de la mode*, Paris: RMN, 2007)

下子走过了几个世纪。早年那些风云人物的名字如今只在他们后代的谈话中提及。[1] 旧时贵族们的漂亮马车再也不出现在香榭丽大街。[2] 昔日穷奢极侈的贵族如今只剩下一个仆人陪伴。[3] 正如勒布茲重返巴黎时感叹的:这里发生了天翻地覆的变化。由于社会本身发生了颠覆性的变化,旧制度下社会等级的符号与表象在大革命时期都遭受了严重的冲击,原有的外在区隔的体系也随之被彻底打破了,陷入一片混乱之中。因此,新的上流社会迫切需要制造出新的外表的区隔来界定自身,以便与其他群体相隔离。"绝美女人"的发端者之所以选择白色的古典长裙,首先,是因为可以借此表现自己具有高雅的古典品味。她们常把自己打扮成古希腊神话中的各类女神便是明证,因为显然只有具备一定文化素养的人才会了解这些古典神话。其次,简洁的连衣长裙又可以将她们与旧制度下铺张华贵的宫廷贵妇相区别。前文的分析中已经提到,"绝美女人"式长裙几乎在所有要素上都与旧制度下的贵族女性典型打扮背道而驰:色彩上,白色取代了五彩缤纷;材质上,轻盈的细布软纱代

〔1〕 Louise Fusil, *Souvenirs d'une actrice*, Vol. 2, p. 113.

〔2〕 Paul Lacroix, Directoire, *Consulat et Empire moeurs et usages*, *lettres*, *sciences et arts France*, 1795—1815, p. 222.

〔3〕 Constance de Constant Rebecque de Cazenove d'Arlens, *Deux mois à Paris et à Lyon sous le consulat: Journal de Mme de Cazenove d'Arlens* (*février-avril* 1803), p. 38.

图 58 "热月"之后巴黎街头各阶层

（图片来源：Claudette Joannis，*Joséphine impératrice de la mode*，Paris：RMN，2007）

替了厚重的丝绒绸缎；款式上，束腰加裙撑制造出来的僵硬线条转化为随着身型流淌的自然造型。这一切都表明，"绝美女人"们完全抛弃了旧制度时期的官方审美观，她们致力于表现自身拥有与君主制下的贵妇们完全不一样的品味。最后，值得一提的是，千万不要以为"绝美女人"们的打扮走的是平民路线。她们使用的是最好的印度进口的高支细棉布，一码的售价就高于 150 法郎，[1]一条裙子的用料价格超过 2000 法郎。[2]而在当时每一幅肖像画里都会出现的羊绒大披肩也是她们必不可少的道具，这些同样产自印度的昂贵披肩有时候售价达到 10000 法郎。[3]在拿破仑远征埃及之后，巴黎上流社会愈加迷恋异域风情。虽然当时对于埃及文化的了解还远远不够深入，但是，模仿近东地区的装扮已蔚然成风。[4]"绝美女人"们不仅纷纷

〔1〕 Katell Le Bourhis，*The Age of Napoléon：Costume from Revolution to Empire*，1789—1815，p. 77.

〔2〕 Paul Lacroix，*Directoire，Consulat et Empire moeurs et usages，lettres，sciences et arts France*，1795—1815，p. 99.

〔3〕 Paul Lacroix，*Directoire，Consulat et Empire moeurs et usages，lettres，sciences et arts France*，1795—1815，p. 103.

〔4〕 James Laver，*Taste and Fashion*，p. 24.

使用既能御寒又能彰显身份地位的进口羊绒披肩,更喜欢用珍珠或钻石装饰手臂及脚趾。通常而言,这样一套装束的价值在 6000—8000 法郎。[1] 据当时的旅行家科策布观察,到了冬天,"绝美女人"们还会用皮草制品来装饰点缀自己。[2] 他引用当时的报刊上的说辞,说当时的上流社会女性,每年恨不得做三百六十五种发型,换同样多的鞋,以及拥有六百条裙子。[3] 所以,虽然看似与旧制度时期的贵妇们有着明显的不同,但本质上,"绝美女人"们用以彰显自身身份与地位的武器依然是通过服饰来体现的金钱与财富。

不过,这种用外表来界定的区分是最容易建立也是最容易被打破的。18 世纪之前层出不穷的禁奢令已经充分说明了这一点。如果严格的法令都无法做到在外表上对不同的阶层加以区分,那么金钱和财富支撑的外表符号就更易为他人模仿和攫取。塔里安夫人等人创造出"绝美女人"这一风尚之后,很快就被整个巴黎所模仿。[4] 据说每天晚上八点之后,全城都是穿着白裙子去参加舞会的女性。[5] 虽说那些精致的面料,昂贵的配饰难以企及,

图 59　里维埃小姐肖像

该画是安格尔于 1806 年为 13 岁的里维埃小姐所作肖像。虽然是一位少女,但其打扮完全符合当时最时髦的装束。(图片来源:拍摄自卢浮宫馆藏)

但是制作一条款式接近的白裙子还是很多家庭可以负担的,甚至在外省农村,年轻姑娘们也会穿上平纹细布制作的衣裙。[6] 连最下层的仆妇出门也不穿着有图案的

〔1〕　Paul Lacroix, *Directoire, Consulat et Empire moeurs et usages, lettres, sciences et arts France*, 1795—1815, p. 99.

〔2〕　Paul Lacroix, *Directoire, Consulat et Empire moeurs et usages, lettres, sciences et arts France*, 1795—1815, p. 101.

〔3〕　August von Kotzebue, *Souvenirs de Paris*, en 1804, Vol. 2, p. 284.

〔4〕　Louise Fusil, *Souvenirs d'une actrice*, Vol. 2, p. 116.

〔5〕　Jules Etienne Joseph Quicherat, *Histoire du costume en France depuis les temps les plus reculés jusqu'à la fin du XVIIIe siècle*, p. 649.

〔6〕　Katell Le Bourhis, *The Age of Napoléon: Costume from Revolution to Empire*, 1789—1815, p.77.

图 60　1815 年时尚杂志上的插图

到了 1815 年，虽然高腰裙的款式依然保留，但是女装的风格已经不再轻浮，重归优雅。（图片来源：拍摄自 *Journal des dames et des modes*, No. 16, 1815)

衣服，出门总要带一把伞。[1] 因为从 18 世纪下半叶开始，由于各殖民地的大量供应，白色的棉布已经走入了寻常百姓家。[2] 这也是为何在大革命之后，"绝美女人"式的白色古典高腰裙会流传甚广的重要因素。当然，更为轻巧的薄纱棉则对工艺的要求更高，多为上流社会消费。从这里，可以清晰地看到布迪厄等人提出的"滴流论"[3]再次获得印证，原本是作为社会区隔符号而被创造出来的时尚是如何至上而下地被社会的各个阶层所模仿。

不过，我们绝不能只从时尚的角度去看待"绝美女人"风潮，就像当时就有人在报纸上指出的，这种怪诞不合常理的服饰，绝不仅是时尚的奇思妙想，更多的是一种政治理念的体现。勒布瓦(Lebois)在《人民之友》上写道："肤浅的人，在这种奇观的转变中看到的是时尚和随意；相反，哲学家会把它归结到道德的、政治的以及革命的理由。"[4]欧杜安(Audouin)进一步提出，君主制下甜腻的风格在不知不觉中已经取代了共和国的雄壮与刚健。[5]

旧制度下贵族等级的慵懒糜烂是革命的法国想要彻底清除的风气。革命者希望用无

〔1〕 Marion P. Bolles, "Empire Costume: An Expression of the Classical Revival," *The Metropolitan Museum of Art Bulletin*, New Series, Vol. 2, No. 6 (Feb., 1944), pp. 190-195.

〔2〕 Fashioning Fashion, *Deux Siècles de Modes Européenne*, Paris: Le Musée des Arts, 2012, p. 12.

〔3〕 "滴流论"(trickle-down effect)有多个版本。简单地说，即，对于潜在的符号消费品的欲望成为一种自我驱动的机制。它既是社会不平等的原因，也是社会不平等的结果，也就是说，创新在较高层次上发生，接着就向下扩散。下层社会的人在努力向上攀爬并且学习和模仿较高层次的行为举止。对于西美尔而言，驱动时尚向前的是：当下层阶级已经模仿上层阶级的时尚时，上层阶级就立即抛弃它，并且推崇一种新的时尚。布迪厄则强调，符号消费背后的驱动力主要不是下层向上层模仿，而是上层阶级为了将自己与下层阶级分开来所采取的策略。他们的观点的一致之处在于：时尚创造于社会顶层，然后如水般渗透、滴流到各个社会阶层。见[挪威]拉斯·史文德森：《时尚的哲学》，李漫译，北京：北京大学出版社 2010 年版，第 35-43 页。

〔4〕 *L'Ami du peuple*, 12 vendémiaire an III. 转引自 François Gendron, *La Jeunesse d'orée*, p. 28.

〔5〕 *Le Journal universel*, 8 frimaire an III. 转引自 François Gendron, *La Jeunesse d'orée*, p. 30.

套裤汉式的粗犷以及斯巴达式的简朴取代这种靡靡之风。但是,不幸的是,当革命的浪潮一旦褪去,在废墟上蓬勃生长出来的依然是贵族式的铺张华丽。虽然这种奢华与美艳借用了古典的躯壳,但骨子里完全是与革命时期推崇的古典精神的精髓背道而驰的另一套原则。放荡代替了节制、奢侈代替了朴素,更重要的是,曾经看似触手可及的平等也被新的社会等级所取代。就像查理·西蒙所说,这个在世纪之交诞生的新的精英世界并不愿意向它之前的制度妥协,相反,现在轮到它努力将自身打造为新的贵族。但是,这项工程很难一蹴而就,因为显然并不能登上高处,宣称现在我们是王公贵族了,一下子就拥有了玛丽·安托瓦内特的灵魂。[1]但是在外表上,想要似贵族般显得与众不同就简单得多。然而,督政府时期的上流社会并不是要回到旧制度,而是希望能重新创造出一个新的社会精英阶层。

事实上,很难说在这股时尚风潮中,有一种确切清晰的政治理念。它抛弃和厌恶的对立面很明显是大革命时期(尤其是雅各宾派当政阶段)企图建立的共和德行。但是,它试图建立的是什么,却很难说得清。我们看到的更多的是信仰的缺失,对明天的迷茫,一种浓厚的"今朝有酒今朝醉"的心态。奢靡却无聊的沙龙使得莫雷(Molé)这样有抱负的年轻人觉得压抑和羞愧,难以融入其中。在莺歌燕舞中,他有种强烈的疏离感,他说:"我多想有个祖国,我可以报效它。"[2]

随着时间的推移,狂躁的社会逐渐恢复平静。历史逐渐度过它的转折期。最终,"绝美女人"这股风尚也慢慢转向了温和。过度和夸张,作为优雅品味中不合理的那部分逐渐被清除了。裸露,准确地说那些极端的裸露再次成为了禁忌。日常生活中再也看不到袒胸露背的服装,裙子的长度又重新回到了脚踝处,[3]出门穿无袖的衣服也会被视为不合礼仪。用以遮挡脖子的高领重新出现,甚至连16世纪时那种环状高领也再次运用在女装中。第一执政的全新统治,让督政府时期的交际花日渐变身为受人尊敬的优雅贵妇。披肩的使用倒是一直保留了下来,因为它将女性的优雅与神秘感完美结合。这是一种将女性美定义为内敛、含蓄、端庄的开始。[4]虽然服饰也像社会一样复归秩序,但是它已经变得与革命之前大为不同,新的时尚扬弃了革命前的繁复风格,它预示着新的审美趣味已然来临。

---

〔1〕 Charles Simond, *Paris de 1800 à 1900. Les Centennales parisiennes. Panorama de la vie de Paris à travers le XIX siècle*, p. 76.

〔2〕 Mathieu Molé, *Souvenirs d'un témoin de la révolution et de l'empire* (1791—1803), Genève: Éditions du Milieu du Monde, 1943, p. 307.

〔3〕 Charles Simond, *La vie parisienne à travers le XIXᵉ siècle Paris de 1800 à 1900 d'après les estampes et les mémoires du temps*, Vol. 1, p. 33.

〔4〕 Katell Le Bourhis, *The Age of Napoléon: Costume from Revolution to Empire*, 1789—1815, pp. 80-81.

一种新的审美趣味和 性别外观的确立

19 世纪初的新时尚

　　在前一编的分析中,在大革命结束之后,我们已经看到时尚显示出越来越"平民化"的趋势。许多原本属于奢侈的享乐逐步广泛流传。[1]"中世纪式的铺张已经远去,在当时贫困的人们看来,由于大量的挥霍,这种铺张隐含着某种献祭的意味;传统的奢侈、政治性的奢侈或者是仅上流社会的奢侈,所有为专制主义王权的荣耀服务的奢侈也渐渐远去;如今,人们将身处这样一个社会,在这个社会里,消除了世袭等级制,取消了长子继承权,财富的流动性增加、会自我平衡,因此,也'平衡'了奢侈。奢侈于是改变了它的形式与含义。"[2]在佩罗的阐释中,奢侈的外延涉及甚广。倘若把他这段陈述放在时尚上,上述结论也是成立的。因为到了 19 世纪初年,时尚也同样呈现蔓延的势态。"今天,毫无品味的中产阶级被各类时尚广告蒙蔽,每个月都热衷于购买那些可笑到极点的东西;甚至那些最上流的阶层也难逃对此的痴迷。"[3]换言之,时尚不再只是王公贵族或者上流社会把玩的游戏,随着特权阶级的倒坍,资产阶级的兴起,更多的女性加入到追逐时尚的队伍中。虽然这种暗流在 18 世纪已经隐隐涌动。

　　虽然本书旨在从时尚嬗变中寻找社会变化痕迹,但是不得不承认,单凭理性去解释时尚,有时候是相当困难的。一种风潮的兴起,有时或许可以找到其源头,但更

---

〔1〕　Adeline Daumard, *La Bourgeoisie Parisienne de* 1815 *à* 1848, Paris: Albin Michel, 1996, p. 136.

〔2〕　Philippe Perrot, *Les dessus et les dessous de la bourgeoisie*, p. 92.

〔3〕　*La mode*, 1829/10-12(T1), p. 11.

多的时候却只是一种即兴的发挥。比如在某段时间里突然在法国贵族女性中流行起来的白色假发,很难去搜寻它的意图或理由,但是就是在一夜之间,这种假发成为时髦女性必不可少的发型。不过,就像罗兰·巴特所言,时尚总是一种服饰现象。它的起源可以表现为一个或另一个运动。有时,它是一些专业人士人为的造成。有时,它是一个简单衣着事实的扩大,由于各种理由,而在集体的层面复制。[1] 1790年的时尚杂志在当时就认为,不再是事件制造新的流行,而是品味自身创造流行。[2] 1829年的杂志则表示:"时尚的神奇效果或许就在于,奇特的衣饰总是比那些不怎么美丽但却舒适的服装更吸引人们的目光。就这点而言,应该意识到,公众的品味凌驾于一切理性之上,也不依附于任何原则。"[3]齐美尔就此提出,时尚随意的态度在某种情况下可能推崇某些合理的事物,在彼情况下可能又推崇某些古怪的事物,而在别的情况下又推崇与物质和美学无关的事物,这说明时尚对现世的生活标准完全不在乎。[4] 无论如何,正是时尚这种随心所欲、信手拈来的特点使得它可以在社会的复杂分层中成为简洁明了的社会区隔的界标。

如果单从服饰或者审美的角度来理解时尚,就会像"在传统的服装史里,社会阶级缩减为一种形象,与穿着者的生活没有关系,服装的功能在此时湮灭无声"。在此情况下,时尚的历史就变为早期的服饰史,仅仅简单地记载和描述服装的款式、材质的变化便已足够。相反,倘若将"整个身体的覆盖物融合到一个正式的、标准化的、服务于社会的体系之中",那么"打扮进入到体系中,衣服变成了服饰"。"服饰"不再只是一些面料纹饰的总和,而成为负载了社会价值体系的符号。换言之,只有经由那些社会制造出来的规则规定了某种形式或作用之后,"服饰"才与"衣服"相区别,才拥有了得以阐释的基础。[5] 此时,服饰的体系成为时尚的体系,也就是罗兰·巴特所说的"价值学秩序"。

布迪厄将品位叙述成一种"位置的社会感",[6]同样是将服饰或者时尚体系阐释为社会地位或社会价值的体系在服饰上的体现,服饰的秩序也就是一种社会阶层之间的秩序。由于时尚的体系正是社会规则中的一部分,所以时尚也需要加以管理。18世纪之前,这种社会规则明确地用"禁奢令"加以规范。到了19世纪,同样的规则

---

〔1〕 Roland Barthes, "Histoire et sociologie du Vêtement," *Annales, Économies, Sociétés, Civilisations.* 12e année, No. 3, 1957. pp. 430-441.

〔2〕 *Journal de la mode et du goût*, 1790, p. 330.

〔3〕 *La mode*, 1829/10-12(T1), p. 12.

〔4〕 [德]格奥尔格·西美尔:《时尚的哲学》,第73页。

〔5〕 Roland Barthes, *Histoire et sociologie du Vêtement*.

〔6〕 [挪威]拉斯·史文德森:《时尚的哲学》,第44页。

依然存在,只不过它变成了秘而不宣的分隔符号。"凭借时尚总是具有等级性这样一个事实,社会较高阶层的时尚把他们自己和较低社会阶层区分开来,而当较低阶层开始模仿较高阶层的时尚时,较高阶层就会抛弃这种时尚,重新制造另外的时尚。因此,时尚只不过是我们众多寻求将社会一致化倾向与个性差异化意欲相结合的生命形式中的一个显著的例子而已。"[1]

然而,悖论是,时尚的威胁在于,它是一种具有行动性的力量,它是可以被模仿和复制的,由此时尚对于身份的固有定义便又形成了潜在的挑战。[2] 简单而言,时尚既是分隔的符号,但同时,这种符号的归属性通常并不固定,而是游离的。就像前文提到的,当时尚呈现出蔓延的趋势时,服饰或时尚体系的不稳定映射的便是社会分层的不稳定。结果便是据有某种时尚符号的人并非拥有他的外观所展示的那种真正的社会地位。时尚杂志上的文章这样说道:"奢侈的风气从来没有波及得这么远,人们从来没有这般大肆挥霍……首饰、花边甚至丝绒都以难以置信的方式相互模仿。"[3]

与18世纪相比较,这种由于时尚而造成的外观上的混乱在19世纪更为突出。借由纺织工业的发展、地区间贸易的扩大,越来越多的普通消费者开始穿着之前似乎高不可攀的面料制成的服装。新的面料也层出不穷。"虽然巴黎的沙龙已经荒芜了,人们或是去狩猎,或是隐居在城堡里,但是,从来没有哪一年,会像今年这样,出现这么多的新式材质:羊毛头巾、印花的阿利平毛葛;英国的纺织面料也依然流行。"[4] 如果说丝绸或是棉麻已经不能区分穿着者的身份地位,那么显然就需要另一些物品来发挥这一功能。

细节体现区隔

抓住时尚有趣的两面性——时尚既是社会区隔的显著标志,又是极易被较低社会阶层模仿甚至攫取的标志——以及这种两面性如何在细微的地方来展示,正是理解大革命后19世纪法国服饰文化的关键所在。当然,这种两面性并非在19世纪才初露端倪,在之前的几个世纪里,它也一直存在,并一直发挥着作用。这也是18世纪

---

〔1〕 [德]格奥尔格·西美尔:《时尚的哲学》,第72页。

〔2〕 Hiner susan, *Accessories to Modernity: Fashion and the Feminine in Nineteenth-Century France*, Philadelphia: University of Pennsylvania Press, 2011, p. 18.

〔3〕 La Sylphide, *Journal de modes, de littérature, de théâtres et de musique*, 1840, p. 63.

〔4〕 *La mode*, 1829/10-12(T1), p. 12.

之前,统治阶层不断颁布"禁奢令"的根本原因。需要不断颁布法令来管理服饰体系的现象本身已经说明诸如此类的法律并没有被很好地遵守。1789 年,早在人们想到在法律中宣布衣着自由之前,就已存在这种自由,尽管表现得并不突出,但它的空间受到变化能量和支配这能量的法规所限制。[1] 问题的核心在于,在经历了一场横扫了特权社会的革命之后的社会里,社会上层与较低阶层之间的区分,以及对这种区分的否定运动,是如何运用时尚,在更细微的层面上进行?

鉴于此,苏珊·海纳提出了配饰在 19 世纪服饰文化中的重要性。她通过阅读 19 世纪巴尔扎克等作家的作品得出以下结论:在 19 世纪早期及中叶,人们相信好品味是可以获得的,而不是精英特有的品质,如此便简化了人们向上攀附,扩大交际圈甚至实施欺诈的途径。但是,海纳也注意到,在巴尔扎克笔下,上流社会的高贵夫人(grande dame)若不是出身于贵族,也是来自资产阶级的顶端。她们不一定是巴黎人,或许来自四面八方,甚至是遥远的外省,但她们是眼下这个时代的代表,是品味、精神和优雅的集中体现,也是一种正在被削弱的高贵典雅的最后的形象。相反,这位大文豪毫不留情地讽刺那些中层资产阶级的排场和装束。在他看来,太刻意的炫耀正是真正上流女性最为忌讳的;相反,她们要在漫不经心中表现出优雅,而她们的追随者——或是中层资产阶级或是交际花们——却永远也学不到这种与生俱来的风度的精髓。[2] 由此我们看到,用服饰或者时尚来进行的阶层区分并不是一个简单的游戏,绝不仅是穿上华贵的服装那么显而易见。很多时候,拙劣的模仿反而会成为暴露自身出身较低的事实。海纳提出,在这个模仿与拒绝被模仿的游戏中,服饰的细节成为重要的区隔符号,被用作排他性的关键标志,并以此复制精英的结构。[3]

当时,人们其实已经注意到发生在她们周围的这种变化。例如,著名的时尚杂志《女精灵》上的专栏作者如是说:"今年,时尚更多地是以配饰或细节来表现,人们把一件(装饰用的)小皮袄看得比一条连衣裙更为重要,因为城里的每条裙子几乎大同小异。富裕的陶器商人也拥有斗篷、皮袄、皮护手等一系列让一个附庸风雅的女人看起来优雅的物件。"袖笼在那个冬天大行其道,问题在于它的价格贵贱有天壤之别。[4] 另一个典型的例子便是披肩。在 19 世纪上半叶,无论是检察官、律师还是医生的妻子,在卢森堡公园或杜勒伊宫花园散步的时候,她们的肩头无一例外都披

---

〔1〕 [法]丹尼尔·罗什:《平常事情的历史》,第 250 页。
〔2〕 Hiner susan, *Accessories to Modernity*, p. 25.
〔3〕 Hiner susan, *Accessories to Modernity*, p. 18.
〔4〕 *La Sylphide*, *Journal de modes*, *de littérature*, *de théâtres et de musique*, 1842, p.

一块羊绒披肩。或许,在她们的群体中,还应加入店主、雇员以及公务员的妻子。这些披肩搭配着其他装饰物,如皮草袖笼以及衣裙上的小饰物,构成这一时期女性在服饰上的昂贵开销。但是,虽然同为斗篷或羊绒披肩,价格差别却很大,产自印度的远远贵于本土生产的,[1]并且,某些颜色的羊绒披肩相较其他颜色更为稀少[2]。由此可见,关键并不在于是否拥有一条羊绒披肩,而在于它的产地等这类细节问题。看似相同的装饰物通过产品的不同产地将人们用财富相区别。齐美尔观察到,喜欢从异邦引进时尚的偏好广泛存在,在某些社会圈子里,外来的时尚显现出巨大的价值。事实上,外来的时尚似乎特别强烈地有利于所采用的群体获得独特性。[3]因为这不仅是财力的象征,也是掌握某种优先权的暗示。另外,需要注意的是,此时,外观上高人一等的背后是财富的支撑,而不像之前的世纪里那样,服饰上的差别主要体现了社会地位的区分。在19世纪,后一种区分还需要其他因素来加以划分,如某些场合、团体以及休闲娱乐的方式。换言之,时尚作为社会阶层区分的作用日趋被压缩,人与人之间社会地位的差别再也不会像从前那样从外表上就一目了然了。正如披肩的例子所展示的,远远看去,上流社会的贵妇与店铺妻子都身披一样的羊绒披肩。羊绒披肩作为一个时尚符号,在被用作区隔的同时,迅速被模仿,成为颠覆这种区隔的极好工具。因此,从这点来看,布迪厄等社会学家们都过于强调了时尚用以区隔等级和性别的一面,却忽视了时尚颠覆这种区隔的另一面。[4]

1840年的《女精灵》在《时尚》栏目里这样写道:

> 如今的巴黎,没有什么比时尚更难下定义了。时尚,如同一位被罢黜的女王一样,还没有考虑好去巴黎的哪个街区度过她被流放的时光。自从没有了贵妇人们的"专用制服",也就没有了贵妇。时尚转瞬即逝,再也没有绝对权威的时尚通告。当人们看到昔日的公主们如今穿着脏兮兮的塔夫绸裙走在大街上,黑黑的鞋底沾满了泥水,这个时候,人们还会模仿她们的衣着吗?沙龙再也不因为某位贵妇的名字而享有盛誉,谁也不再是盛大的晚会必不可少的嘉宾。时尚,不再是哪个女人说了算的事情了。如今,它变成了好的品味和时髦。可别弄错了,这样的时尚反而是更专横,更难以追随的。每个优雅的女人都可以创造出独特的衣着,但却是昙花一现。在短短一支蜡烛的明灭中,时尚已经匆匆

---

[1] Adeline Daumard, *La Bourgeoisie Parisienne de* 1815 *à* 1848, p. 137.
[2] *La Sylphide*, *Journal de modes*, *de littérature*, *de théâtres et de musique*, 1840, p. 39.
[3] [德]格奥尔格·西美尔:《时尚的哲学》,第75页。
[4] Hiner susan, *Accessories to Modernity*, p. 18.

而过。或许,这是唯一的一个时代,时尚没有显得那么专断,以至于女性敢于奋起反对它。[1]

另一本更早些时候的时尚杂志《艺术、时尚和戏剧专辑》也说道:"任何一个地方,尤其是巴黎,每个阶层的人都追求打扮……如果我是一个卫道士的话,那我不得不说人们实在是过于关注外表了。"这篇文章的作者认为,在巴黎,人们在外观上相互竞争是因为巴黎的特殊情况。如果是在外省的小城市,人们相互认识,不论穿着什么样的服饰,身份、地位、财富都是无法伪装的。相反,在巴黎,所有人都混淆在一起:公爵夫人或者洗衣妇,女演员或者公证人的妻子。在人群中,所有社会等级都消失。人们能看到的只有装束。[2]这就是说,此时的时尚,与 18 世纪中晚期的时尚已然不同。在路易十五或路易十六统治时期,蓬巴杜夫人或玛丽·安托瓦内特的衣着便是时尚的风向标,她们引领着凡尔赛以及整个巴黎乃至欧洲的着装风潮。但是,大革命在摧毁了旧制度的同时,也剥夺了金字塔尖的贵族女性掌控时尚的权杖。虽然在督政府时期,最新时尚的发起者依旧是处于统治集团核心的女性。可是,到了 1840 年前后,时尚已经变得越来越平民化,时尚的主角,已经是"面料商人、顾客以及裁缝"[3]。另一方面,时尚已经不仅仅局限于衣着的材质、纹样或者款式,更重要的是行为的方式,也就是一举一动的仪态,如,穿上裙子或是整理裙摆褶皱的动作,甚至是嗅一束花、取出一块手帕的姿势,这些举动展示着你是否担得起一个"正确的""得体的"(comme il faut)女性的名声。

含蓄彰显身份

《女精灵》杂志上的文章还体现了如下观点,那就是从 19 世纪开始,"姿态"显得尤为重要。对于追求时尚而言,花费大量金钱是必不可少的,这在过去和现在都是如此。但是,不同之处在于,现在,花费了金钱,却不能表现出来。哪家的发型做得

---

[1] 该文作者阿布昂黛公爵夫人(Laure Junot Abrantès,1784—1838),也是六卷本的《巴黎沙龙史》的作者。她其他著述包括《关于拿破仑一世的回忆》(*Mémoires historiques sur Napoléon Ier*, *la Révolution*, *le Directoire*, *l'Empire et la Restauration*, 1831—1835)、《当代史》(*Histoires contemporaines*, 2t., 1835)、《大使夫人回忆录及在西班牙和葡萄牙的日子》(*Souvenirs d'une ambassade et d'un séjour en Espagne et en Portugal*, de 1808 & 1811, 2 t., 1837)。《女精灵》1839 年 5 月之前的《时尚》栏目文章都由她执笔,推测应当是她去世前不久的存稿。

[2] *L'Album: journal des arts*, *des modes et des théâtres*, 1821, pp. 22-23.

[3] Jean Castarède, *Histoire du luxe en France: Des origines à nos jours*, Paris: Eyrolles, 2007, p. 225.

最好,是谁令那位夫人如此优雅?这些事情都不能被大声地宣扬,秘诀在于要让圈子里的人悄悄地猜测。这种故作低调含蓄的姿态,才是真正的资产阶级的时尚。它完全不同于旧制度时期,贵族女性们如孔雀开屏般肆无忌惮地炫耀攀比。相反,愈是不动声色的优雅姿态才愈是高贵,太过于别出心裁或者是露骨的炫耀反而会显得唐突甚至鄙俗。时髦女性的宗旨就在于,要被人注意到,但又要让人觉得这并非是她本意。比如《女精灵》杂志上举了一个例子,当你恭维一位夫人美丽的裙子上细腻鲜艳如同孟加拉玫瑰般的色彩时,她会轻描淡写地说:"哦,这只不过是我祖母的旧裙子。"[1]巴尔扎克在《风雅生活论》中将此清晰地概括为:"服饰既是一门学问,一门艺术,也是一种习惯,一种意识。服饰不仅指衣服,更是指着装的方式。"[2]

我们看到,19世纪的时尚,它刻意用一种收敛克制的姿态来划清新兴的统治阶级的审美与之前贵族夸张的纸醉金迷之间的巨大鸿沟。之前的贵族用奢靡排场来宣扬和强化它的权威性与存在的合理性,[3]那么资产阶级就必须用另一种与之不同的方式来表现自己全新的审美观。这种不同以往的对于时尚的审美意识背后,不仅是对自我身份认同的需要,也折射出新的社会关系及人际交往的模式。

更有意思的是,在《女精灵》上的这篇文章的作者看来,那种由少数人掌控的时尚实则是上个世纪行将消逝的贵族等级投掷到上升的资产阶级身上的最后一击,现如今,日趋弥散的时尚之权昭示着贵族最后的影响力也逐渐减弱了。[4]可见,在时人眼中,时尚不再是少数特权阶级把玩的游戏。时尚规模的扩大并逐渐向社会结构的中下层渗透,是资产阶级日益掌控整个社会的体现。时至今日,要研究关于时尚与民主,可以一直上溯到19世纪早期的这种观念。

但是,在看到19世纪时尚低调含蓄、看似"平民化"的同时,仍然要注意到,时尚仍然是一种显示身份与地位的绝好工具。因为,逐渐掌握了统治权的资产阶级一方面努力将自身与旧时的贵族划清界,另一方面,他们也要与比他们更低的阶层相区别。巴尔扎克用简单直白的语言揭示了这种态度,他说:"在这个时刻,社会重新组建,重新封官,重新进爵,重新授勋,公鸡羽饰代替珍珠纹章喝令穷苦人民:滚开,魔鬼!……靠后站,老百姓!"[5]但在现实中,后一种区别往往是在不动声色中进行。

《女精灵》中有一篇文章这样写道:

---

〔1〕 *La Sylphide*,*Journal de modes*,*de littérature*,*de théâtres et de musique*,1840,p. 29.

〔2〕 [法]巴尔扎克:《风雅生活论》,第76-77页。

〔3〕 Philippe Perrot,*Le luxe*.

〔4〕 *La Sylphide*,*Journal de modes*,*de littérature*,*de théâtres et de musique*,1840,p. 29.

〔5〕 [法]巴尔扎克:《风雅生活论》,第18页。

如今,只有少数几个女性在装束上大肆挥霍。另一些人则选择去便宜的市场。丝绸面料非常昂贵,小小的宝石亦如此。但总体来说,一个有品位的女士却懂得如何运用简洁使得最昂贵的装束相形见绌。整体的和谐搭配才造就了她出色的形象。[1]

《时尚》上的另一篇文章如是说:

如今的时尚令人难以拒绝,因为它简洁、精致和细腻。这就可以让不怎么打扮的步行的女子与那些出门便坐马车,把打扮当成一项事业或者巨大的乐趣来进行的女人看起来同样具有优雅和品味⋯⋯很多首饰已经不再流行,相反,它们如果不是足够精致的话,反而会使得佩戴者显得十分可笑。换言之,当下流行的是非常简单的打扮。[2]

但是,必须要注意的是,19世纪上半叶所谓的简洁只是相对于18世纪贵族女性的繁复堆砌,绝不等于俭朴或者不事修饰。"风雅在于对细节的极度追求⋯⋯与其说这是奢侈的简化,不如说是简洁的奢侈。"[3]上文提到的《女精灵》上同一篇文章紧接着描述的便是某位夫人如何用当时还很稀少的雪尼尔花线编织她的发辫,在脖子和手臂上佩戴精致的珠饰。这说明,资产阶级上流社会的女性在将自身形象塑造得与贵族妇女截然不同的过程中,仍然在使用服饰上的小细节来彰显其与较低阶层的差异。1841年的《女精灵》这样说道:"人们再也不谈论什么公爵夫人或伯爵夫人。人们热爱自己的头衔,只为自己骄傲,只夸耀自己。但是,女性并没有停止在装束上竞争,(这些新的头衔)也没有阻止在贵族和资产阶级之间划出一条清晰的界限。虽然上流社会的夫人们不再使用玉石或额饰妆点发型,但她们难道没有依靠那些能表明尊贵的特殊符号来增添雅致?"[4]当然,这里的贵族指的是19世纪法国社会的新贵们,相对应的,则是低于他们的小资产阶级。

在拒斥贵族的炫耀与隐形的倨傲之间,新贵们找到平衡的关键即在于如何将原先大肆铺张的奢侈用含蓄低调的方式表现。用一句话将此精练概括,即:"昂贵而简单,用更简约的方式表达奢侈。"[5]所以虽然表面形式改变了,但是骨子里那种自负

---

[1] *La Sylphide*, *Journal de modes*, *de littérature*, *de théâtres et de musique*, 1840, p. 50.
[2] *La mode*, 1829/10-12(T1), p. 244.
[3] *La mode*, 1829/10-12(T1), p. 135.
[4] *La Sylphide*, *Journal de modes*, *de littérature*, *de théâtres et de musique*, 1842, p. 30.
[5] *La Sylphide*, *journal de modes*, *de littérature*, *de théâtres et de musique*, 1841/12 (SER3,T5)-1842/05. p. 14.

图 61 里维埃夫人肖像

法国 19 世纪初著名的画家安格尔为里维埃夫人所作肖像画。与 18 世纪晚期巴黎贵
族女性的华贵艳丽相比，画中人物衣饰简洁淡雅。从细节图可以看出里维埃夫人的披肩
用料精致讲究，充满异域风情。（图片来源：拍摄自卢浮宫馆藏藏品）

虚荣仍然要透过服饰表现出来。

　　大革命之后，时尚获得了更强大更灵活的象征权力。革命将 18 世纪以来的消费
经济合法化，阶层的区隔被打开。关于这一巨大的变化，佩罗认为，这是一场"资产

图 62　里维埃夫人肖像(细节图)

阶级身体的正剧",但是罗什并不完全赞同这一观点。后者认为,这是风尚在日益城市化(作者注:即风尚摆脱宫廷的影响,时尚服饰的审美趣味渐渐为资产阶级上层所掌控)的过程出现的断裂;事实上,所有社会阶层都参与了这场游戏。罗什说,由此开始,时尚这台大戏越来越让人眼花缭乱,到了 19 世纪,它甚至表现为闹剧或者悲剧,传统社会中原先可以由服饰清晰标示的身份地位如今变成了"真实与伪装"之间不知疲倦的游戏。[1] 然而,正因为试图用外表来掩盖自己真实的社会地位,使自身看起来像某个阶层的这类"闹剧"或"悲剧"越来越多,所以新的统治阶层仍会遵循传统社会里特权等级的做法,试图运用服装来清晰界定"我们"与"他者"的界限。只不过,在具体的手段上,旧时上流社会常用的大肆铺张极尽奢华之能事,由于被贴上了贵族的趣味的标签,而不再受欢迎;相反,更含蓄巧妙的"炫耀"成为上升的资产阶级最乐于采取的方式。因此,时尚的两面性——划出区隔与颠覆区隔——依旧在激烈碰撞,只不过,现在,这种"碰撞"表现得更为隐蔽并且更为复杂。

---

〔1〕　Daniel Roche, *La Culture des apparences*, p. 485.

性别的秩序与区分

除了社会阶层的区分以外,在服饰上,性别的区分依然被强调。性别政治中服装被用以区分两性,时尚成为女性特质的同义词。就像有研究者比喻的那样,时尚成为一个双重的仓库,厌恶女性的人在其中讨论女性的轻浮与堕落;另一方面,讨论理想化女性一方也将服饰与德行及尊重联系在一起。[1] 大革命之后,最初的那十几年间,巴黎上流社会的女性依然如革命前那样出入公共场合、评论戏剧、在杜勒伊宫花园散步。剧院是人们观察最新流行服饰的绝佳场所。[2] 但是到了 1820 年左右,慢慢地,上流社会女性去剧院的次数减少了,这并不是由于某种法规将她们束缚在家庭范围,而是资产阶级女性自己不愿意与下层民众的女性混在一起。[3] 这是一个资产阶级自动退出大众社会的过程。因此,在革命结束之后,随着政治制度、社会结构的逐步稳定,新的社会秩序符号也需要从新建立。

图 63 1826 年马科特夫人肖像
该画是 1826 年安格尔的作品。(图片来源:拍摄自卢浮宫馆藏)

正如佩罗所说,大革命对男装进行了彻底的改革,但是 19 世纪对于旧制度留下来的传统女装几乎没有进行任何深刻的变动,无论是裁剪、色彩和材质。这种外观上的差别导致了女性新的行为方式并且赋予她们的梳妆打扮新的功能。[4]

这两幅收藏于卢浮宫的画作比较形象地展现了 19 世纪上半叶资产阶级女性的服饰风格,即:整体装束上含蓄沉稳,但画作体现

〔1〕 Hiner susan, *Accessories to Modernity*, p. 17.
〔2〕 *La mode*, 1829/10-12(*T*1), p. 125.
〔3〕 详见 Denise Zara Davidson 的博士论文: *Constructing order in post-revolutionary France: Women's identities and cultural practices*, 1800—1830, 1997 年于 University of Pennsylvania 答辩,第一章。
〔4〕 Philippe Perrot, *Les dessus et les dessous de la bourgeoisie: Une histoire du vetement au XIX* siecle*, Paris: Fayard, 1981, pp. 55-56.

图 64　韦尔内小姐肖像

该图是画家韦尔内为自己的女儿所作肖像画。与图 63 相似,画中人物
虽然不是披金戴银,满身珠宝,服装也不那么张扬,但是从她们的服饰
的细节处(图 65)仍然可以看到精美的装饰物,显示着人物良好的家境。
(图片来源:拍摄自卢浮宫馆藏)

出的服装面料的光泽以及她们佩戴的小饰物,如项链、纽扣等,却隐隐地透露出她们
与劳苦大众完全不一样的生活品质。

　　服装史家认为在 19 世纪之前,两性在服饰上的差别并不像之后所表现得那么明
显。18 世纪时,贵族阶层的男男女女,以及模仿前者的上层资产阶级,都喜欢大面积

图 65　韦尔内小姐肖像(细节图)

的蕾丝,富贵的丝绒和精细的丝绸,以及花边,装饰得美轮美奂的靴子,假发,扑粉以及其他的装饰。简言之,男性和女性一样打扮得花枝招展。前文已述,大革命时期就有人写过一篇关于时尚的短文,文中指出,在法国君主制的早期,男性服饰的变化远远大于女性服饰。[1] 前文内容也展示了旧制度下贵族男性鲜艳繁复的服饰。如果说,时尚早期的历史在性别间的差异正好与 19 世纪初开始的趋势相反,那为什么到了此时,时尚的局面发生了这么大的变化? 是什么导致了两性服装以一种断然决裂的方式分道扬镳? 服装史研究者们各执一词。

　　纽约学院的艺术史学家安妮·哈兰德把这一时期的男装变革看成是"时尚现代化"的显著标志。她提出,从 14 世纪开始,男性便逐渐抛弃他们的长袍,开始转向现代性;女性依旧沿袭古制,女装唯一的变化就是领口的高低,不变的是包裹的长裙和各种面纱头纱,这些要素几乎都是自古就有,它们都强调了女装的连续性。因此,男性承担了服饰现代化的任务,而女性则固守传统。时尚"现代化"决定性的时刻在 18 世纪下半叶的新古典主义时期发生,男装以革命性的阳刚新外观,以适应一个新兴的世界。虽然新古典主义风格男性化的剪裁在其早期并没有相应的理论,但是,全

[1]　Nicolas Ponce, *Aperçu sur les modes françaises*, [s. n.], 1795.

新的合体的男士礼服与由理想主义所支持的其他新古典主义的发展有着很强的亲和力。她指出,在这个时期,主流社会观念认为一个理想的"自然的人"的"自然的服装"应当展现的是他"自然的身体",他的服装面料是简单的羊毛、亚麻、皮革,而像锦缎织物等人为的光泽不再用来点缀他的存在;其次,服装线条变得简洁明了,假发、蕾丝花边等不必要的装饰都被抛弃,裁剪的要义在于协调服装与身体行动的和谐与舒适。[1]

美国著名服饰史专家戴维斯则认为,这与欧洲贵族的衰落和资产阶级的兴起有着不可忽视的联系。这一运动过程,虽然被 1789 年的大革命所推进,但是在这之前就已经在缓慢发生。资产阶级将他们的道德观念体现在穿着上的渴望,可以解释男女之间的服饰差异为何会变得如此之大。相应地,男性的服装变成首要的视觉中介,表明对贵族的优雅、豪华、悠闲以及情感上的冒险的拒斥,强调自然简洁,以及个人良好的外观礼仪。女性服装的改变相应要小得多,这不是因为女性服饰受结构性转变的影响较男性要小,而是因为女性的社会角色没有转变得像男性那样剧烈。从一层意义上来说,新的统治精英需要与过去的贵族划清界限,因此他们选择了截然不同的外表,但同时,他们的妻女则担负起利用服饰来与更低阶层相区别的古老职责。到了维多利亚时代,差不多 1837 年左右,两性间服饰的性别界限就清晰地确定下来了。[2]

性别区分之色彩与材质

前文提到,时尚在发挥其关于社会阶层区隔的双向影响时,服饰的细节或配饰起到了举足轻重的作用。那么,两性之间在外观上的区别则主要是通过色彩、款式以及质地来体现。

到了 19 世纪,男性的服饰在颜色上通常选择较暗沉的色彩。"深灰、灰蓝、墨绿或者是'俄罗斯绿'是男士礼服中最常用的色彩……大衣的颜色则多选择黑色或者

---

〔1〕 Anne Hollander, "The Modernization of Fashion," *Design Quarterly*, No. 154 (Winter, 1992), pp. 27-33.

〔2〕 Fred David, *Fashion, Culture and Identity*, University of Chicago Press, 1992, pp. 38-39. 丹尼尔·罗什也认为服饰上的性别区别在 19 世纪之前就出现了。他说:"启蒙时代的最后阶段里除非丈夫是高级贵族,妇女的花费是她丈夫的两倍,这是个重要的人类学现象;的确这是个普遍态度,它改变了 17—18 世纪的妇女身体,并影响了男人的举止态度。性别区别的活动在 19 世纪前就开始了。"参见丹尼尔·罗什:《平常事情的历史》,第 272 页。

图 66　1818 年的舞会

画家夏隆(Chalon)描绘的 1818 年的一场露天舞会。画中男女间的服饰在色彩与材质上有明显差异。(图片来源：拍摄自巴黎卡纳瓦博物馆)

褐色……长裤也是或黑或灰。"[1]男式服装大致是这样组成：黑色外套、黑色长裤、白色或黑色背心搭配黑色或白色的领带，穿着这套服装几乎可以出席任何场合。[2]但并不能据此认为 19 世纪男性对外在形象的注意力开始减弱。相反，男性选择鲜艳度较低的色彩是为了将自身更明确地与女性相区别，通过服装上的差异，树立自身性别的肃穆与庄严，而这正是占据统治地位的群体一贯乐于展示的特征。

另一方面，颜色的选择也具有政治上的含义。由于之前的贵族以炫目的色彩强

〔1〕　*La mode*, 1830/07-09 (*A2*, *T4*), p. 279.

〔2〕　Henriette Vanier, *La mode et ses métiers：frivolités et luttes des classes*, 1830—1870, Paris：Armand Colin, 1960, pp. 155-156.

图 67　1835 年的弥撒

画作中心的女性祈祷者与左后方的男性群体在着装上反差很大。(图片来源:拍摄自巴黎卡纳瓦博物馆馆藏)

调自己的特权地位,为了与他们截然对立,作为新的统治阶级的资产阶级更倾向于用暗沉的绿、蓝、灰,尤其是黑色来加深自身与前者的区别。"色彩的消失意味着由新的伦理道德所决定的新的审美趣味的出现,这种伦理道德表彰退隐、节俭以及贡献。"[1]正如佩罗所说,对于占据了统治地位的资产阶级来说,放弃铺张和色彩,是他们的社会合法性和意识形态在服装上的表达,在他们看来,彩色的世界与道德相

---

[1] Philippe Perrot, *Les dessus et les dessous de la bourgeoisie : Une histoire du vetement au XIXe siecle*, p. 57.

对立。[1]

　　相反,女性则从 19 世纪初开始较多地选择玫瑰色或者白色等明亮的颜色,以显示女性的温柔和美丽。时尚杂志上的文章说道:"一个年轻女孩,越是穿着纯白毫无装饰的衣裙,越显得优雅迷人……因为对于年轻女孩来说,她的学习和课程才是最重要的,当她对除此以外别的事物毫不在意的时候,她是最美丽的。"[2]不仅是年轻的女性穿着白色,宫廷里的贵妇们也在各种场合穿着白色的花边长裙,例如:"某位公主有天穿了一条白色的裙子……她的裙子外面搭配了一件敞开式外衣,缀满了花边,鲜花点缀在腰际。"[3]至于玫瑰色,受欢迎的程度尤胜白色,在时人看来,这种色彩非常适合表现女性的娇俏。[4]"精致的晚装是用玫瑰色绸缎制成的长裙,配以玫瑰色的珠罗纱袖子,珍珠的首饰再加上白色的缎鞋。"[5]或者,"深玫瑰红的长裙上是绿叶图案绘成的条纹,一顶玫瑰色的丝绒帽以及白缎鞋"[6]。

　　除了裙子以外,女式的外套、斗篷、帽子等服饰,也广泛地使用白色。[7]春天里最美的斗篷,是用白色的网纱配以铃兰花或丁香。[8]其他如鹅黄、天蓝、淡紫色等淡雅的颜色也常常被运用在女装中。当然,深色的女性服装也会出现在当时的杂志插图中,例如,全黑的缎裙外罩着蓝色滚黑边的羊绒大衣。但是总体而言,女性服饰的色彩比男性的要鲜艳明亮很多。此外,鲜艳的色彩也是个人情感自由表达的反映。到了该时期,男性的理想形象日渐理性化,男性被看成是严肃和克制的,情感的流露或展示被看成是专属于女性的领域,[9]因此男性会避免像女性那样过多地流露属于私密性的个体感受与情绪。那么,对于色彩的拒绝也即是男性排斥女性化的情感方式的表达。

　　从款式来看,从这个时期开始,男女服装的样式不再发生明显的改变;显著的改变要到 20 世纪才发生。然而,女式服装在细部的变化多端却令人眼花缭乱:袖子忽长忽短,时宽时紧;领口有时高到抵着下巴,有时又低到袒露出双肩。相较而言,男

---

〔1〕 Philippe Perrot, *Les dessus et les dessous de la bourgeoisie : Une histoire du vetement au XIXe siecle*, p. 59.

〔2〕 *La Sylphide*, *Journal de modes*, *de littérature*, *de théâtres et de musique*, 1840, p. 6.

〔3〕 *La Sylphide*, *Journal de modes*, *de littérature*, *de théâtres et de musique*, 1840, p. 37.

〔4〕 *La Sylphide*, *Journal de modes*, *de littérature*, *de théâtres et de musique*, 1842, p. 279.

〔5〕 *La mode*, 1829/10-12 (T1), p. 96.

〔6〕 *La mode*, 1829/10-12 (T1), p. 196.

〔7〕 *La Sylphide*, *Journal de modes*, *de littérature*, *de théâtres et de musique*, 1840, p. 97.

〔8〕 *La Sylphide*, *Journal de modes*, *de littérature*, *de théâtres et de musique*, 1840, p. 133.

〔9〕 John Harvey, *Des hommes en noir. Du costume masculin à travers les siècles*, Paris: Abbeville, 1998, p. 17.

式服装在形式上的改变远不如女装。"对于男士来说,晚装的样式几乎是一成不变的,那就是显得很严肃:黑色的衣服和白色的领结。时髦的男性,有时只能靠手杖的款式来做些许的改变。"[1]实际上,男性服装的细节功夫并不比女性服装差,比如衣服精致的滚边、宝石或钻石制作的袖扣等处,[2]恰恰都是他们默不作声地体现优越地位或超群财富的绝佳方式。有些男士也会故意解开背心,露出里面考究精良的衬衣来显示自己的品味和财富。七月王朝时期,人们逐渐形成这样的观点:外套之下的内衣,才能真正判断这位男士是否合乎礼仪。也因此,巴黎制作男士衬衣的梅耶裁缝借其出色的裁剪、令人赞叹的刺绣以及他制作的精美的领结而享有盛誉。[3]

在19世纪20年代,从英国开始兴起一股"丹蒂"潮流,并且越过海峡,影响了法国男士的着装。[4]虽然这股潮流有时也被称为"花花公子",但事实上,最早的发起人波·布鲁梅尔(Beau Brummell)试图抵制的是那些色彩艳丽,造型夸张的装束,他称之为"装腔

图68 1830年的男装(1)

到了1830年,男装基本已形成19世纪的主流风格:合体的长裤和外套,简洁的裁剪以及沉稳的色调。(图片来源:拍摄自 *La Mode*,1830/07—09(A2, T4), p. 277)

作势的外表"。他提倡的是简单的服饰,用高档的面料以及出色的裁剪来表现自然流畅的线条。不过,随着这股风尚逐渐扩大,在更多的人加入其中之后,却出现了新的变化。在某些极端的例子中,"丹蒂"们的装束是非常女性化的,比如非常宽松的长裤,紧束的腰身。甚至有些人涂脂抹粉。平日里,他们也十分在意色彩的搭配,每

---

[1] *La Sylphide*, *Journal de modes*, *de littérature*, *de théâtres et de musique*, 1840, p. 51.

[2] *La Sylphide*, *Journal de modes*, *de littérature*, *de théâtres et de musique*, 1842, p. 16.

[3] *La Sylphide*, *Journal de modes*, *de littérature*, *de théâtres et de musique*, 1842, p. 278.

[4] 引领和追随这股潮流的青年男子通常被称为"丹蒂(Dandy)"。他们最显著的特征就是其精致考究的外表,通常他们出身良好,属于资产阶级上层。详见在线词典资源对该词的解释:http://www.cnrtl.fr/definition/dandy/substantif。这种异常考究的风格可以追溯到法国十八世纪初兴起的"le petit maître"潮流,指的即是追求外表优雅精致的年轻人。

图 69　1830 年的男装（2）

即便是年轻男士，服装也再无花哨醒目的装饰物，实用干练成为男装款式的基础。（图片来源：拍摄自 *La Mode*，1830/07—09（A2，T4），p. 45）

天要给头发上油，说他们是"油头粉面"大概也不为过。[1] 从这个意义上说，可以把这股怪诞风气看成是贵族服饰在 19 世纪的"回光返照"甚至是贵族服饰文化的"绝唱"。巴尔扎克对此大力抨击："'丹蒂潮流'是文雅生活的异端。事实上，这是一种装模作样的时尚……在时尚中只能看见时尚的人，就是一个蠢货。风雅的生活绝不排斥思想和科学。他应该谈吐高雅，彬彬有礼，精通时尚、政治、新事物……总之，在他身上，有种确切的整合性。"[2] 虽然，人们对此类着装颇多抨击，然而，这股风潮其实还存在着另外两个影响。首先是它强调面料的精致考究，尤其是羊毛类面料。突出这一点，主要是由于在这背后隐含着英法两国在纺织业上由来已久的"羊毛与丝绸之争"。长期以来，虽然英国在羊毛纺织业上领先于法国，但是，羊毛制品总是因为它在质地以及成衣效果上不如丝绸那么柔软亲肤并且具有天然的美丽光泽，因而，在较贵重的服饰中，丝绸的运用远远多于羊毛类织物。然而，从英国兴起的"丹蒂"潮流在复古的同时，却十分推崇本土的羊毛制品。[3]

目前，还难以判断这背后是否有对于法国高端丝绸业的抵制情绪。然而，这股风潮确实契合了当时日益发展壮大的英国的精细羊毛纺织业，[4]并且当时髦的风尚波及海峡彼岸时，那里的人们也开始接受在高级服装中使用这类织物。[5] 于是，结果便是，从性别的外观文化来看，慢慢地，不仅服饰整体显示出迥然相异的两性差别，即

[1]　Aileen Ribeiro, *Dress and Morality*, p. 124.

[2]　*La mode*, 1829/10-12 (T1), p. 93.

[3]　Coleman, Elizabeth, *Of men only: a review of men's and boy's fashions*, 1750—1975, New York: Brooklyn Museum, 1975, p. 5.

[4]　当时，从英国传入的新型的羊毛面料种类繁多，质地柔软温暖，颜色多为蓝、黑、褐等明亮度较低的色彩；或者是羊毛与丝绸的混纺，有美丽的哑光，参见：*La mode*, 1829/10-12 (T1), p. 174 et p. 247.

[5]　到了 19 世纪 30 年代，新的羊毛面料的细腻程度已经可以媲美羊绒。*La mode*, 1829/10-12 (T1), p. 30.

图 70　1822 年巴黎时髦女性

（图片来源：拍摄自 *Almanach des modes et des moeurs parisiennes*，
1822，附录插图）

便是材质本身，也开始打上性别的烙印：绸缎等光滑柔软且娇贵脆弱的面料是"女里女气"的，是专属于女性的；而相对挺括结实的毛呢则属于男性。虽然男装开始大量使用呢绒面料可以追溯到大革命期间，[1]其中也暗含着人们对于代表着贵族的丝绸面料的扬弃，代表着不同阶层间审美趣味的差别，但是性别的寓意在此也不能被忽视，因为否则就无法解释为何丝绸类面料在女装中依然被大范围使用。另一个影响则有关于服装的色调，到了晚期的"丹蒂"的代表人物如同他们 18 世纪的前辈一样，青睐使用明亮的色彩来突出自己的优雅外观，如蓝色或嫩黄色。[2] 但是这显然已经

[1]　*Journal de la mode et du goût*，No. 11，1790.
[2]　Aileen Ribeiro，*Dress and Morality*，p. 125.

图 71　1829 年巴黎时髦女性(1)

(图片来源：拍摄自 *La Mode*，1829/10—12，附录插图)

是 19 世纪的男性在服装上使用如此艳丽颜色的最后机会了。虽然在用料方面，依旧强调精致细腻，在裁剪方面，突出服装与穿着者身体的吻合，然则在色彩的运用上，男装终究转向更为暗沉的色系。由此可见，到了此时，资产阶级的审美观已经牢牢地占据了统治地位，即使它能够吸收小部分贵族时期的审美观念，但最终，整合以后的风格仍然是极具资产阶级特色的沉稳低调。因此总体上，尤其从款式裁剪上看，男性服装总的趋势是日益偏重实用，如旧制度时期的束缚行动的紧身套裤慢慢退出了历史舞台，转而被长裤取代。不仅如此，长裤和鞋子的变化都以舒适实用的功能性为主，[1]即使是节日或典礼上的男装也秉持暗沉低调的风格，难寻往日足可媲美女性服装的夺目光彩。[2] 这一基调延续至今。

　　从某种意义上，男性服装从 18 世纪到 19 世纪的转变可看作是这样的过程，即，时髦的精英们逐渐吸收了属于不时髦的群体的服饰元素[3]（例如，众所周知，在旧制度，只有劳动者或者是社会阶层较低的人群才穿着长裤，而上流社会则穿着套裤），使男性在外观上完全摒弃了花里胡哨的无用装束，确立了这一性别的服装在以后两

〔1〕 *La mode*，1829/10-12(T1)，p. 58.
〔2〕 Piton Camille，*Le costume civil in France du XIIIe au XIXe siècle*，p. 359.
〔3〕 Coleman，Elizabeth，*Of men only*，p. 5.

百年的基本风格。"这是带有颠覆性的趋势，是资产阶级在 19 世纪确立的服装道德。"[1]

依据哈兰德等艺术史家的观点，从艺术审美层面来看，依照 19 世纪初期的美学观点，男装在暗沉的色彩与合体的裁剪这两个方向上的"现代化进程"都可被看成是突出自然的阳刚之气，遵循的是一个理想的男性形象：坚韧与理性。这一系列特性恰与旧时代男性贵族过度修饰、过于人工化的"女人味"相对照，并与 18 世纪晚期开始兴起的新古典主义不谋而合。新古典主义艺术强调古典的庄重简洁，突出线条的流畅，以彰显古典文明崇尚的理性与简朴。

虽然女性服装也不可避免地受到新古典主义的影响，这从 18 世纪后半叶上流社会女性流行穿白裙子已足可证明，不过，不同之处在于，女装并不像男装那样从这股复古的美学思潮中吸收抽象的理念，并加以创造性地改造，相反采取的是直接因袭古典样式的方式，如前文所述的衬衣裙和"绝美女人"的高

图 72　1829 年巴黎时髦女性(2)

图 71、72 中的女性着装风格十分强调女性的柔美。(图片来源：拍摄自 *La Mode*，1829/10—12)

腰裙，几乎是古希腊女装的翻版。以此而言，新古典主义趣味与女装的关系，就显得较为表面化，仅仅是变化多端的时尚风潮中的昙花一现。如果只是样式上的简单模仿而非服装理念的真实变革，那么这股风尚的影响也就难以久远，这也是 1799 年大肆流行的轻薄面料以及拖鞋所造成的轰动效果并不能在欧洲长期留存的原因。女性服装仍然保持着繁复精致的装饰，较多人为扭曲线条的传统老路，仍然负载着更多的关于谦逊道德或者取悦异性等其他层次的需求；与此同时，男性着装的现代化进程，则使两性外观上的区别较以往任何时候更为明显。[2] 女性时尚理念的真正改

〔1〕 Philippe Perrot, *Les dessus et les dessous de la bourgeoisie : Une histoire du vetement au XIXe siecle*, Paris: Fayard, 1981, p. 56.

〔2〕 Anne Hollander, "The Modernization of Fashion," *Design Quarterly*, No. 154 (Winter, 1992), pp. 27-33.

变尚需要此后一百多年的时间来进行。

　　服装史家里贝罗也认为,从实践层面来说,资产阶级与昔日沉溺于享乐、不事生产的贵族不同,他们多半从事实质性的工作,更有利于行动并且方便舒适的服装当然成为其首选;从服饰文化层面来说,将自身外观与另一个性别的服饰的差异拉大并且固定,是确立男性在两性社会里的统治地位的重要举措。因为从此以后,男性致力于**表现他**是一个工作的人(worker),他在整体上不再展示他的身体,或是把注意力放在修饰他的外观上。[1] 于是,服饰或者时尚,都被划归到与男性从事的生产性的工作相对立的消费性质的范围,变成只能用来赏心悦目的消遣性的事物,而这类事物只能从属于女性所分配到的领域。这一过程,与 19 世纪对于女性的本质和社会角色的重新讨论和界定密不可分。下面我们会看到,女性服饰在 19 世纪上半叶的变化完全趋向了另一个截然不同的方向。

　　对于女性服饰而言,督政府以及第一帝国时期十分常见的希腊式直筒长裙如今已经销声匿迹,[2]大面积的裸露、半透明的裙摆随着那段充满了迷茫和混乱的岁月一起变成了过去。女装最重要的变化是,从复辟王朝开始,消失多时的塑身衣又重新出现,连同腰带一起,紧紧勾勒出女性的腰部曲线。在这之前,腰线直接位于胸部下方的位置,造成的效果就是使胸部看起来更为丰满,也使其成为整体造型的目光焦点。如今,腰线的位置回落到正常的腰部,也就是全身最纤细的地方,换言之,女装的基本样式再次回到整体突出腰部的沙漏状。例如,1840 年出现的格诺琳衬裙(la jupe Crinoline),实际上是紧身内衣的一部分。它的设计目的就是使那些不太完美的腰部看起来变得纤细,所以这种衬裙的尺寸必须制得非常精确,每一个折子都要安排得很妥帖,这样才能使裙子贴合穿着者的身体,起到束腰的效果。[3] 除此以外,膨大的袖子也是在 19 世纪 30 年代,尤其是浪漫主义时期大行其道的一种款式。采用外部拼接的方式,仿佛鼓满了空气的袖子有时候是直接用带子系在肩膀上的。虽然,单从审美上看,这种袖子略显怪异,但是从整体上看就会发现,宽大的袖子恰好凸显出腰部的不盈一握。

　　该时期,表现在女装上的另一个特征便是大量使用花卉。除了服装面料本身印有花卉图案,或者是刺绣的花朵之外,无论是衣裙还是头饰,使用真花装饰深受时髦女性的喜爱。羽饰或缎带虽然仍在使用,但人们更青睐于用花朵来点缀。[4] 有时候

---

〔1〕 Aileen Ribeiro, *Dress and Morality*, p. 119.
〔2〕 Piton Camille, *Le costume civil in France du XIIIe au XIXe siècle*, p. 367.
〔3〕 *La Sylphide*, *Journal de modes*, *de littérature*, *de théâtres et de musique*, 1840, p. 62,也可参见: Piton Camille, *Le costume civil in France du XIIIe au XIXe siècle*, p. 368.
〔4〕 *La Sylphide*, *Journal de modes*, *de littérature*, *de théâtres et de musique*, 1840, p. 133.

流行小型的花朵,另一些时候则相反,大朵的浓墨重彩的花比较受欢迎。[1] 玫瑰花从上到下地装点着女性的衣裙,包围着上衣和袖子,花骨朵以及娇俏的小花则被固定在面颊旁的发髻上。[2] 尤其是在隆冬季节,使用鲜花做装饰的女性在舞会上会显得卓然不同,冬天只能佩戴干花,而制作干花的价格相当昂贵。于是,这样的装束自然就因为暗示着背后有充足的财力支撑。制作鲜花饰品的商人之间的竞争是哪家商铺的产品能更长时间地维持鲜艳。鲜花饰品通常都只能支撑一场舞会的时间。[3] 在花卉的选择上,年轻女子爱用轻盈的丁香花和白纱装饰帽子;[4] 新娘的长裙上则缀满了带着枝叶的盛放的橙花。[5] "春天,人们佩戴着大朵的鲜花;到了秋冬季节,则更多使用精美小巧的干花:在白色的毛织软帽上放一串蝴蝶花或是一支豆蔻香红玫瑰,茎叶自然地缠绕,再加上几朵小小的蓓蕾,显得那么优雅。"[6] 在盛大的晚会上,一条精致的长裙必定是被鲜花和蕾丝花边装点,红色或蓝色的玫瑰从裙边蔓延到腰间,袖子上同样都是玫瑰与蕾丝制成的花球。[7] 服饰上大量使用鲜花或者是花样图案,其目的是都是为了突出穿着者像花朵一般柔美娇弱的特点,因此,该时期的女性服饰一再强调的是女性特性中弱势、需要他人呵护的一面。

图 73　1829 年巴黎时髦女性(3)

从这张 1829 年《时尚》的插图可以看到花朵被大量运用到女性的日常装饰中。(图片来源:拍摄自 *La Mode*,1829/10—12)

---

〔1〕 *La Sylphide*, *Journal de modes*, *de littérature*, *de théâtres et de musique*,1840, p. 97.

〔2〕 *La Sylphide*, *Journal de modes*, *de littérature*, *de théâtres et de musique*,1840, p. 73 和 p. 97.

〔3〕 *La Sylphide*, *Journal de modes*, *de littérature*, *de théâtres et de musique*,1840, p.5.

〔4〕 *La mode*, 1829/10-12 (T1), p. 172.

〔5〕 *La mode*, 1829/10-12 (T1), p. 147.

〔6〕 *La mode*, 1829/10-12 (T1), p. 52.

〔7〕 *La Sylphide*, *Journal de modes*, *de littérature*, *de théâtres et de musique*,1840, p.135.

19 世纪初女性的社会角色

综上所述，这一历史时期的服饰文化非常鲜明地表现出由性别主导的二元对立。这一点恰恰与社会日益被看成是由公共空间与私人空间组成的二元划分的观念相吻合。女性越来越被排斥在公众生活之外，她被安置在只包含家庭领域的私人空间。"与从前相比，19 世纪的妇女更多地被束缚在私人的领域内。虽然这种趋势在 18 世纪后半段就开始出现了，但大革命确实起了很大的促进作用。这样就重新调整了男性和女性的关系以及普遍的家庭观念。妇女与家和私人空间的联系增强了……妇女成为需要外界保护的脆弱对象，她是私人的代表。"[1]

1804 年的《民法典》就清楚地体现了女性在社会和家庭中的双重从属地位。"《民法典》以自然的名义赋予家庭中丈夫和家族中的父亲以绝对的优越地位，而妻子和母亲则在法律上被剥夺了权利。已婚妇女不再是一个能够担负责任的个人……'丈夫必须保护他的妻子，妻子必须服从她的丈夫。'已婚妇女不能作为未成年孩子的监护人……不能充当证人；妻子如果离开丈夫的家，政府可以将其送回……通奸的妇女可以被处以死刑。"[2]《民法典》还规定，丈夫可以处置妻子的嫁妆。而这在之前的习惯法中是不被允许的。[3] 虽然在实际的执行中，关于女性地位的习俗并非像法律规定的那么严苛死板。[4] 但是有一点是可以确定的，那就是在《民法典》的界定下，妻子的地位低于丈夫，并完全依附并服从于丈夫。事实上，当时不少人反对寡妇在其丈夫去世之后接手参与家族事业的经营的习俗。[5]

在这种背景下，公务与家庭事务之间的区分导致了两性在外观装束上的分道扬镳。炫耀式的贵族化的外观文化依然存在，但却逐渐被另一种低调含蓄的风格所取代；与此同时，更鲜明的区分界限出现在两性之间：男性这边需要表现出个体审慎、有能力、严肃以及勤奋与理性这一系列虽不引人注目但仍可见的标志。[6] 这一系列

[1] [法]菲利普·阿利埃斯、[法]乔治·杜比 主编：《私人生活史》，周鑫等译，哈尔滨：北方文艺出版社 2008 年版，第四卷，第 34 页。
[2] Adeline Daumard, *La Bourgeoisie Parisienne de 1815 à 1848*, pp. 358-359. 以及[法]菲利普阿利埃斯，《私人生活史》，第四卷，第 145-146 页。
[3] Michèle Bordeaux, "Le maître et l'infidèle: des relations personnelles entre mari et femme de l'ancien droit au Code civil," *La famille, la loi, l'Etat*, Paris: Imprimerie Nationale, 1989, pp. 432-445.
[4] Geneviève Fraisse, *Les deux gouvernements: la famille et la Cité*, Paris: Gallimard, Folio, 2000, p. 61.
[5] Adeline Daumard, *La Bourgeoisie Parisienne de 1815 à 1848*, p. 374.
[6] Philippe Perrot, *Les dessus et les dessous de la bourgeoisie*, p. 94.

外观上的符号是当时社会所推崇的被认为是男性才具有的"公正、合理、独立和政治主体者的品质"[1]的直观体现。与此相对的是女性身处家庭空间,更多的"感性、非理性、家庭事务以及植根于自然之中"[2]。从中可以看到,女性作为与男性全然不同的存在,她不具备用男性特质加以衡量的那些"好品质",因而就被看成是"依赖、被动和弱小"的。[3] 由于性别上的不平等和依附性,在外观上,女性的服装就偏向于突出她自然柔美的一面,因为她需要强调自身的女性特征以此来吸引异性。无论是色彩、款式还是材质(补充),所有这些服装的要素都是为了凸显女性外形上的特征,强调其性格中温柔、感性甚至娇弱的一面。

大革命之后,道德家、教士、医生以及知识分子关于女性在社会中担当何种角色的讨论随之兴起,虽然角度各自不同,但其出发点都认可女性对于一个稳定的社会结构是至关重要的。[4] 19 世纪上半叶,数量可观的文本论证了女性在教育子女中的重要作用。[5] 但是,值得注意的是,对女性在培育后代、照顾家庭等方面的重要性的肯定,实际上是建立在对男性和女性的性别本质和能力进行了根本性的区分界定之上。当时很多医学工作者试图证明,男女是完全不同的存在,每一性别有其自身的激情、道德、风俗、节制及疾病,女性的生理和情感决定了她们无法在脑力劳动和公共事务中发挥作用。这些论调显然是为排斥女性寻找合理的理由。因为女性的性别特质一旦被定性,那么她们的社会命运也已经被决定。性别的差异被描述为"力量与美丽",女性从根本上被界定为弱小低劣的性别。[6] 很多通俗小说延续了革命前对于女性的描绘。这种勾画几乎都建立于卢梭在《爱弥儿》和《新爱洛漪丝》中对于女性教育及家庭生活的设想。

另一方面,联系当时的历史背景,革命之后之所以强调女性要安守家庭的提议如此集中,正是因为当时很多女性的生活状态与此相反。在《女精灵》中,便有一文既生动形象又不无讽刺地描绘了活跃在社交界的所谓的时髦女性的生活。时髦女性在繁多的社交活动中如花蝴蝶般扑来扑去。她要马不停蹄地出席各种聚会、音乐

---

〔1〕 [英]露丝里斯特:《公民身份:女性主义的视角》,夏宏译,长春:吉林出版集团有限责任公司 2010 年版,第 110 页。

〔2〕 [英]露丝里斯特:《公民身份:女性主义的视角》,第 110 页。

〔3〕 [英]露丝里斯特:《公民身份:女性主义的视角》,第 110 页。

〔4〕 Denise Zara Davidson, *Constructing order in post-revolutionary France: Women's identities and cultural practices*, 1800—1830, p. 19.

〔5〕 Adeline Daumard, *La Bourgeoisie Parisienne de* 1815 *à* 1848, pp. 365-367.

〔6〕 Sean M. Quinlan, "Physical and Moral Regeneration after the Terror: Medical Culture, Sensibility and Family Politics in France, 1794—1804," *Social History*, Vol. 29, No. 2 (May, 2004), pp. 139-164.

会,从意大利剧院出来就一头扎进歌剧院。为了谈吐有趣,还得时时关心政治新闻,阅读当红小说,翻阅热点新书。更重要的是,她始终不能露出一丝倦容,时时得打起精神应付一切活动。文章的作者指出,这种看似风光的生活之下实则是巨大的压力,因为她将自己暴露在诽谤、敌意甚至仇视之下,只要她消失在这个舞台上短短一段时间——或是出了趟国,或者是生了场病——人们就会把她遗忘,会有另一位优雅的夫人将她取而代之。因而热闹背后的代价其实是空虚。[1] 这就是说,引起关于女性社会角色的讨论的缘由之一在于法国女性在社交生活的很多方面不容忽视地存在。她们在社会上影响不容小觑,正如前文所述,恐怖之后是一个享乐主义的法国社会,塔里安夫人和赫卡米夫人是其中的代表。

正如戴维森看到的,在当时,一方面是在法国社会公共空间里随处可见的女性身影,不论是在小说里还是杂志上,她们通常被描绘成沉溺于社交生活,却将妻子或者母亲的职责抛诸脑后的形象;另一方面,与这类绝美女人所代表的自由放荡相对立,重新建立道德权威的努力也随之兴起,这种努力希望通过对家庭的控制巩固政治稳定,宣扬身为母亲的女性用自己特有的温柔情感哺育和教育孩子,认为这才是女性应该完成的义务。[2] 虽然也有女性对于"妻子要服从丈夫"的教条深感不满,[3] 但是,她们的声音在当时的社会显得无足轻重,很少看到有男性对此表示赞同。主流观点认为,虽然女性在维系家庭稳定、社会和谐以及养育子女方面有不可或缺的重要意义,但是,尊重男性在两性之间的优先性依然是最重要的。例如,在一本专为当时数位著名女作家立传的书中,撰写前言的编者的观点颇具代表性。他虽然肯定了女性在知识的自由传播方面起到了积极的作用,对于原先只是写些时尚的笔也开始写关于道德、宗教和哲学,人们不再感到奇怪。并且,他认为现如今女作家这个词再也不是莫里哀时期用来嘲弄那些矫揉造作的可笑女才子的讥讽之意。[4] 但是,这位作者同时又欣慰地说:"这些写作的热情让一部分女性越过了上天给她们这个性别划定的界限,但是因此忘记自己的家庭职责的女性还是并不太多见。"他进一步指出,男性担心女性对写作的爱好会影响她们完成家庭事务,这是情有可原的,因为这关系到他作为配偶和父亲的利益。[5] 由此可见,当时人是非常强

〔1〕 *La Sylphide*, *journal de modes*, *de littérature*, *de théâtres et de musique* 1842, p. 8.

〔2〕 Denise Zara Davidson, Constructing order in post-revolutionary France: Women's identities and cultural practices, 1800—1830, P. 17.

〔3〕 *Apostolat des femmes* 是出版于 1832 年至 1833 年的一部女性杂志,宣扬女性独立自由的观点。

〔4〕 Alfred de Montferrand, *Biographie des femmes auteurs contemporaines françaises*. tome premier, Paris: Armand-Aubrée, 1836. p. 2.

〔5〕 Alfred de Montferrand, *Biographie des femmes auteurs contemporaines françaises*. tome premier, p. 7.

调女性应该恪守将家庭事务放在首位的妇德。

回到外观的话题。显而易见,外观,首先是一个女性内在品性德行的体现,它直观地表现出一个女性对自我的认知;其次,由品性决定的生活方式会直接影响她在外观上的选择。因为,忙于抛头露面的女性必须时时刻刻让自己看起来时髦优雅,那么,关注最新的时尚潮流,频繁出入各类知名时尚商店,便是她生活中极为重要的一部分。[1] 这当然不是 19 世纪的道德观察家们愿意看到的形象。同理,如前文所述,年轻女性被认为不应该过多关注外表,只有"当她们看起来对此毫不在意的时候,她们才是最美丽的"。即便有装饰,也遵循"少即是美"的原则,因为各种装饰品都是过于关注自身形象的表现,所以白色与简洁始终被看作是最适合年轻女性的装束。[2]

革命后期,关于女性应该具有何种美德这一话题,最早具有重要影响的作品是勒古韦(Gabriel-Marie Legouvé)[3]的《女性之功勋》(Le Mérite des Femmes)。他的观点即是:女性以其对男性的影响来改进文化,拯救法国,但不是以直接参与的方式。也就是说,同上文提到的那部传记的作者相似,勒古韦等人并不否定女性的才能以及她们在历史进程中表现出来的勇气与英雄行为。[4] 他们也认为女性是社会连接中非常重要的环节,家庭经由女性的社会关联才保持平衡。[5] 然而,分配给女性的工作和任务始终是家庭以内的。家庭与外面的世界是分离的,女性承担的是"内部事务"。女孩子们所受的教育也潜移默化地教导她们要接受这样的安排,从某种程度上看,无论是颂扬女性美德还是安排给女性的教程,都旨在限制或者消除女性不应当有的"越界"的野心。[6]

不过,在看似与革命前相似的关于女性的讨论中,在 19 世纪初期的道德家那里,有明显的特点使之区别于革命前的论调。首先,人们觉得该论题很重要,很急切。这种迫切来自对于革命前以及革命时期性别混淆的恐惧,男性希望明确自身在两性关系中的统治地位,女性也需要重新给自身的本性及角色找到清晰的形象和位置。

---

〔1〕 *La Sylphide*,*journal de modes*,*de littérature*,*de théâtres et de musique*,1840,p. 33.

〔2〕 *La Sylphide*,*journal de modes*,*de littérature*,*de théâtres et de musique*,1840,p. 31.

〔3〕 勒古韦(Gabriel-Marie Legouvé, 1764—1812),法国 18 世纪末 19 世纪初的剧作家和诗人,在 19 世纪初担任过《信使报》的主编。Gabrie Legouvé,*Le mérite des femmes:et autres poésies*(10e éd.),Paris:A. A. Renouard, 1809.

〔4〕 Geneviève Fraisse,*Les deux gouvernements:la famille et la Cité*,Paris:Gallimard, 2000,p. 80.

〔5〕 Geneviève Fraisse,*Les deux gouvernements:la famille et la Cité*,p. 74.

〔6〕 Yveline Fumat,"La socialisation des filles au XIXᵉ siècle," *Revue française de pédagogie*. Vol. 52,1980. pp. 36-46.

戴维森认为,在女性被越来越限制在家庭空间的过程中,各种长时段的因素——社会、经济、政治都起了作用,而不仅仅是大革命这一事件,更基本的变化在于法国社会的"资产阶级化"。[1]与此同时,这些观点都以十分容易接受的方式表达。这种限制本身不再采取大革命时期关闭俱乐部那样的赤裸裸的方式,因为即便是男性也意识到,女性在社会结构中的作用不容小觑,粗暴的排斥并不能带来稳定的家庭/社会。这也是为何,在旧制度末年以及大革命时期叱责女性不安守本分的口吻在此时的文本已不常见。

例如,在一份关于女性是否应当学认字的材料中,作者首先提出:"两性之间是平等的,也就说,在造物主那里,两性同样完美,自然界并不存在比女性更完美的男性。"[2]随后,他很快又指出:

> 犹如无知的花朵,这是处女的特点,当她被艺术和科学触及,便开始失去她的醇香,开始枯萎,对于一个年轻女孩来说,她接受的第一课就是她被迫离开自然的第一步……[3]每个性别有其自身的责任,男性的任务是建设和保卫;女性的任务并不太明显,但是温柔和感性是女性的两大特点,她的权利和义务以及才能都应该在此范围之内……在世俗社会,不同的分工中,交付给女性的只是被动的工作。她们的王国的界限就是父亲或母亲的家庭,这才是她们统治的场所。[4]

我们看到,类似这样的作者惯于采取先扬后抑的方法来论证女性更适合家庭生活/私人空间的观点,即,将重点放在赞美女性特有的品质:温柔、仁慈、同情心,甚至提出女性凭借这些品质开启了一个"女性王国",与公共领域里的男性相互补。[5]因此,就不难理解,到了19世纪,为何越来越鲜明的外观界线在两性之间出现,为何时尚本身呈现日渐浓厚的女性意味。因为在公共领域和私人领域逐渐分离的资产阶级社会,女性被界定为只能归属于后者的范围;但是,在一个取消了奴隶制、等级制

〔1〕 Denise Zara Davidson, *Constructing Order in Post-revolutionary France: Women's Identities and Cultural Practices*, 1800—1830, P. 17.

〔2〕 Maréchal, Sylvain, *Projet d'une loi portant défense d'apprendre à lire aux femmes* ([Reprod.]) par S＊＊-M＊＊＊. 1801, p.5.

〔3〕 Maréchal, Sylvain, *Projet d'une loi portant défense d'apprendre à lire aux femmes* ([Reprod.]) par S＊＊-M＊＊＊. 1801, Concidérant 4.

〔4〕 Maréchal, Sylvain, *Projet d'une loi portant défense d'apprendre à lire aux femmes* ([Reprod.]) par S＊＊-M＊＊＊. 1801, Concidérant 10 et 11.

〔5〕 Elizabeth Colwill, "Women's Empire and the Sovereignty of Man in La Décade philosophique, 1794—1807," *Eighteenth-Century Studies*, 29. 3 (1996) 265-289.

等各种不平等的隔离制度的社会里,即使法律条文清晰规定了性别间的区隔,[1]在实际操作中,却远不是那么简单易行,因此,必然需要其他的手段来巩固性别间的差异,服饰便是其中最清晰直接的方式。

---

[1] 关于女性的民事权,即便是法律自身,也存在漏洞与矛盾,详见:Geneviève Fraisse, *Les deux gouvernements : la famille et la Cité*, pp. 97-98。

结语

　　丹尼尔·罗什说,服饰文化首先是一种秩序。在旧制度下的等级社会里,衣着是人们表明自身所属阶层和团体的标示,它在社会群体中划出明显的区隔,强调着等级结构的分层。在服饰上大肆炫耀,是贵族等级证明其身份的方式。但是,资产阶级上层的精英们始终试图打破服饰的限制,而占据着统治地位的贵族们则一直坚守着这道壁垒。这就是为何在 1700 年之前的几百年间,"禁奢令"不断颁布的原因。18 世纪中叶,有关"奢侈"的大讨论溢出了哲学思辨的范畴,经济理论和道德层面上的碰撞折射出法国社会内在的矛盾与冲突,反映了一个传统的农业社会在新时代来临之前的焦虑和困惑。旧制度末年,金钱和财富日益显示出巨大的力量,冲击着旧有的社会结构。资产阶级的壮大,消费社会的兴起,时尚行业的发展,加剧了外观等级的消融。正是在社会矛盾日益加深的背景下,以王后玛丽·安托瓦内特为首的贵族女性的生活方式、服饰装扮成为公众抨击的目标;原本用来强化王权威严的奢华服饰俨然变为腐朽的专制体制的罪证。相应地,上流社会女性与奢侈服饰之间的紧密联系又催生了关于性别与德行的传统话题。一方面,人们痛斥巴黎女性盲目追求时尚,批判女性的虚荣、浮夸、任性和肤浅;另一方面,以卢梭为代表的哲人们寻找着以《爱弥儿》中的苏菲为蓝本的启蒙时代的理想女性:自然朴实、温顺可爱。并且,性别也被用作攻击贵族等级的武器,因为,随着贵族等级价值观的陨落,这个阶级被看成是没有生产力的,依附性的。作为一个整体,贵族等级的存在价值和特权地位饱受质疑。因此,它在服饰上的特权地位也变得摇摇欲坠。

　　从 18 世纪晚期到 19 世纪初期,随着大革命的降临,法国社会经历了深刻的改变。革命摧毁了旧制度,也摧毁了旧制度下本已模糊不清的外观等级。穿衣成为个人的自由。巴黎的女性纷纷穿上"平等服"、"宪政服"或者"国民服"。一时间,三色绶带飘扬在巴黎的大街小巷。但是,需要质疑的是:这些服装为什么会被追捧? 它们与政治信仰的关系到底有多大? 宣传或象征着革命理念的服饰有时候只是因为新颖的款式而受欢迎,有时候,则是被利用为掩饰真实政治态度的绝佳面具。与那些以追随时尚为要旨的时髦女性不同,激进的革命女性戴着小红帽,佩着三色徽,穿着男式服装,手持长矛走上了街头。她们争取拥有这些具有强烈政治含义的服饰符号的权利,就像她们竭力争取平等的社会权利和政治权利。服饰成为公民资格的表征,或为加入公共领域的"通行证"。激进女性在服饰上的要求被排斥意味着她们被驱逐出男性革命者主导的政治空间。

　　作为政治文化符号的服饰,在这场错综复杂的革命中表现出多重功能。它既可以作为支持或者反对的标识,也可以形塑统一的团体,抑或制造分裂的胚芽。1793 年的"三色徽之争"便是服饰符号的多重作用的完美注脚。女性群体内部关于革命服饰的争端却导致了所有女性俱乐部的关闭。在这一事件中,既有经济利益的冲突又有政治势力之间的角逐,但更重要的是,服饰的纷争意外地引发了两性之间的对峙,看似奇怪的现象背后是启蒙思想对性别秩序的拷问。旧制度末年女性在公共舞台的瞩目形象使得革命者坚信,共和国若想长治久安,须将女性封锁在家庭之内,否则必将重蹈覆辙。革命以平等、自由、博爱为旗帜,却把所有女性关在公共领域的大门之外,只留下那些在革命的庆典上沉默地扮演着"纯洁"、"德行"或者"理性"的白衣少女。而这些白衣少女的形象,或许沿袭了旧制度末年盛行的某种乡间习俗。这一习俗所带有的浓厚宗教意味与革命节日希望具备的教化作用异曲同工。此时,服饰上的传承暗含着凝聚和安抚一个躁动的社会所需要的相似的力量。不过,严格来说,白衣少女只是革命秩序中无害的点缀而已,女性已然失声。

　　热月政变之后,在结束恐怖并重新建立稳定的社会政治秩序的过渡中,法国社会陷入了混乱和无序。"绝美女人"风尚所代表的放浪形骸既是一种灾难结束之后的狂欢心态,也是从 18 世纪下半叶开始萌生的个人自由主义在服饰上的表达,同时,也是传统社会道德被瓦解的结果。在资产阶级逐步攫取政治控制权的过程中,他们的审美趣味也逐渐占据了统治地位。19 世纪初期的时尚表现出以下两个特点:首先,时尚用以区分社会阶层的功能不再凭借往昔简单明了的方式进行。随着统治阶级的更新换代,社会分层不再以门第出身为界,新富阶层的崛起,使得贵族式的炫耀可以为任何拥有大量财富的人所模仿,因而,时尚转而用细节体现区隔,以含蓄来彰显身份。一方面,资产阶级以此确立自身新的伦理价值:勤奋和克制,以示他们与旧的统治阶级之间的区别;另一方面,他们仍然需要与普罗大众划清界限,所以,在外观上,高人一等的威严以及与众不同的优越感依旧要维持。第二个特点便随之产生。既然男性的服装要表达克制和威严,那么与下层民众相区分的任务则由他们的妻女来承担。于是,服饰在性别差异上的体现,此时变得更加显著,并成为此后的稳定趋势。更为重要的是,大革命之后,法律明确规定女性从属于他们的丈夫,女性被严格限制在私人领域之中。反映在服装上,那些能够鲜明体现女性性别特征的元素更为盛行,暗示着女性需要取悦男性。大革命中,那些要求穿着男装,走上战场的女性的愿望在整个 19 世纪无望实现。

通过对大革命时代女性服饰的嬗变的种种现象分析,可以看到,革命前的富丽堂皇和革命之后的简洁明快,两种风格的转变,并不是革命自身促成,而是因为导致革命爆发的那些思想理念在革命之前已经广为流传,它们不仅催生了革命的到来,也同样改变了人们对衣着服饰的观念。平等和自由,这些新的理念因为革命而变得更为深入人心。而在革命之后,原来依靠外在的铺张与奢侈来强调特权地位的那个群体已被革命摧毁,取而代之的是新的统治集团。后者在努力与前者相区别的过程中,还要确立和维护新的服饰文化。这就是革命之后新的服装形式大行其道的根源。这种新的外观上的文化预示着整个 19 世纪的审美精神与道德伦理。

服饰不仅是一种自我的表达,更是社会规约的体现,在它背后,是整个社会的道德伦理价值和权力结构的安排。新的审美趣味昭示着与之前不同的价值取向。与服饰的整体变化相同,新的社会价值取向并不是一场革命所能创立的,它的萌芽要追溯到更早些时候的社会政治经济体系的缓慢变化、启蒙思想的传播,而它的确立和巩固更需要漫长的时间。大革命在这一进程中起到了推波助澜的作用,因为它用革命特有的狂风暴雨似的方式摧毁了原已摇摇欲坠的陈旧的价值体系,从而迎来新的社会政治秩序及相应的伦理道德。

如今,那种依靠外表就可以将人划分到某一等级的简单明了的服饰的秩序早已成为遥远的过去。消费社会的成熟加上时尚行业的高度商业化使消费者能够获得更多质优价廉的服装,这就使得较低阶层很容易模仿较高阶层的着装,服饰作为外在的高低等级区隔的标志性作用进一步弱化。然而,与此同时,政治的民主化与文化的多元化催生了审美趣味的多样性。某些具有特殊标志性的服饰成为一些亚文化圈群体与主流文化刻意保持距离,并形成自我认同的快捷途径,如"哥特文化"、"朋克文化"等,都有其独特的着装风格。这些审美趋向不断地冲击着确立于 19 世纪的所谓高雅含蓄的趣味。于是,在法国大革命过去了两百多年之后,虽然服饰再也不是高低贵贱的标志,服饰在人类社会中的隐形区分却随着自由和平等的进程进一步细化和深入,它所承载的文化与政治话语因而也变得愈加错综复杂。因为,自始至终,服饰都是一种态度的表达,是一种不宣之于口的姿态。

参考书目

第一部分　原始材料

Ⅰ　时尚杂志（18世纪中期到19世纪上半叶）

Album des modes et nouveautés , suivi de tablettes historiques , dramatiques , 1827.

Almanach des dames , 1801—1840.

Almanach des mode , 1814—1830.

Almanach des modes et des moeurs parisiennes , 1818—1822.

Apostolat des femmes , 1832—1833.

Cabinet des modes , 1785—1786.

Galerie des modes et des costumes français , 1778—1785.

Journal de la mode et du goût , 1790—1792.

Journal des dames , 1759—1779.

L'album : journal des arts , des modes et des théâtres , 1822.

La Sylphide : journal de modes , de littérature , de théâtres et de musique , 1839—1873.

La mode , 1829—1854.

Le Mercure galant , 1672—1714.

Le nouveau magasin français ou Bibliothèque instructive et amusante , 1750—1751.

Le véritable ami de la reine , ou Journal des dames , 1790.

L'observateur des modes, 1818—1823.

Magasin des modes nouvelles francaise et anglaises, 1786—1789.

Nouveau Mercure gallant, 1714—1716.

Tableau général du goût, *des modes et costumes de Paris*, 1797—1799.

Ⅱ 回忆录、通信与游记

Abrantès, Laure Junot. *Mémoires de Madame la duchesse d'Abrantès*, *ou Souvenirs historiques sur Napoléon la Révolution*, *le Directoire*, *le Consulat*, *l'Empire et la Restauration*, Paris : Ladvocat, 1831.

Arlens, Constance Cazenove de. *Deux mois à Lyon et à Paris sous le Consulat*: *Journal de Constance de Cazenove d'Arlens* (*fevrier-avril* 1803), Paris: A. Picard et Fils, 1903.

Bachaumont, Louis Petit de. etc., *Mémoires secrets pour servir à l'histoire de la République des Lettres en France*, *depuis MDCCLXII*, *ou Journal d'un observateur*, *contenant les analyses des pièces de théâtre qui ont paru durant cet intervalle*, *les relations des assemblée littéraires*, Londre: J. Adamson, 1784.

Boigne, Éléonore-Adèle d'Osmond. *Récits d'une tante*: *mémoires de la comtesse de Boigne*, Paris: E. Paul, 1921.

Etienne-Léon Lamothe-Langon(Baron de). *Souvenirs sur Marie Antoinette ... et sur la cour de Versailles*, Paris: L. Mame, 1836.

Fernig, Théophile de. *Correspondance inédite de mademoiselle Théophile de Fernig*, Paris: Firmin-Didot frères, Fils et Cie, 1873.

Fusil, Louise. *Souvenirs d'une actrice*, Paris: Dumont, 1841.

Hardy, Siméon Prosper. *Mes loisirs*, *ou Journal d'événemens tels qu'ils parviennent à ma connoissance* (1753—1789), Tome 1—2, Paris: Hermann, 2008.

Henriette Lucie Dillon marquise de La Tour du Pin Gouvernet. *Mémoires de la Marquise de La Tour du Pin*, Paris: Chapelot, 1913.

Henriette-Louise Waldner de Freundstein d' Oberkirch. *Mémoire de la Baronne d'Oberkirch*, Paris: Charpentier, 1853.

Johann Friedrich Reichardt. *Un hiver à Paris sous le Consulat*, 1802—1803. *d'après les lettres de J. F. Reichardt*, Paris: E. Plon, Nourrit et Cie, 1896.

Kotzebue, August von. *Souvenirs de Paris*, *en* 1804, Tome 1, Paris: chez Barba, 1805.

La Mésangère, Pierre de. *Le Voyageur a Paris*: *tableau pittoresque et moral de cette capitale*, Paris: chez la veuve Devaux, 1800.

La Mésangère, Pierre de. *Voyages en France*: *Ornés de gravures*: *avec des notes*. *Voyage de Chapelle et de Bachaumont*, Paris: Chaignieau, 1795.

Longevialle, Maurice de. *Un chapitre de plus au mérite des femmes*: *souvenir de la Terreur à Lyon en* 1793, Lyon: Impr. C. Rey, 1844.

Mémoires d'une femme de qualité sur le Consulat et l'Empire, Paris: Mercure de France, 2004.

Mikhaïlovich, Karamzin, Nikolaï, *Voyage en France*, 1789—1790, traduit du Russe et annoté par A. Legrelle. Paris: Hachette et Cie, 1885.

Mme Campan. *Mémoires sur la vie privée de Marie-Antoinette*, *reine de France et de Navarre*: *suivis de souvenirs et anecdotes historiques sur les règnes de Louis XIV*, *de Louis XV et de Louis XVI*, Paris: Baudouin frères, 1822.

Molé, Louis-Mathieu Comte de. *Mathieu Molé*, *souvenirs d'un témoin de la Révolution et de l'Empire*, Genève: Éditions du Milieu du monde, 1943.

Prudhomme, Louis Marie. *Voyage descriptif et historique de l'ancien et du nouveau Paris*, Paris: l'auteur, 1821.

Rémusat (Claire Elisabeth Jeanne Gravier de Vergennes, Madame de), Paul de Rémusat. *Mémoires de Madame de Remusat* 1802—1808, Paris: Calmann Lévy, 1880.

Roland de la Platière, Jeanne-Marie. *Mémoires de Mme Roland*, Paris: Baudoin fils, 1820.

Saint-Elme, Ida. *Mémoires d'une contemporaine*: *ou*, *Souvenirs d'une femme sur les principaux personnages de la République*, *du Consulat*, *de l'Empire*, *etc*, Paris: Ladvocat, 1827.

Simond, Charles. *La vie parisienne à travers le XIXe siècle*: *Paris de 1800 à 1900 d'après les estampes et les mémoires du temps*. Paris: E. Plon, Nourrit et Cie,

1900.

Swinburne, Henry. *La France et Paris sous le Directoire*：*Lettres d'une voyageuse anglaise*，*suivies d'extraits des lettres de Swinburne*（1796—1797），Paris：Firmin-Didot, 1888.

Tarente, Louise Emmanuelle de Châtillon（princesse de）. *Souveniers de la princesse de Tarente*，1789—1792，Paris：H. Champion, 1901.

Thiéry, Luc-Vincent. *Le voyageur à Paris*：*extrait du Guide des amateurs & des étrangers voyageurs à Paris*，Paris：chez Hardouin & Gattey, 1788

Thomas, Antoine Léonard. *A la mémoire de Madame Geoffrin*，Paris：Desessarts, 1802.

Vigée Le Brun, Elisabeth. *Les femmes régnaient alors*，*la Révolution les a détrônées*，*Souvenir*，1755—1842，Paris：Tallandier, 2009.

Ⅲ 小册子与其他出版物（革命时期许多小册子均为匿名出版，故出版信息残缺）

Adresse aux religieuses des communautés régulières et séculières et à toutes les femmes courageuses du royaume，Paris：de l'Impr. de Crapart, 1791.

Aelders, Etta Palm de. *Appel aux Françaises sur la régénération des moeurs et nécessité de l'influence des femmes dans un gouvernement libre*，Paris：Impr. du cercle social, 1791.

Aelders, Etta Palm de. *Discours de Mme Palme d'Aelders*，*Hollandaise*，*lu à la Confédération des amis de la vérité*，*par un de MM. les secrétaires*，Paris：Chalopin, 1791.

Almanach des Françoises célèbres par leurs vertus，*leurs talens ou leur beauté*：*dédié aux Dames Citoyennes*，*qui les premières ont offert leurs dons patriotiques à l'Assemblée Nationale*，Paris：[s. n.]，1790.

Almanach des honnêtes femmes pour l'année 1790：*avec une gravure satyrique originale du temps*，*sur la duchesse de Polignac*，Paris：[s. n.]，1790.

Archambault. *Dissertation sur la question*：*Lequel de l'homme ou de la femme est plus capable de constance*，Paris：Pissot et J. Bullot, 1750.

Arrest de la cour de Parlement concernant la reformation du luxe，Paris：chez François Muguet, 1701.

Baudeau, Nicolas. *Principes de la science morale et politique sur le luxe et les loix somptuaires* 1767, Paris: P. Geuthner, 1912.

Bénézech, Pierre. *Programme de la fête de la liberté : à célébrer les 9 et 10 thermidor de l'an 4*, Paris: Imp. de la République, 1796.

Bouffonidor. *Les fastes de Louis XV : de ses ministres, maitresses, généraux, et autres notables personnages de son règne ; pour servir de suite à la vie privée*, Ville-Franche: chez la veuve Liberté, 1783.

Boureau-Deslandes, André-François. *Lettre sur le luxe*, Francfort: J.-A. Vanebben, 1745.

Butel-Dumont, Georges-Marie. *Théorie du luxe, ou Traité dans lequel on entreprend d'établir que le luxe est un ressort, non seulement utile, mais même indispensablement nécessaire à la prospérité des états*, Londres: J.-F. Bastien, 1771.

Caffiaux, dom Philippe Joseph, *défenses du beau séxe ou mémoires historiques*, 4 tomes, Amsterdam: aux dépens de la Compagnie, 1753.

Cahier des plaintes et doleances des Dames de la Halle et des Marches de Paris, [S. l. : s. n.], 1789.

Cahier des représentations et doléances du beau sexe, au moment de la tenue des états généraux, [S. l. : s. n.], 1789.

Calendrier portatif pour l'an de la République française, Paris: [s. n.], 1793—1795.

Caraccioli, Louis-Antoine de. *Dictionnaire critique, pittoresque et sentencieux*, 3 tomes, Paris: B. Duplain, 1768.

Charnois, Jean Charles Le Vacher de. *Recherches sur les costumes et sur les théâtres de toutes les nations, tant anciennes que modernes*, Paris: Drouhin, 1790.

Chevrier, François-Antoine. *Le quart-d'heure d'une jolie femme, ou Les amusemens de la toilette : Ouvrage presque moral dédié a messieurs les habitans des coins du Roi de la Reine*, Geneve: chez Antoine Philibert, au Perron, 1753.

Clément, Jean Marie Bernard. *Satire sur les abus du luxe, suivie d'une Imitation de Catulle*, Genève, Paris: Le Jay, 1770.

Clicquot-Blervache. *Dissertation sur les effets que produit le taux de l'intérest de l'argent sur le commerce et l'agriculture*, Amiens: Impr. de Vve Godart, 1755.

Coicy(Mme de). *Les femmes comme il convient de les voir*, Paris: Bacot, 1784.

Coicy(Mme de). *Demande des femmes aux Etats-Généraux*, [S. l. : s. n.], 1789.

Condorcet, *Sur l'admission des femmes au droit de cité*, Paris: [s. n.], 1790.

Corbin, Jean (Abbé). *Protestations des dames françaises, contre la tenue des états prétendus généraux*, B. N. :LB39 1011, [S. l. : s. n.], 1789.

Coyer, Gabriel François (Abbé). *La noblesse commerçante*, Paris: chez F. Gyles, 1757.

De l'influence des femmes dans l'ordre civil et politique, [S. l. : s. n.], 1789.

Déclaration pour l'exécution de l'édit de mars 1700 portant interdiction de dorer les carrosses (Enregistrée au Parlement), 1711.

Déclaration du Roi, qui permet l'usage des pierreries aux femmes et filles qui en avoient esté excluës par l'édit de mars 1700 (Registrée en Parlement), le 10 mars 1702.

Décret de la Convention nationale... qui défend les clubs & sociétés populaires de femmes, Paris: Chez Mercier, impr. du département de la Marne, 1793.

Discours et motions sur les spectacles (Signé : M * * * [22 aout 1789]), Paris: Denné, 1789.

Discours prononcé à la Société des citoyennes républicaines révolutionnaires : en lui donnant un guidon sur lequelle est la Déclaration des droits de l'homme, Paris: [s. n.], [179 ?]

Discours prononcé par Mme Rigal, dans une assemblée de femmes artistes et orfèvres, tenue le 20 septembre, pour délibérer sur une contribution volontaire, [S. l. : s. n.], 1789.

Du Serre-Figon, Joseph-Bernardr (Abbé). *Discours prononcé dans l'église de Surêne, le 30 août 1789, pour la fête de la rosière*, Paris: Onfroy, 1789.

Duchesne(Mère). *De par la mère Duchesne, anathèmes très énergiques*, Paris: [s. n.], 1791.

Dunker, Balthasar-Anton. *Costumes des moeurs et de L'esprit francois : avant la grande Révolution*, Lyon: [s. n.],1791.

Dupuy. *Dialogues sur les plaisirs, sur les passions et sur le mérite des femmes, et sur leur sensibilité pour l'honneur*, Paris: Estienne, 1717.

Édit contre le luxe, portant règlement pour les étoffes, galons, ameublemens, vaisselles et autres ustenciles d'or et d'argent (Enregistré au Parlement), le 20 mars 1700.

*Epître à Damon sur le luxe des femmes de Lyon: par le sieur L * * *. Ensemble les nouvelles satires du sieur de * * *, avec l'art du geste du prédicateur*, Lyon: [s. n.], 1685.

Estampes pour servir à l'histoire des mœurs et du costume des français dans le dix-huistième siècle, Paris: Prault, 1775—1777.

Ève, Antoine-François. *Madame Angot, ou La poissarde parvenue*, Paris: chez Barba, libraire, 1796.

Fauchet, Claude. *Discours sur les moeurs rurales, prononcé dans l'église de Surenne, le 10 d'août 1788, pour la fête de la rosière*, Paris: J. R. Lottin, 1788.

Femmes contre-révolutionnaires en bonnet rouge: Procès-verbal de ce qui est arrivé aux citoyennes républicaines-révolutionnaires, [S. l. : s. n.], 1793.

Fêtes des bonnes gens de canon et des rosières de briquebec, Avignon & Paris: Le Monnier, 1777.

François-Louis Gauthier. *Traite contre l'amour des parures et le luxe des habits*, Paris: A. -M. Lottin, 1780.

Gacon-Dufour, Marie Armande Jeanne. *Les dangers de la coquetterie*, Parsi: Buisson, 1788.

Genlis, Stéphanie-Félicité du Crest. *Discours sur la suppression des couvens de religieuses, et sur l'éducation publique des femmes*, Paris: Onfroy, 1790.

Grand complot découvert, de mettre Paris à feu et à sang à l'époque du 10 août jusqu'au 15, de faire assassiner les patriotes par des femmes, et par des calotins déguisés en femmes, Marie-Antoinette, [S. l. : s. n.], [179 ?].

Grenaille, François de. *La mode*, Paris: N. Gassé, 1642.

Griefs et plaintes des femmes mal mariées, [S. l. : s. n.], 1789.

Guyon（Claude-Marie, Abbé）. *Histoire des Amazones anciennes et modernes*, Paris: chez J. Villette, 1740.

Hasard, Pierre-Nicolas-Josephr（Abbé）. *Discours prononcé au couronnement de la rosière de Suresnes*, *le 12 août* 1787, Paris: Impr. de Demonville, 1787.

Hume, David. *Essais sur le commerce*; *le luxe*; *l'argent*; *l'intérêt de l'argent*; *les impôts*; *le crédit public*, *et la balance du commerce*（Traduction nouvelle, avec des réflexions du traducteur et lettre d'un négociant de Londres à un de ses amis, contenant des réflexions sur les impôts auxquels sont assujetties les denrées de première nécessité）, Paris: Saillant, 1767.

Jodin. *Vues législatives pour les femmes*, *adressées à l'Assemblée nationale*, Angers: Mame, 1790.

Kerblay, Joseph-Marie Lequinio de. *Les prejuges detruits*, 2nd ed. , Paris: Impr. du cercle social, 1793.

L'âme des Romaines dans les femmes françaises, [S. l. : s. n.], 1789.

L'argument des pauvres aux Etats-Généraux （[Reprod.]）/ *par Mme Sophie-Remi de Courtenai de la Fosse-Ronde*, [S. l. : s. n.], 1789.

L'avocat des femmes à l'Assemblée nationale, *ou Le droit des femmes enfin reconnu*, [S. l. : s. n.], [179 ?].

La Croix, Jean-François de. *Dictionnaire portatif des femmes célèbres* （Contenant l'histoire des femmes savantes, des actrices, & généralement des dames qui se sont rendues fameuses dans tous les siècles, par leurs aventures, les talents, l'esprit & le courage. Nouvelle édition revue & considérablement augmentée）, Paris: Belin, Volland, 1788.

La Rivière, Alexandre de. *Le partisan des femmes*, *ou la source du mérite de l'homme*, Paris: Cuissard, 1758.

Lambert, Madame de. *Avis d'une mere a sa fille*, Paris: chez Etienne Ganeau, 1728.

le Citoyen Maillot. *Les Soupers de Madame Angot ou le Contradicteur*, Paris: de l'Imprimerie de Madame Angot, 1797.

Le luxe, *première cause de la décadence de Rome*. *Poëme qui a remporté le prix de l'Académie de Montauban*, Montauban: [s. n.],1759.

Le portefeuille d'un talon rouge, *contenant des anecdotes galantes et secrètes de la cour de France*, Paris: Bibliothèque des curieux, 1779—1791.

Legouvé, Gabrie. *Le mérite des femmes*: *et autres poésies*(10e éd.), Paris: A. A. Renouard, 1809.

Leroy, Alphonse Vincent Louis Antoine, *Recherches sur les habillemens des femmes et des enfans ou examen de la maniere dont il faut vêtir l'un & l'autre sèxe*, Paris: chez Eugène Onfroy, Libraire, Quai des Augustins, au Lys d'Or, 1772.

Les Demoiselles du Palais-royal, *aux Etats-Généraux*, (B. N. :LB39), [S. l. : s. n.], 1789.

Les héroïnes de Paris, *ou L'entière liberté de la France*, *par les femmes*: *police qu'elles doivent exercer de leur propre autorité*: *Expulsion des charlatans*, Paris: chez Knapen & fils, 1789.

Lettre bougrement patriotique de la Mère Duchêne à la reine, [S. l. : s. n.], 1791.

Lettre d'un naturaliste de la baye de Quiberon, *qui étoit à la vertu des femmes*, *sur le supplément au Mémoire de M. Louis*, [S. l. : s. n.], 1765.

Lettres des clubs de femmes de Lyon et Dijon, *et réponse*, Paris: [s. n.], 1793.

Liste des citoyennes femmes ou filles d'artistes, *qui ont fait hommage de leurs bijoux à l'Assemblée nationale*, *le lundi 7 septembre 1789*, *à titre de contribution volontaire*, *destinée à l'acquittement de la dette publique*, Versailles: de l'Impr. royale, 1789.

Lucet, J. J. *La correspondance des dames*, *ou journal des modes et des spectacles de Paris*, Paris: chez Gide, 1799.

Maignet, Étienne-Christophe. *Rapport et projet de décret*, *sur les secours à accorder aux pères*, *mères*, *femmes & enfans des citoyens-soldats*, Paris: de l'Impr. Nationale, [179 ?]

Maréchal, Sylvain. *Projet d'une loi portant défense d'apprendre à lire aux femmes*([Reprod.]) par S ＊ ＊-M ＊ ＊ ＊. Paris: Massé, 1801.

Melon, Jean François. *Essai politique sur le commerce*, [S. l. : s. n.], 1736.

Metra, Louis-François. *Correspondance littéraire secrète*, [S. l. : s. n.],

1775—1793.

Mirabeau. *L'ami des hommes ou traité de la population*, 8 tomes, Hambourg: chez Chrétien Hérold, Libraire, 1760—1764.

Miremont, Anne D'Aubourg de la Bove de, *Traité de l'éducation des femmes, et cours complet d'instruction*, 7 tomes, Paris: Pierres, 1779.

Moitte. *Suite de l'ame des romaines dans les femmes françaises*, [S. l. : s. n.], 1789.

Molé, Guillaume-François-Roger. *Histoire des modes françaises ou révolutions du costume en France*, Paris: chez Costard, 1773.

Motion de la pauvre Javotte, députée des pauvres femmes, Paris: [s. n.], 1790.

Motions adressées à l'Assemblée nationale en faveur du sexe, Paris: Impr. de la Veuve Delaguette,1789.

Nicolas Ponce. *Aperçu sur les modes françaises*([Reprod.]), Paris: [s. n.], [179 ?]

Observations d'une femme, sur la loi contre les émigrés, Paris: chez G. F. Galletti, [1792].

Ordonnance du Roi du 8 février 1713 contre le luxe des domestiques, laquais et gens de livrée, Paris: J. de La Caille, 1713.

Peltier, Jean-Gabriel. *Dernier tableau de Paris*, Paris: chez l'Auteur et chez Elmsly, 1794.

Pluquet (Abbé). *Traité philosophique et politique sur le luxe*, tome I, Paris: Barrois, 1786.

Procédure criminelle instruite au Chatelet de Paris, sur la dénonciation des faits arrivés à Versailles dans la journée du 6 octobre 1789, 2 tomes, Paris: chez Baudouin, 1790.

Prudhomme, L. *Les crimes des reines de France, depuis le commencement de la monarchie jusqu'à Marie-Antoinette*, Paris: au Bureau des Révolutions de Paris, 1791.

Ravoisé (Abbé). *Discours prononcé au couronnement de la Rosière à Surène*, 8 août 1790, Paris: Impr. de C. Simon, 1790.

Requête des femmes pour leur admission aux Etats généraux, à messieurs composant l'Assemblée des notables (B. N. : LB39 679), [S. l. : s. n.], 1789.

Restif de la Bretonne. *Monument du costume physique et moral de la fin du dix-huitième*, Paris: chez C. Dilly, 1790.

Ripault, Louis-Madeleine. *Une Journée de Paris*, Paris: Johanneau, 1796.

Rodolphe, Sievr de & du Montour Fiteliev. *La contre-mode*, Paris: chez Louys de Hevqueville, 1642.

Roussel, Pierre. *Systeme physique et moral de la femme, ou tableau philosophique de la constitution, de l'etat organique, du tempérament, des moeurs*, Paris: Vincent, 1775.

Rutledge, James. *Essai sur le caractere et les moeurs des français compares a celles des anglais*, Londres: [s. n.], 1776.

Saint-Lambert, Jean-François de. *Essai sur le luxe*, [S. l. : s. n.], 1764.

Sauvigny, Edme-Louis Billardon de. *La rose ou la feste de Salency*, Paris: Gauguery, 1770.

Séguy-Lavaud, *Annales d'une révolution d'oiseaux, ou le défenseur du droit de propriété. journal de luxe, dédié aux femmes*, Paris: [s. n.], 1795.

Sénac de Meilhan, Gabriel. *Des principes et des causes de la Révolution de France*, Londres, Paris: Vve Duchesne, 1790.

Tertullien, Hébert. *Des prescriptions contre les hérétiques, de l'habillement des femmes, de leur ajustement, et du voile des vierges*, Paris: chez Simon Trouvin: 1683.

Thomas, Antoine Léonard. *Essai sur le caractere, les moeurs et l'esprit des femmes dans les différents siecles*, Paris: chez Moutard, 1772.

Victor Fournel. *Le vieux Paris; fêtes, jeux et spectacles*, Paris: A. Mame et fils, 1887.

Voltaire, *Oeuvres de M. de Voltaire* (Nouvelle édition, revue, corrigée et considérablement augmentée par l'auteur), Dresde: George Conrad Walther, 1752.

Vues législatives pour les femmes, adressées à l'Assemblée nationale, Angers: Mame, 1790.

Ⅳ 档案及材料汇编

Aulard, François-Alphonse. *Paris pendant la réaction thermidorienne et sous le Directoire*, 5 tomes, Paris: Librairie Léopold Cerf, 1898—1902.

Aulard, François-Alphonse. *Paris sous le Consulat: Recueil de documents pour l'histoire de l'esprit publicà Paris*, 4 tomes, Paris: Librairie Léopold Cerf, 1903—1909.

Aulard, François-Alphonse. *Paris sous le premier empire: recueil de documents pour l'histoire de l'esprit public à Paris*, 3 tomes, Paris: Librairie Léopold Cerf, 1912—1923.

Les Femmes dans la Révolution Française, 2 tomes, Paris: EDHIS, 1982.

Ⅴ 20 世纪前相关研究

Abrantès, Laure Junot. *Histoire des salons de Paris tableaux et portraits du grand monde sous Louis XVI, le Directoire, le Consulat et l'Empire, la Restauration et le règne de Louis-Philippe*, Paris: Ladvocat, 1837.

Adolphe, Jullien. *Histoire du costume au théâtre depuis l'origine du théâtre en France jusqu'à nos jours*, Paris: G. Charpentier, 1880.

Alfred de Montferrand. *Biographie des femmes auteurs contemporaines françaises*. tome 1, Paris: Armand-Aubrée, 1836.

Baudrillart, Henri. *Histoire du luxe privé et public depuis l'antiquité jusqu'à nos jours*, Paris: Hachette, 1878—1880.

Beaumont, Edouard. de. *L'épée et les femmes*, Paris: Librairie des Bibliophiles, 1881.

Bertal, Joseph. *Les demoiselles de Fernig*, Paris: C. Delagrave, 1887.

Bignicourt, Arthur Barbat de. *Histoire du journal "La Mode"*, Paris: Bureau de "A Mode Nouvelle", 1861.

Bouchot, Henri. *Le luxe français: l'Empire*, Paris: Librairie illustré, 1892.

Challamel, Augustin. *Les français sous la Révolution*, Paris: Challamel, 1843.

Delécluze, Étienne-Jean. *Louis David, son école et son temps souvenirs*, Paris: Didier, 1855.

Delepouve, Charles. *Mémoire historique sur l'institution de la Rosière de Salancy*, Paris: H. Carion, 1861.

Duparcq, Édouard de La Barre. *Histoire militaire des femmes*, Paris: aux frais de l'auteur, 1873.

Éméric, Louis-Damien. *Des dangers de la coquetterie*, Paris: Mareschal, 1801.

Gallois, Léonard. *Histoire des journaux et des journalistes de la Révolution française* (1789—1796), Paris: Bureau de la Société de l'industrie fraternelle, 1846.

Gatine, Georges Jacques & Pierre de La Mésangère. *Costumes de femmes du pays de Caux, et de plusieurs autres parties*, Paris: chez l'éditeur de l'Imprimerie de Crapelet, 1827.

Genlis, Stéphanie Félicité comtesse de. *Dictionnaire critique et raisonné des étiquettes de la cour, des usages du monde, des amusemens, des modes, des moeurs, etc... : ou, L'esprit des etiquettes et des usuages anciens, compares aux modernes*, Paris: P. Mongie ainé, 1818.

Goncourt, Edmond de & Jules de. *La femme au XVIIIe siècle*, Nouvelle édition, revue et augmentée, Paris: G. Charpentier, 1882.

Goncourt, Edmond de & Jules de. *Portraits intimes du XVIIIe siècle : Études nouvelles d'après les lettres autographes et les documents inédits*, Paris: E. Dentu, 1857.

Hatin, Eugène. *Bibliographie historique et critique de la presse périodique française*, Paris: Firmin-Didot frères, fils et cie, 1866.

Houssaye, Arsène. *Notre-dame de thermidor ; historie de Madame Tallien*, Paris: H. Plon, 1867.

Lacroix, Paul. *Costumes historiques de la France d'après les monuments*, Paris: Administration de Librairie, 1852.

Lacroix, Paul. *Directoire, Consulat et Empire moeurs et usages, lettres, sciences et arts France, 1795—1815, ouvrage illustré de 10 chromolithographies et de 410 gravures sur bois d'après Ingre, Gros, Prud'hon et autres*, Paris: Firmin-Didot et Cie, 1884.

Lacroix, Paul. *Recueil curieux de pièces originales rares ou inédites, en prose et en vers, *sur le costume et les révolutions de la mode en France*: *pour servir d'appendice aux Costumes historiques de la France*, Paris: Administration de Librairie, 1852.

Lacroix, Paul. *XVIIIᵉ siècle. Institutions, usages et costumes. France 1700— 1789. Ouvrage illustré*, Paris: Libr. Firmin-Didot, 1875.

Lairtullier, E. *Les femmes célèbres de 1789 à 1795, et leur influence das la Révolution*, Paris: E. Lairtullier, 1840.

Lamothe-Langon, Etienne-Léon. *Souvenirs sur Marie Antoinette et sur la cour de Versailles*, tome II, Paris: L. Mame, 1836.

Lumière, Henry. *Le théâtre français pendant la révolution 1789—1799*, Paris: E. Dentu, 1894

Michelet, Jules. *Les femmes de la révolution*, Paris: Adolphe Delahays, 1854.

Muret, Théodore. *L'Histoire par le théâtre, 1789—1851. La Révolution, le Consulat, l'Empire*, Paris: Amyot, 1865.

Octave, Uzanne. *Le miroir du monde; notes et sensations de la vie pittoresque*, Paris: Quantin, 1888.

Octave, Uzanne. *Les modes de Paris: variations du goût et de l'esthétique de la femme*, 1797—1897, Paris: Société française d'Éditions d'art, L. H. May, 1898.

Octave, Uzanne. *Les ornements de la femme: l'éventail, l'ombrelle, le gant, le manchon*, Paris: Librairies-imprimeries réunies, 1892.

Quicherat, Jules Étienne Joseph. *Histoire du costume en France depuis les temps les plus reculés jusqu'à la fin du XVIIIᵉ siècle*, Paris: Nabu Press, 1877.

Renouvier, Anatole de Montaiglon. *Histoire de l'art pendant la révolution: considéré principalement dans les estampes*, Paris: Vve J. Renouard, 1863.

Vertot (Abbé). *Mémoire sur l'établissement des lois somptuaires, Bibliothèque académique ou choix fait par une société de gens de lettres de différens mémoires des Académies françaises et étrangères, la plupart traduits, pour la première fois, du latin, de l'italien, de l'anglais, etc.*, vol. 5. Paris: Delacour, 1811.

Villiers, Henri de. *Essais historiques sur les modes et la toilette française*, Paris:

Bouquin de la Souche, 1824.

Welschinger, Henri. *Le théâtre de la Révolution*, 1789—1799: *avec documents inédits*, Paris: Charavay frères, 1880.

第二部分　二手研究

阿内尔. 政治学与女性主义. 郭夏娟, 译. 北京: 东方出版社, 2005.

露丝·里斯特. 公民身份: 女性主义的视角. 夏宏, 译. 长春: 吉林出版集团有限责任公司, 2010.

高毅. 法兰西风格——大革命的政治文化(增补版). 北京: 北京师范大学出版社, 2013.

高毅. 在革命与反动之间: 法国革命热月时期金色青年运动刍论. 中国社会科学季刊(香港), 1994 年秋季卷.

Abensour, Léon. *La féminisme sous le règne de Louis-Philippe et en* 1848, Paris: Plon-Nourrit et Cie, 1913.

Abensour, Léon. *La femme et le féminisme avant la révolution*, Paris: Editions E. Leroux, 1923.

Acomb, Francis. *Anglophobia in France*, 1763—1789: *An Essay in the History of Constitutionalism and Nationalism*, Durham: Duke University Press, 1950.

Adams, Christine. Maternal Societies in France: Private Charity Before the Welfare State, *Journal of Women's History*, 2005 (17), 87-111.

Adler, Laure. *Les premières journalistes*: 1830—1850 *à l'aube du féminisme*, Paris: Payot, 1979.

Agulhon, Maurice. Les couleurs dans la politique française, *Ethnologie française*, 1990 (nouvelle serie, 20), 391-398.

Agulhon, Maurice. *Le cercle dans la France bourgeoise* 1810—1848: *étude d'une mutation de sociabilité*, Paris: A. Colin, 1977.

Allemagne, Henry René d'. *Les accessoires du costume et du mobilier depuis le treizième jusqu'au milieu du dixneuvième siècle*, Paris: Schemit, 1928.

Alter, Jean V. *L'esprit antibourgeois sous l'Ancien régime*, Genève: Droz, 1970.

Anne, Verjus et Jennifer Heuer. L'invention de la sphère domestique au sortir de la Révolution, *Annales historiques de la Révolution française*, 2002(327), 1-28.

Ansart, Guillaume. Condorcet, Social Mathematics, and Women's Rights, *Eighteenth-Century Studies*, 2009(42), 347-362.

Applewhite, Harriet B & Darline G. Levy, eds. *Women and politics in the Age of the Democratic Revolution*, Ann Arbor: University Michigan Press, 1990.

Armengaud, André. Mariages et naissances sous le Consulat et l'Empire, *Revue d'histoire moderne et contemporaine*, 1970(17), 373-390.

Aurélie, Chatenet-Calyste. Pour paraître à la cour: les habits de Marie-Fortunée d'Este, princesse de Conti (1731—1803), *Apparences vestimentaires en France à l'époque moderne*, 2012(4). Online since 14 February 2012, http://apparences. revues. org/1184.

Auslander, Leora et Zancarini-Fournel Michelle. Le genre de la nation et le genre de l'État, *Clio. Histoire, femmes et sociétés*, 2000(12), mis en ligne le 19 mars 2003, https://clio. revues. org/161.

Baecque, Antoine de. *The Body Politic Corporeal Metaphor in Revolutuionary France*, 1770—1800, Stanford, Calif. : Stanford University Press, 1997.

Ballaster, Rosalind. *Women's Worlds: Ideology, Femininity and the Woman's Magazine*, London: Macmillan 1991.

Bard, Christine. *Ce que soulève la jupe: identités, transgressions, résistances*, Paris: Autrement, 2010.

Barthe, Roland. Histoire et sociologie du Vêtement, *Annales. Histoire, Sciences Sociales*, 1957(12), 430-441.

Bayard, Jean Emile. *Le style Louis XVI: ouvrage orne de 160 gravures* environ, Paris : Garnier Freres, 1900.

Becq, Annie. Esthétique et politique sous le Consulat et l'Empire: la notion de beau idéal, *Romantisme*, 1986(16), 23-38.

Becq, Annie. *Genese de l'esthétique francaise moderne*, Paris: Pacini Editore, 1994.

Bellhouse, Mary L. Visual Myths of Female Identity in Eighteenth-Century France, *International Political Science Review*, 1991(12), 117-135.

Bellot, Eva. Marianne sur les planches: les héroïnes anonymes du théâtre de la Révolution française (1793—1798), *Annales historiques de la Révolution française*, 2012(367), 69-92.

Beltran, Alain. Du luxe au cœur du système. Électricité et société dans la région parisienne (1800—1939), *Annales. Économies, Sociétés, Civilisations.* 1989 (44), 1113-1136.

Bély, Lucien. *Dictionnaire de l'Ancien Régime: royaume de France, XVIᵉ-XVIIIᵉ siècle*, Paris: PUF, 2010.

Bemadette, Fort. Peinture et féminité chez Jean-Jacques Rousseau, *Revue d'Histoire littéraire de la France*, 2004(2), 363-394.

Benhamou, Reed. Fashion in the *Mercure*: From Human Foible to Female Failing, *Eighteenth-Century Studies*, 1997(31), 27-43.

Bérard, Suzanne J. Aspects du théâtre à Paris sous la Terreur, *Revue d'Histoire littéraire de la France*, 1990(90), 610-621.

Berg, Maxine & Elizabeth Eger. *Luxury in the eighteenth century debates, desires and delectable goods*, Basingstoke, Hampshire; New York: Palgrave, 2007.

Berg, Maxine. In pursuit of luxury: global history and British consumer goods in the eighteenth century, *Past & Present*, 2004(182), 85-142.

Berkin, Carol & Clara Maria Lovett. *Women, War and Revolution*, London: Lynne Rienner Publishers, 1980.

Berlainstein, Lenard. Women and Power in Eighteenth-Century France: Actresses at the Comedie-Francaise, *Visions and Revisions of Eighteenth-Century France*, Christine Adams, Jack Censer, and Lisa Jane Graham eds., University Park: Pennsylvania State University Press, 2005, pp. 178-184.

Berlanstein, Lenard R. Breeches and Breaches: Cross-Dress Theater and the Culture of Gender Ambiguity in Modern France, *Comparative Studies in Society and History*, 1996(38), 338-369.

Berry, Christopher J. *The Idea of Luxury: A Conceptual and Historical Investigation*, Cambridge: Cambridge University Press, 1994.

Betty-Bright P. Low. Of Muslins and Merveilleuses: Excerpts from the Letters of Josephine du Pont and Margaret Manigault, *Winterthur Portfolio*, 1974(9),

29-75.

Biard, Michel & Pascal Dupuy. *La révolution française dynamique et ruptures 1787—1804*, Paris: Armand Colin, 2008.

Blanc, Olivier. Cercles politiques et "salons" du début de la Révolution (1789—1793), *Annales historiques de la Révolution française*, 2006(344), 63-92.

Bluche, François. *La vie quotidienne de la noblesse française au XVIIIᵉ siècle*, Paris: Hachette, 1973.

Blum, Stella. *Eighteenth-century French Fashion Flates in Full Color*, New York: Dover Publications, 1982.

Boehn, Max Von & Oskar Fischel. *Modes & Manners of the Nineteenth Century, as Represented in the Pictures and Engravings of the Time*, London: J. M. Dent & Co.; New York: E. P. Dutton & Co., 1909.

Bolles, Marion P. Empire Costume: An Expression of the Classical Revival, *The Metropolitan Museum of Art Bulletin*, New Series, 1944(2), 190-195.

Bonnet, Marie-Josèphe, *Liberté, égalité, exclusion: femmes peintres en Révolution* (1770—1804), Paris: Vendémiaire, 2012.

Boucher, François. *Histoire du costume en occident de l'antiquité à nos jours*, Paris: Flammarion, 1983.

Boucher, Geneviève. *Histoire, Révolution et esthétique. Le temps et ses représentations dans le Tableau de Paris et le Nouveau Paris de Louis Sébastien Mercier*. Paris: Université Paris-Sorbonne, 2009.

Bouhet, Patrick. Les femmes et les armées de la Révolution et de l'Empire un aperçu, *Guerres mondiales et conflits contemporains*, 2000(198), 11-29.

Bouineau, Jacques. *Les toges du pouvoir* (1789—1799), *ou*, *La révolution de droit antique*, Toulouse: Association des publications de l'Universite de Toulouse-Le Mirail et Editions Eche, 1986.

Bouton, Cynthia A. Gendered Behavior in Subsistence Riots: The French Flour War of 1775, *Journal of Social History*, 1990(23), 735-754.

Bouton, Cynthia A. *The Flour War: Gender, Class, and Community in Late Ancien Régime French Society*, University Park: Pennsylvania State University Press, 1993.

Brouard-Arends, Isabelle & Marie-Emmanuelle Plagnol-Diéval. *Femmes éducatrices au siècle des Lumière*, Rennes: Presses Universitaires de Rennes, 2007.

Brown, Stephanie A. *Women on trial The Revolutionary Tribunal and Gender*, Ph. D. diss. , Stanford: Stanford University, 1996.

Cage, E. Claire. The Sartorial Self Neoclassical Fashion and Gender Identity in France 1797—1804, *Eighteenth-Century Studies*, 2009(42), 193-215.

Caradonna, Jeremy L. The Monarchy of Virtue: The Prix de Vertu and the Economy of Emulation in France, 1777—1791, *Eighteenth-Century Studies*, 2008(41), 443-458.

Carocci, Renata. Néo-classicisme et théâtre révolutionnaire: retour au passé ou ouverture sur l'avenir," *Cahiers de l'Association internationale des études francaises*, 1998(50), 121-138.

Cassagnes-Brouquet, Sophie. Penthésilée, reine des Amazones et Preuse, une image de la femme guerrière à la fin du Moyen Âge, *Clio. Histoire, femmes et sociétés*, 2004(20), 169-179. mis en ligne le 01 janvier 2007, https://clio. revues. org/1400.

Cerati, Mari. *Le club des citoyennes républicaines révolutionnaires*, Paris: Éditions Sociales, 1966.

Champier, Victor & Gustave Roger Sandoz. *Le Palais-Royal d'après des documents inédits* (1629—1900), Paris : Société de propagation des livres d'art, 1900.

Chappey, Jean-Luc. Pierre-Louis Roederer et la presse sous le Directoire et le Consulat: l'opinion publique et les enjeux d'une politique éditoriale, *Annales historiques de la Révolution française*, 2003(334), 1-21.

Charme, G. *Splendeur des Uniformes de Napoléon*, Evreux: Editions Charles Hérissey, 2004.

Chartier, Roger. Différences entre les sexes et domination symbolique (note critique), *Annales. Histoire, Sciences Sociales*, 1993(48), 1005-1010.

Chaussinand-Nogaret, G. , J. M. Constant, C. Durandin, ... [et al.], *Histoire des élites en France: du XVIe au XXe siècle: l'honneur, le mérite, l'argent,*

Paris: Tallandier, 1991.

Cholakian, Patricia Francis. *Women and the Politics of Self-representation in Seventeenth-century France*, Newark: University of Delaware Press, 2000.

Claik, Jennifier, *The Face of Fashion*, London and New York: Routledge, 2004.

Claude Dulong. *La vie quotidienne des femmes au grand siècle*, Paris: Hachette littérature, 1984

Cohen, Michel. *Fashioning Masculinity National*, London; New York: Routledge, 1996.

Coleman, Elizabeth A. *Of Men Only: A Review of Men's and Boy's Fashions*, 1750—1975, New York: Brooklyn Museum, 1975.

Collins, Jeffrey, Style and Society: Painting in Eighteenth-Century France, *Eighteenth-Century Studies*, 2008(41), 568-574.

Colwill, Elizabeth. Women's Empire and the Sovereignty of Man in La Décade philosophique, 1794—1807, *Eighteenth-Century Studies*, 1996(29), 265-289.

Conlin, Jonathan. 'At the Expense of the Public': The Sign Painters' Exhibition of 1762 and the Public Sphere, *Eighteenth-Century Studies*, *Eighteenth-Century Studies*, 2002(36), 1-21.

Coquery, Natacha. Hôtel, luxe et société de cour : le marché aristocratique parisien au XVIIIe siècle, *Histoire & Mesure*, 1995(10), 339-369.

Coquery, Natacha, *Tenir boutique à Paris au XVIIIe siècle: Luxe et demi-luxe*, Paris: Éd. du Comité des travaux historiques et scientifiques, 2011.

Cosandey, Fanny. La blancheur de nos lys. La reine de France au cœur de l'Etat royal, *Revue d'histoire moderne et contemporaine* (1954—), 1997 (44), 387-403.

Coulet, Henri. Révolution et roman selon Mme de Staël, *Revue d'Histoire littéraire de la France*, 1987(87), 638-660.

Crout, Robert Rhodes. The Gardes Nationales as Revolutionary Network-Impressions from the Cocarde Nationale, *Proceedings of the Consortium on Revolutionary Europe*, 1985(13), 642-653.

Crowston, Clare Haru. *Fabricating women the seamstresses of Old Regime France* 1675—1791, Durham, NC: Duke University Press, 2001.

Cunnington, Cecil Willett. *Fashion and Women's Attitudes in the Nineteenth Century*, Mineola, N. Y. : Dover Publications, 2003.

Darmon, Pierre. *Femme, repaire de tous les vices. Misogynes et féministes en France (XVIe-XIXe siècles)*, Paris: Versaille, 2012.

Darrow, Margaret H. , French Noblewomen and the New Domesticity, 1750—1850," *Feminist Studies*, 1979(5), 41-65.

Daumard, Adeline. *la bourgeoisie parisienne de 1815 à 1848*, Paris: S. E. V. P. E. N. , 1963.

Davidson, Denise Z. *Constructing Order in Post-Revolutionary France: Women's Identities and Cultural Practices*, 1800 – 1830, Ph. D. diss. , Philadelphia: University of Pennsylvania, 1997.

Davidson, Denise Z. *France After Revolution: Urban Life, Gender, and the New Social Order*, Cambridge, Mass. : Harvard University Press, 2007.

Davies, Mel. Corsets and Conception: Fashion and Demographic Trends in the Nineteenth Century, *Comparative Studies in Society and History*, 1982(24), 611-641.

Davis, Fred. *Fashion, Culture and Identity*, Chicago: University of Chicago Press, 1992.

Davis, Natalie Zemon. Women on Top: Symbolic Sexual Inversion and Political Disorder in Early Modern Europe, *Society and Culture in Early Modern France*, Stanford, Calif. : Stanford University Press, 1975, 147-190.

Dearborn, George Van Ness. *The psychology of clothing*, Princeton, N. J. , Lancaster, Pa: Psychological Review Company, 1918.

Degler, Carl N. What Ought To Be and What Was: Women's Sexuality in the Nineteenth Century, *The American Historical Review*, Vol. 79, No. 5 (Dec. , 1974), 1467-1490.

Delpierre, Madeleine. *Dress in France in the Eighteenth Century*, translated by Caroline Beamish, New Haven: Yale University Press, 1998.

Dena, Goodman. *The Republic of Letters: A Cultural History of the French Enlightenment*, Ithaca, N. Y. : Cornell University Press, 1996.

Depitre, Edgard. Le système et la querelle de la Noblesse Commerçante, *Revue d'histoire économique et sociale*, 1913(6), 138-176.

Desan, Suzanna & Jeffery Merrick. *Family, Gender, Law, and State in Early Modern France*, University Park: The Pennsylvania State University Press, 2009.

Desan, Suzanne. 'War between Brothers and Sisters': Inheritance Law and Gender Politics in Revolutionary France, *French Historical Studies*, 1997 (20), 597-634.

Desan, Suzanne. Constitutional Amazons: Jacobin Women's Clubs in the French Revolution, *Re-Creating Authority in Revolutionary France*, ed. Bryant T. Ragan, New Brunswick: Rutgers University Press, 1992, 11-35.

Desan, Suzanne. Pétitions de femmes en faveur d'une réforme révolutionnaire de la famille, *Annales historiques de la Révolution française*, 2006(344), 27-46.

Desan, Suzanne. Reconstituting the Social after the Terror: Family, Property and the Law in Popular Politics, *Past & Present*, 1999(164), 81-121.

Desan, Suzanne. The Role of Women in Religious Riots During the French Revolution, *Eighteenth-Century Studies*, 1989(22), 451-468.

Devance, Louis. Le féminisme pendant la Révolution française, *Annales historiques de la Révolution française*, 1977(49), 341-376.

Devocelle, Jean-Marc. La cocarde directoriale: dérives d'un symbole révolutionnaire, *Annales historiques de la Révolution française*, 1992(289), 355-366.

DiCaprio, Lisa. *The origins of the welfare state women, work, and the French Revolution*, Urbana: University of Illinois Press, 2007.

Dijk, Suzanna Van & Madeleine Van Strien-Chardonneau. *Féminités et masculinités dans le texte narratif avant* 1800, Louvain: Peeters, 2002.

Dijk, Suzanna Van. *Traces de femmes. Présence féminine dans le journalisme français du XVIIIᵉ siècle. Avec des inventaires, une bibliographie et un index des noms et des titres*, Amsterdam: APA-Holland University Press, 1988.

Doyle, William. ed. *Enlightenment and Revolution, Essays in Honour of Norman Hampson*, Aldershot, Hampshire: Ashgate, 2004.

Duby, Georges & Michelle Perrot. *Histoire des femmes en Occident*, tome 4: *le XIXe siècle*, Paris: Plon, 1991.

Ducoudray, Émile. La Bourgeoisie parisienne et la Révolution: remarques méthodologiques pour de nouvelles recherches, *Annales historiques de la Révolution française*, 1986(263), 7-21.

Ellen, Ross. *The Debate on Luxury in Eighteenth-Century France*, Ph. D. thesis, Chicago: University of Chicago, 1975.

Elyada, Ouzi. La Mère Duchesne. Masques populaires et guerre pamphlétaire, 1789—1791, *Annales historiques de la Révolution française*, 1988 (271), 1-16.

Estrée, Paul de. *Le théâtre sous la terreur (théâtre de la peur)* 1793—1794 (d'apres des publications récentes et d'apres les documents révolutionnaires du temps, imprimés ou inédits), Paris: Émile-Paul frères, 1913.

Evans, Caroline & Minna Thornton. Fashion, Representation, Femininity, *Feminist Review*, 1991(38), 48-66.

Everdell, William R. The Rosieres Movement, 1766—1789, *French Historical Studies*, 1975(9), 23-36.

Fairchilds, Cissie. Fashion and freedom in the French Revolution, *Continuity and Change*, 2000(15), 419-433.

Fauré, Christine. Doléances, déclarations et pétitions, trois formes de la parole publique des femmes sous la Révolution, *Annales historiques de la Révolution française*, 2006(344), 5-25.

Fauré, Christine, La prise de parole publique des femmes sous la Révolution française, *Annales historiques de la Révolution française*, 2006(344), 3-4.

Fauré, Christine. *Democracy Without Women: Feminism and the Rise of Liberal Individualism in France*, Bloomington: Indiana University Press, 1991.

Fauser, Annegret. 'La Guerre en dentelles': Women and the 'Prix de Rome' in French Cultural Politics, *Journal of the American Musicological Society*, 1998(51), 83-129.

Félix, Regnault. L'évolution du costume (17e conférence transformiste), *Bulletins de la Société d'anthropologie de Paris*, 1900(1), 329-344.

Fierro, Alfred. *Bibliographie critique des mémoires sur la Révolution écrits ou traduits en français*, Paris: Droz, 1988.

Fleischmann, Hector. *Les pamphlets libertins contre Marie-Antoinette*, Paris: Megariotis, 1908.

Flügel, John Carl. *The Psychology of Clothes*, New York, London: Hogarth Press, 1950.

Fournel, Victor. Les comédiennes révolutionnaires. Rose Lacombe et les clubs de femmes, *Revue Historique*, 1894(55), 44-66.

Fraisse, Geneviève. *Les deux gouvernements*, *la famille et la cité*, Paris: Gallimard, 2001.

Franklin, Alfred. *Dictionnaire historique des arts*, *métiers et professions exercés dans Paris depuis le treizième siècle*, Paris: H. Welter, 1906.

Furet, François & Mona Ozouf, eds. *A Critical Dictionary of the French Revolution*, Arthur Goldhammer trans. , Cambridge, Mass. : Belknap Press of Harvard University Press, 1989

Fulk, Mar. Recent Trends in Research on Seventeenth-Century Women Writers, *Eighteenth-Century Studies*, 2003(36), 593-598.

Fumaroli, Marc & Chantal Grell, *Historiographie de la France et mémoire du royaume au XVIIIᵉ siècle*, actes des Journées d'Étude des 4 et 11 février, 4 et 11 mars 2002, Collège de France, Paris: Honoré Champion éditeur, 2006.

Fumat, Yveline. La socialisation des filles au XIXᵉ siècle, *Revue française de pédagogie*, 1980(52), 36-46.

Galliani, Renato. *Rousseau*, *le luxe et l'idéologie nobiliaire*, Paris: Voltaire Foundation, 1989.

Garçon, Anne-Françoise. Les Dessous des Métiers Secrets, Rites et Sous-traitance dans la France du XVIIIᵉ Siècle, *Early Science and Medicine*, 2005(10), 378-391.

Garrioch, David. The Everyday Lives of Parisian Women and the October Days of 1789, *Social History*, 1999(24), 231-249.

Geffroy, Annie. Louise de Kéralio-Robert, pionnière du républicanisme sexiste, *Annales historiques de la Révolution française*, 2006(344), 107-124.

Gelbart, Nina Rattner. *Feminine and opposition journalism in Old Regime France*: "*Le Journal des dames*", Berkeley: University of California Press, 1987.

Giraud, Marcel. Crise de conscience et d'autorité à la fin du reigne de Louis XIV, *Annales. Histoire, Sciences Sociales*, 1952(2), 172-190.

Godineau, Dominique. Autour du mot citoyenne, *Annales historiques de la Révolution française*, 1988(16), 91-110.

Godineau, Dominique. De la guerrière à la citoyenne: porter les armes pendant l'Ancien Régime et la Révolution française, *Clio. Histoire, femmes et sociétés*, 2004(20), 43-69.

Godineau, Dominique. De la rosière à la tricoteuse: les représentations de la femme du peuple à la fin de l'Ancien Régime et pendant la Révolution, *Etudes, Revolution française. net*, mis en ligne le 1er mai 2008, http://revolution-francaise. net/2008/05/01/229-rosiere-a-tricoteuse-representation-femme-peuple-fin-ancien-regime-revolution.

Godineau, Dominique. Femmes en citoyenneté: pratiques et politique, *Annales historiques de la Révolution française*, 1995(300), 197-207.

Godineau, Dominique. *Citoyennes tricoteuses*: *les femmes du peuple à Paris pendent la Révolution française*, Aix-en-Provence: Alinea, 1988.

Goldie, Mark & Robert Wokler. eds. *The Cambridge History of Eighteenth-Century Political Thought*, Cambridge: Cambridge University Press, 2006.

Goldsmith, Elizabeth C & Dena Goodman, *Going Public*: *Women and Publishing in Early Modern France*, Ithaca, N. Y.: Cornell University Press, 1995.

Goodman, Dena. Enlightenment Salons: The Convergence of Female and Philosophic Ambitions, *Eighteenth-Century Studies*, 1989(22), 329-350.

Gordeon, Daniel. *Citizens without Sovereignty*, *Equality and Sociability in French Thought*, 1670—1789, Princeton, N. J.: Princeton University Press, 1994.

Grand-Carteret, John. *Les élégances de la toilette*: *robes-chapeaux-coiffures de style*, *Louis XVI-Directoire-Empire-Restauration* (1780—1825), Paris: Michel, 1911.

Grandmaison, Olivier Le Cour. *Les citoyennetés en révolution* 1789—1794, Paris: Presses Universitaires de France, 1992.

Grazia, Victoria de. *The Sex of Things: Gender and Consumption in Historical Perspective*, Berkeley: University of California Press, 1996.

Grigsby, Darcy. Nudity à la grecque in 1799, *The Art Bulletin*, 1998(80), 311-335.

Grigsby, Darcy. *Classicism, Nationalism and History: The Prix Decennaux of 1810 and the Politics of Art under Post-revolutionary Empire*, Ph. D., diss., Ann Arbor: University of Michigan, 1995.

Gruder, Vivian R. The Question of Marie-Antoinette: The Queen and Public Opinion before the Revolution, *French History*, 2002(16), 269-298.

Guibert-Sledziewski, Elisabeth. Jardin des modes, dans *Misérable et glorieuse, la femme du XIXe siècle, Romantisme*, 1981(11), 117-121.

Gutwirth, Madelyn. *The Twilight of the Goddesses: Women and Representation in the French Revolutionary Era*, New Brunswick: Rutgers University Press, 1992.

Hamel, Frank. *A Woman of the Revolution, Théroigne de Méricourt*, New York: Brentano's, 1911.

Hesse, Carla. *Publishing and Cultural Politics in Revolutionary Paris*, Berkeley: University of California Press, 1991.

Hesse, Carla. *The Other Enlightenment: How French Women Became Modern*, Princeton, N. J.: Princeton University Press, 2003.

Heuer, Jennifer. Hats on for the Nation! Women, Servants, Soldiers and the "Sign of the France", *French History*, 2002(16), 28-52.

Heuer, Jennifer. Afin d'obtenir le droit de citoyen... en tout ce qui peut concerner une personne de son sexe, *Clio. Histoire, femmes et sociétés*, 2000(12), https://clio. revues. org/185.

Hollander, Anne. The Modernization of Fashion, *Design Quarterly*, 1992(154), 27-33.

Hollander, Anne. *Seeing through Clothes*, Berkeley: University of California Press, 1993.

Horn, Marilyn J. *The Second Skin*: *An Interdisciplinary Study*, Boston: Houghton Mifflin Company, 1981.

Houston, Mary G. *Medieval Costume in England and France*, London: A. & C. Black, 1939.

Hufton, Olwen. Women and the Family Economy in Eighteenth-Century France, *French Historical Studies*, 1975(9), 1-22.

Hufton, Olwen. Women and the Public Sphere in the Age of the French Revolution by Joan B Landes, *The American Historical Review*, 1991(96), 528-529.

Hufton, Olwen. Women in Revolution 1789—1796, *Past & Present*, 1971(53), 90-108.

Hufton, Olwen. *Women and the limits of citizenship in the French Revolution*, Toronto: University of Toronto Press, 1992.

Hunt, Lynn. *Freedom of Dress in Revolutionary France*, in Melzer, Sara E. & Kathryn Norberg eds., *From the Royal to the Republican Body*: *Incorporating the Political in Seventeenth-and Eighteenth-century France*, Berkeley: University of California Press, 1998, 224-249.

Hyde, Melissa. Confounding Conventions: Gender Ambiguity and François Boucher's Painted Pastorals, *Eighteenth-Century Studies*, 1996(30), 25-57.

Jaton, Anne-Marie. Du corps paré au corps lavé: une morale du costume et de la cosmétique, *Dix-huitième siècle*, 1986(18), 215-226.

Jessenne, Jean Pierre. *Révolution et empire* 1783—1815, 3e éd., Paris: Hachette Éducation Technique, 2011.

Jessica, Munns & Penny Rivhards eds. *The Clothes That Wear Us*: *Essays on Dressing and Transgressing in Eighteenth-Century Culture*. Newark, D.E.: University of Delaware Press, 1999.

Johnson, Eric. Virtuous Peasants and the Value of Error: Two New Works on Thought and Culture in Eighteenth-Century France, *Eighteenth-Century Studies*, 2006 (39), 555-560.

Johnson, James H. Versailles Meet Les Halles: Masks, Carnival, and the French Revolution, *Representations*, 2001(73), 89-116.

Jones, Jennifer M. Repackaging Rousseau: Femininity and Fashion in Old Regime

France, *French Historical Studies*, 1994(18), 939-967.

Jones, Jennifer M. *Sexing La Mode*: Gender, *Fashion and Commercial Culture in Old Regime France*, Oxford: Bloomsbury Academic, 2004.

Jones, Robert W. *Gender and the formation of taste in eighteenth-century Britain*: *the analysis of beauty*, Cambridge; New York: Cambridge University Press, 1998.

Jones, Vivien. ed. *Women in the Eighteenth Century*, *Constructions of Femininity*. London: Routledge, 1990.

Jourdan, Annie. Politique artistique et Révolution française (1789—1800): la régénération des arts, un échec?, *Annales historiques de la Révolution française*, 1997(309), 401-421.

Kaiser, Thomas E. From the Austrian Committee to the Foreign Plot: Marie-Antoinette, Austrophobia, and the Terror, *French Historical Studies*, 2003 (26), 579-617.

Kates, Gary. Fashioning Gender: Introduction, *Eighteenth-Century Studies*, 1996 (30), 1-4.

Kindleberger, Elizabeth R. Charlotte Corday in Text and Image: A Case Study in the French Revolution and Women's History, *French Historical Studies*, 1994 (18), 969-999.

Klein, Lawrence E. Gender and the Public/Private Distinction in the Eighteenth Century: Some Questions about Evidence and Analytic Procedure, *Eighteenth-Century Studies*, 1995(29), 97-109.

Kleinert, Annemarie. La naissance d'une presse de mode à la veille de la Révolutionet l'essor du genre au XIXe siècle, P. Rétat ed., *Le Journalisme d'Ancien Régime*: *questions et propositions*: *table ronde CNRS*, 12-13 *juin* 1981, Lyon: Presses Universitaires, Centre d'Etudes du XVIIIe siècle 1982, 189-197.

Kleinert, Annemarie. *Le "Journal des Dames et des Modes"*: *Ou la conquête de l'Europe féminine* (1797—1839), Stuttgart: Jan Thorbecke, 2001.

Knibiehler, Yvonne. Les médecins et la "nature féminine" au temps du Code civil, *Annales. Histoire, Sciences Sociales*, 1976(31), 824-845.

Korshak, Yvonne. The Liberty Cap as a Revolutionary Symbol in America and France, *Smithsonian Studies in American Art*, 1987(1), 52-69.

Kroeber, L. On the Principle of Order in Civilization as Exemplified by Changes of Fashion, *American Anthropologist*, 1919(21), 235-263.

Théry, Irène. *La famille, la loi, l'Etat: de la Révolution au Code civil*, Paris: Imprimerie Nationale, 1989.

La Gorce, Pierre de. *Histoire religieuse de la révolution française*, Paris: Plon-Nourrit, 1909-1923.

Laborie, Léon de Lanzac de. *Paris sous Napoleon*, Paris: Plon-Nourrit et Cie, 1906.

Laclos, Choderlos de. *De l'éducation des femmes*, Paris: Vanier, 1903.

Lacour, Léopold. *Trois femmes de la Révolution: Olympe de Gouges, Théroigne de Méricourt, Rose Lacombe*, Paris: Plon-Nourrit et Cie, 1900.

Lafont, Anne. A la recherche d'une iconographie "incroyable" et "merveilleuse": les panneaux décoratifs sous le Directoire, *Annales historiques de la Révolution française*, 2005(340), 5-21.

Lajer-Burcharth, Ewa. David's Sabine Women: Body, Gender and Republican Culture under the Directory, *Art History*, 1991(14) 397-430.

Lalo, Charles. Les fonctions sociales de la mode," *Revue Philosophique de la France et de l'Étranger*, 1920(89), 385-401.

Lamb, Jonathan. Imagination, Conjecture, and Disorder, *Eighteenth-Century Studies*, 2011(45), 53-69.

Landes, Joan. *Visualizing the Nation*, Ithaca, N. Y.: Cornell University Press, 2001.

Langlade, Émile. *La marchande de modes de Marie-Antoinette: Rose Bertin*, Paris: A. Michel, 1911.

Langlois, Claude. Religion, culte et opinion religieuse: la politique des révolutionnaires, *Revue française de sociologie*, 1989(30), 471-496.

Lasserre, Adrien. *La participation collective des femmes àla révolution française: les antécédents du féminisme*, Paris: F. Alcan, 1906.

Laver, James. *Histoire de la mode et du costume*, London: Thames&

Hudson, 2003.

Laver, James. *Modesty in Dress: An Inquiry into the Fundamentals of Fashion*, Boston: Houghton Mifflin, 1969.

Laver, James. *Taste and Fashion*, London: Toronto G. G. Harrap and Co. 1938.

Lefort, Claude. Penser la révolution dans la Révolution française, *Annales. Économies, Sociétés, Civilisations*, 1980(35), 334-352.

Leith, James A. *The Idea of Art as Propaganda in France*, 1750—1799: *A Study in the History of Ideas*, Toronto: University of Toronto Press, 1965.

Leoni, Anne & Roger Ripoll. Quelques aspects de la Révolution française dans le roman-feuilleton. *Revue d'Histoire littéraire de la France*, 1975 (75), 389-414.

Letzter, Jacqueline. *Women Writing Opera: Creativity and Controversy in the Age of the French Revolution*, Berkeley: University of California Press, 2001.

Levey, Michael. *Rococo to Revolution: Major Trends in Eighteenth-Century Painting*, London: Thames and Hudson, 1966.

Levy, Darline Gay. *Women in Revolutionary Paris*, 1789—1795, Urbana: University of Illinois Press, 1981.

Lieske, Pam. Procreation, Impotency, and the Nature of Desire in Enlightenment Fiction and Culture, *Eighteenth-Century Studies*, 2003(36), 275-282.

Lucy, Moore. *Liberty: The Lives and Times of Six Women in Revolutionary France*. London: Harper Press, 2006.

Lynn, Stewart Mary. The Politics and Spectacle of Fashion and Femininity, *Journal of Women's History*, 2005(17), 192-200.

Manent, Pierre. *The Empire of Fashion: Dressing Modern Democracy*, Princeton, N. J. : Princeton University Press, 1994.

Marand-Fouquet, Catherine. *La femme au temps de la Révolution*. Paris: Éditions Stock, 1989.

Marc de Villiers (Baron). *Histoire des clubs de femmes et des légions d'amazones*, 1793—1848—1871, Paris: Plon-Mourrit, 1910.

Marilyn, Yalom. *The French Revolution in women's memory*, New York: Basic

Books, 1993.

Martin Nadeau. Des héroïnes vertueuses: autour des représentations de la pièce Pamela (1793—1797), *Annales historiques de la Révolution française*, 2006 (344), 93-105.

Martin, Jean-Clément. *La révolte brisée: femmes dans la Révolution française et l'Empire*, Paris: A. Colin, 2008.

Martin, Morag. *Selling Beauty, Cosmetics, Commerce, and French Society*, 1750 - 1830, Baltimore: The Johns Hopkins University Press, 2009.

Maza, Sarah. Le Tribunal de la nation: les mémoires judiciaires et l'opinion publique à la fin de l'Ancien Régime, *Annales. Histoire, Sciences Sociales*, 1987(42), 73-90.

Maza, Sarah. Luxury, Morality, and Social Change: Why There Was No Middle - Class Consciousness in Prerevolutionary France, *The Journal of Modern History*, 1997(69), 199-229.

Maza, Sarah. Politics, Culture, and the Origins of the French Revolution, *The Journal of Modern History*, 1989(61), 704-723.

Maza, Sarah. The Rose-Girl of Salency: Representations of Virtue in Prerevolutionary France, *Eighteenth-Century Studies*, 1989(22), 395-412.

Maza, Sarah. Women, the Bourgeoisie, and the Public Sphere: Response to Daniel Gordon and David Bell, *French Historical Studies*, 1992(17), 935-950.

Maza, Sarah. *Private Lives and Public Affairs: the Causes Célèbres of Prerevolutionary France*, Berkeley: University of California Press, 1993.

Maza, Sarah. *The Myth of the French Bourgeoisie: An Essay on the Social Imaginary*, 1750—1850, Cambridge, Mass.: Harvard University Press, 2005.

McClellan, Michael E. Counterrevolution in Concert: Music and Political Dissent in Revolutionary France, *The Musical Quarterly*, 1996(80), 31-57.

McMullen, Jennifer Ellen. *Transformations of Self: Post-Revolutionary Memoirs of Ancien Regime Noblewomen*. Atlanta: Emory University, 1996.

Medick, Hans & Diane Meur. Une culture de la considération: les vêtements et leur couleur à Laichingen entre 1750 et 1820, *Annales. Histoire, Sciences*

Sociales, 1995(50), 753-774.

Melzer, Sara E. & Leslie W. Rabine, *Rebel Daughters: Women and the French Revolution*, New York: Oxford University Press, 1992.

Merrick, Jeffrey. A Sexual Politics and Public Order in Late Eighteenth-Century France: The Mémoires Secrets and the Correspondance Secrète, *Journal of the History of Sexuality*, 1990(1), 68-84.

Miller, Joshua I. Fashion and Democratic Relationships, *Polity*, 2005(37), 3-23.

Milliot, Vincent. *Les cris de paris ou le peuple travesti: les représentations des petits métiers*, Paris: Publications de la Sorbonne, 1995.

Modes et Révolutions 1780—1804. Paris: Musée de la mode et du costume, 1989.

Moore, Olin H. The Sources of Victor Hugo's Quatrevingt-Treize, *PMLA*, 1924 (39), 368-405.

Morin-Rotureau, Évelyne. 1789—1799 *combats de femmes les révolutionnaires excluent les citoyennes*, Paris: Autrement, 2003.

Mousnier, Roland. Les concepts d' "ordres" d' "états", de "fidélité" et de "monarchie absolue" en France de la fin du XVe siècle à la fin du XVIIIe, *Revue Historique*, 1972(247), 289-312.

Moussinac, Léon. *Le Bon Genre.: Réimpression du Recueil de* 1827 *comprenant les* "*Observation*" *et les* 115 *gravures*, Paris: Albert Lévy, 1931.

Moyer, Johanna B. *Sumptuary law in ancien regime France*, 1229—1806, Ph. D., diss., Syracuse: Syracuse University, 1996.

Muchembled, Robert, *L'invention de l'homme moderne: culture et sensibilités en France du XVe au XVIIIe siècle*, Paris: Hachette Littérature, 1994.

Nadeau, Martin. La politique culturelle de l'an II: les infortunes de la propagande révolutionnaire au théâtre, *Annales historiques de la Révolution française*, 2006(344), 93-105.

Nicole, Lock Jennifer. *Novel Possibilities: Constructing Women's Futures Through Fiction*, 1697—1799, Ph. D., diss., Irvine: University of California Irvine, 2010.

Nouvion, Pierre de. *Un ministre des modes sous Louis XVI: mademoiselle Bertin, marchande de modes de la reine*, 1747—1813, Paris: H. Leclerc, 1941.

Octave, Uzanne. *Parisiennes de ce temps en leurs divers milieux*, *états et conditions*: *études pour servir à l'histoire des femmes*, *de la société*, *des moeurs contemporaines et de l'égoïsme masculin*, Paris: Mercure de France, 1910.

Offen, Karen. The New Sexual Politics of French Revolutionary Historiography, *French Historical Studies*, 1990(16), 909-922.

Outram, Dorinda. Revolution, Domesticity and Feminism Women in France after 1789, *The Historical Journal*, 1989(32), 971-979.

Outram, Dorinda. *The Body and the French Revolution Sex*, *Class and Political Culture*, New Haven: Yale University Press, 1989.

Ozouf, Mona. Space and Time in the Festivals of the French Revolution, *Comparative Studies in Society and History*, 1975(17), 372-384.

Ozouf, Mona. *Récits d'une patrie littéraire*: *la France*, *les femmes*, *la démocratie*, Paris: Fayard, 2006.

Paridaens, Albert Joseph. *Journal historique 1787—1794*, 2 tomes, Mons: Deguesne-Masqullier, 1903.

Pekacz, Jolanta T. *Conservative Tradition in Pre-Revolutionary France Parisian Salon*, New York: P. Lang, 1999.

Pellegrin, Nicole & Sabine Juratic. Femmes, villes et travail en France dans la deuxième moitié du XVIIIe siècle, *Histoire*, *économie et société*, 1994(13), 477-500.

Pellegrin, Nicole. le vêtement comme fait social, *Histoire sociale*, *histoire globale*, actes du colloque des 27-28 janvier 1989, éd. Ch. Paris: Maison des sciences de l'homme, 81-94.

Perez, Liliane. Invention, politique et société en France dans la deuxième moitié du XVIIIe siècle, *Revue d'histoire moderne et contemporaine*, 1997, 37(1), pp. 36-63.

Perrot, Jean-Claude. Rapports sociaux et villes au XVIIIe siècle," *Annales. Histoire*, *Sciences Sociales*, 1968(23), 241-267.

Perrot, Philippe. *Le luxe*: *une richesse entre faste et confort XVIIIe-XIXe siècle*, Paris: Seuil, 1995.

Perrot, Philippe. *Les dessus et les dessous de la bourgeoisie : une histoire du vêtement au XIXe siècle*, Paris: Fayard, 1981.

Phillips, Roderick. Women and Family Breakdown in Eighteenth-Century France: Rouen 1780—1800, *Social History*, 1976(1), 197-218.

Phillips, Roderick. Women's Emancipation, the Family and Social Change in Eighteenth-Century France, *Journal of Social History*, 1979(12), 553-567.

Piroux, Lorraine. Between a Hieroglyph and a Spatula: Authorlessness in Eighteenth, *Eighteenth-Century Studies*, 2011(44), 345-359.

Plumptre, Anne. *Women's travel writings in revolutionary France: A narrative of a three years' residence in France, principally in the southern departments from the year* 1802 *to* 1805, London: Pickering and Chatto, 2008.

Poni, Carlo Darla Gervais & Pierre Gervais. Mode et innovation: les stratégies des marchands en soie de Lyon au XVIIIᵉ siècle, *Revue d'histoire moderne et contemporaine* (1954—), 1998(45), 589-625.

Poublan, Danièle. Peintres & modèles (France, XIXᵉ siècle), *CLIO: Histoire, femmes et sociétés*, 2006(11), 101-124. mis en ligne le 01 décembre 2008, https://clio. revues. org/4102.

Powell, Manushag N. See No Evil, Hear No Evil, Speak No Evil: Spectation and the Eighteenth-Century Public Sphere, *Eighteenth-Century Studies*, 2012 (45), 255-276.

Proal, L. L'Anarchisme au XVIIIe siècle, *Revue Philosophique de la France et de l'Étranger*, 1916(82), 135-160.

Quinlan, Sean M. Physical and Moral Regeneration after the Terror: Medical Culture, Sensibility and Family Politics in France, 1794—1804, *Social History*, 2004(29), 139-164.

Ranciere, Jacques. *Dissensus: on politice and aesthetics*, London; New York: Continuum, 2010.

Ravel, Jeffrey S. La Reine Boit! Print, Performance, and Theater Publics in France, 1724—1725, *Eighteenth-Century Studies*, 1996(29), 391-411.

Rendall, Jane. The Enlightenment and the Nature of Women, *The Origins of Modern Feminism: Women in Britain, France and the United States* 1780—

1860, Jane Rendall ed. , London: McMillan, 1985, 7-32.

Ribeiro, Aileen. Some Evidence of the Influence of the Dress of the Seventeenth Century on Costume in Eighteenth-Century Female Portraiture, *The Burlington Magazine*, 1977(119), 834-840.

Ribeiro, Aileen. *Dress and Morality*, London: B. T. Batsford, 1986.

Ribeiro, Aileen. *Dress in Eighteenth-Century Europe*, 1715—1789. London: B. T. Batsford, 1984.

Ribeiro, Aileen. *Fashion in the French Revolution*, New York: Holmes & Meier, 1988.

Roche, Daniel. L'économie des garde-robes à Paris, de Louis XIV à Louis XVI, *Communications*, 1987(46), 93-117.

Roche, Daniel, *Le siècle des lumières en province*: *académies et académiciens provinciaux* 1680—1789, 2 tomes, Paris: Éditions de l'École des Hautes Études en Sciences Sociales, 1989.

Roessler, Edith Shirley Anne Elson. *Out of the shadows*: *Women and politics in the French Revolution*, 1789—1795. Ph. D. , Edmonton, University of Alberta, 1991.

Roessler, Shirley Elson. *Out of the Shadows Women and Politics in the French Revolution*, 1789—1795, New York: Peter Lang, 1996.

Rogers, Rebecca. *From the Salon to the Schoolroom*: *Educating Bourgeois Girls in Nineteenth-Century France*, Rennes: Presses universitaires de Rennes, 2007.

Rolf, Reichardt. *Visualizing the Revolution*: *Politics and the Pictorial Arts in Late Eighteenth-Century France*, London: Reaktion, 2008.

Rosa, Annette. *Citoyennes*: *les femmes et la Révolution française*, Paris: Messidor, 1988.

Rose, R. B. *Tribunes & Amazons*: *Men and Women of Revolutionary France*, 1789—1871, Sydney: Macleay Press, 1998.

Rosenberg, Daniel. *Louis-Sébastien Mercier's New Words*, *Eighteenth-Century Studies*, 2003(36), 367-386.

Rothkrug, H. *The Opposition to Louis XIV*: *the Political and Social Origins of the French Enlightenment*, Princeton, N. J. : Princeton University

Press, 1965.

Roudinesco, Elisabeth. *Théroigne de méricourt : une femme mélancolique sous la révolution*, Paris: Albin Michel, 2010.

Saint-Saëns, Ann Mac Call. Du bas-bleuisme et des correspondantes: Marie d'Agoult, Hortense Allart et la surenchère épistolaire, *Romantisme*, 1995 (25), 77-88.

Samuel, Pierre. Les Amazones: mythes, réalités, images, *Les Cahiers du GRIF*, 1976(14), 10-17.

Satrapi, Marjane. Disembodiment as a Masquerade: Fashion Journalists and Other Realist Observers in Directory Paris, *Esprit Createur*, 1997(37), 44-54.

Scott, Joan W. Feminism's History, *Journal of Women's History*, 2004(16), 10-29.

Shovlin, John. The Cultural Politics of Luxury in Eighteenth-Century France, *French Historical Studies*, 2000(23), 577-606.

Scott, Joan Wallach. *Only Paradoxes to Offer French Feminists and the Rights of Man*, Cambridge, Mass. : Harvard University Press, 2009.

Scott, Joan Wallach. *Parité: Sexual Equality and the Crisis of French Universalism*, Chicago: The University of Chicago Press, 2005.

Sekora, John. *Luxury: The Concept in Western Thought, Eden to Smollett*, Baltimore: Johns Hopkins University Press, 1977.

Sewell, William H. The Empire of Fashion and the Rise of Capitalism in Eighteenth-Century France, *Past & Present*, 2010(206), 81-120.

Sgard, Jean. *Dictionnaire des journalistes*, 1600—1789, Paris: Universitas, 1991.

Shevelow, Kathryn. *Women and print culture : the construction of feminity in the early periodical*, London: Routledge, 1989.

Shilliam, Nicola J. "Cocardes Nationales and Bonnets Rouges": Symbolic Headdresses of the French Revolution, *Journal of the Museum of Fine Arts Boston*, 1993(5), 104-131.

Shovlin, John. *The Political Economy of Virtue: Luxury, Patriotism, and the Origins of the French Revolution*, Ithaca, N. Y. : Cornell University Press, 2007.

Simond, Charles &. Paul Adolphe Van Cleemputte. *Paris de* 1800 *à* 1900. *Les centennales parisiennes panorama de la vie de Paris à travers le XIX⁰ siècle*, Paris: Plon-Nourrit et Cie, 1903.

Simond, Charles. *Paris de* 1800 *à* 1900: *d'après les estampes et les mémoires du temps*, 3 tomes, Paris: E. Plon, Nourrit et Cie, 1900-1901.

Smith, Jay N. *Nobility, Reimagined: the Patriotic Nation in Eighteenth-Century*. Ithaca, N. Y. : Cornell University Press, 2005.

Soboul, Albert. Un Episode des luttes populaires en septembre 1793: la guerre des cocardes, *Annales historiques de la Révolution française*, 1961(33), 52-55.

Starobinski, Jean. *L'invention de la liberte*, 1700—1789, Geneve: Albert Skira, 1964.

Steele, Valerie. *Encyclopedia of Clothing and Fashion*, Farmington Hills, M. I. : Charles Scribner's Sons, 2005.

Steinberg, Sylvie. *La confusion des sexes: le travestissement de la Renaissance à la Révolution*, Paris: Fayard, 2000.

Steinbrügge, Lieselotte. *The moral sex woman's nature in the French Enlightenment*, New York: Oxford University Press, 1995.

Stenger, Gilbert, *La société française pendant le consulat*, 6 tomes, Paris: Aux Bureaux de la Revue, 1903-1908.

Sullerot, Evelyne. *Histoire de la presse féminie*, Paris: Colin, 1963.

Susan Stoughton Nelson. *Amazons, intellectuals, and the good wife: Quarrels over women in early eighteenth-century Franc*e, Ph. D. , diss. , Madison: University of Wisconsin-Madison, 2010.

Susan, Hiner. *Accessories to modernity fashion and the feminine in nineteenth-century France*, Philadelphia: University of Pennsylvania Press, 2010.

Taïeb, Patrick. Dix scènes d'opéra-comique sous la Révolution. Quelques éléments pour une histoire culturelle du théâtre lyrique français, *Histoire, économie et société*, 2003(22), 239-260.

Thiéry, Jules-Constant. *Histoire des demoiselles Fernig: défense nationale du Nord de la France*(1792—1793), Paris: C. Tallandier, 1901.

Tieder, Irène. Le calendrier républicain et ses incidences littéraires, *Annales* historiques de la Révolution française, 1993(292), 259-267.

Tomaselli, Sylvana. Moral Philosophy and Population Questions in Eighteenth Century Europe, *Population and Resources in Western Intellectual Traditions*, edited by Michael S. Teitelbaum and Jay M. Winter. Cambridge; New York: Cambridge University Press, 1989, pp. 7-29.

Tomaselli, Sylvana. The Enlightenment Debate on Women, *History Workshop*, 1985(20), 101-124.

Turnau, Irena. Varsovie au XVIIIᵉ siècle: les costumes bourgeois, *Annales. Histoire, Sciences Sociales*, 1960(15), 1127-1137.

Turner, David M. *Fashioning Adultery: Gender, Sex and Civility in England*, 1660—1740, Cambridge, UK; New York: Cambridge University Press: 2002.

Valverde, Mariana. The Love of Finery: Fashion and the Fallen Woman in Nineteenth-Century Social Discourse, *Victorian Studies*, 1989(32), 168-188.

Vanier, Henriette & Guy Palmade. *La mode et ses métiers, frivolités et luttes des classes* 1830—1870, Paris: A. Colin, 1960.

Varela, Julia. *Naissance de la femme bourgeoise: le déséquilibre changeant du pouvoir*, Paris: L'Harmattan, 2000.

Velut, Christine, "L'opinion changée quant aux fleurs"? Les historiens et la culture des fleurs, *Revue d'histoire moderne et contemporaine* (1954—), 2000(47), 815-827.

Verjus, Anne. *Les femmes, épouses et mères de citoyens de la famille comme catégorie politique dans la construction de la citoyenneté* (1789—1848), Thèse de doctorat: Sci. polit. : Paris: EHESS, 1997.

Vila, Anne C. Sex and Sensibility: Pierre Roussel's Système physique et moral de la femme, *Representations*, 1995(52), 76-93.

Vovelle, Michel. *La Mentalité Révolutionnaire Société et Mentalités sous la Révolution Française*, Paris: Éditions sociales, 1985.

Waquet, Françoise. La mode au XVIIᵉ siècle: de la folie à l'usage, *Cahiers de l'Association internationale des études francaises*, 1986 (38), 91-104.

Wrigley, Richard. *The Politics of Appearances: Representations of Dress in Revolutionary France*, Oxford; New York: Berg, 2002.

Yalom, Marilyn. *Le temps des orages*: *aristocrats*, *nourgeoises*, *et paysannes racontent*, Paris: Maren Sell, 1989.

Zeller, Olivier. Un mode d'habiter a Lyon au XVIIIe siècle la pratique de la location principale, *Revue d'histoire moderne et contemporaine*, 1988(35), 36-60.

JOURNAL

DES DAMES,

POUR LE MOIS DE JANVIER 1759.

TOME I.

PREMIERE PARTIE.

A LA HAYE,

M. DCC. LIX.

1759 年《仕女报》封面

(Quatrième Année, N°. 1er).

MAGASIN DES MODES NOUVELLES, FRANÇAISES ET ANGLAISES,

Décrites d'une manière claire & précise, & représentées par des Planches en Taille-douce, enluminées.

Ouvrage qui donne une connoissance exacte & prompte, tant des Habillemens & Parures nouvelles des Personnes de l'un & de l'autre Sexe, que des nouveaux Meubles de toute espèce, des nouvelles Décorations, Embellissemens d'Appartemens, nouvelles formes de Voitures, Bijoux, Ouvrages d'Orfévrerie, & généralement de tout ce que la Mode offre de singulier, d'agréable, ou d'intéressant dans tous les genres.

Premier Cahier. 1er *Décembre* 1788.

L'ennui naquit un jour de l'uniformité.

CE qu'il paroît que les jeunes gens s'appliquent à varier aujourd'hui, ce sont les doublures de leurs habits. Autant qu'ils le peuvent, ils nuancent ces doublures avec l'étoffe. La doublure qu'ils semblent avoir préférée, c'est celle de *drap gris* sous toute espèce d'habits. Beaucoup admettent le petit velours moucheté, ou le *drap moucheté;* mais le plus grand nombre emploient le drap gris uni.

La doublure de l'habit que porte le jeune homme représenté dans la PLANCHE Ire, est conséquemment de drap gris. L'habit est de drap fond carmélite à raies rouges fondues. Les boutons sont d'acier poli uni, bombés.

Beaucoup de jeunes gens ont abandonné, cet hiver, les habits de drap, pour en prendre de velours de coton. Sous ceux-ci même, ils mettent le drap gris pour doublure, si la couleur du velours qu'ils portent ne se refuse pas trop à

A

1788 年 12 月《时尚杂志》首页

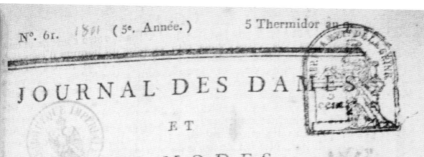

Nº. 61. 1801 (5ᵉ. Année.)   5 Thermidor an 9

JOURNAL DES DAMES

ET

DES MODES.

Ce Journal paroît avec une gravure coloriée, tous les cinq jours ; le 15 avec 2 gravures. (9 fr. p. trois mois, 18 fr. p. six, et 36 fr. p. un an.)

DE L'HONNEUR.

CE mot est un de ceux que l'on emploie le plus communément dans la conversation, et celui peut-être que l'on puisse le moins employer pour exprimer les actions de ceux qui l'ont sans cesse dans la bouche, qui le prodiguent dans leurs complimens, et qui le prostituent, à force de s'en servir hors de propos. Approchez un de ces hommes perdus d'*honneur*, qui semblent se faire un jeu et même un *honneur* de ruiner tous ceux qui leur accordent aveuglément leur confiance; il vous dira qu'il est charmé d'avoir l'*honneur* de vous voir, qu'il se proposoit d'avoir l'*honneur* d'aller vous saluer, parce qu'il vouloit avoir l'*honneur* de vous parler d'une affaire un peu désagréable, dans laquelle il espère que vous lui ferez l'*honneur* de le servir. Parlez à cet homme d'*honneur* de la banqueroute frauduleuse qu'il vient de faire, il vous répondra que le procès qu'on lui a intenté lui a fait *honneur*, et qu'après bien des peines et des soucis il en est enfin venu à son *honneur*; et on sait, en pareil cas, comment un fripon en vient à son *honneur !*

Dans ce siècle, comme les mots ne comportent plus l'idée qui leur a donné naissance, l'*honneur*, qui anciennement signifioit une vertu, n'est plus aujourd'hui qu'un mot de mode, qui n'exprime vulgairement qu'un préjugé. Voulez-vous passer pour un homme d'*honneur ?* Rien n'est plus facile ; cependant vous n'avez aucune bonne-foi dans les affaires, vous ne vous appliquez qu'à faire des dupes ; vous êtes mauvais époux, mauvais père; vous ne recherchez les femmes que pour les séduire, vous ne les adulez que pour les calomnier ensuite : mais aussi, au moindre mot piquant que l'on a l'audace de vous adresser sur votre conduite, vous vous piquez d'*honneur*, vous êtes toujours prêt à vous battre, vous parlez de votre lame, de vos pistolets, vous

1801 年《仕女和时尚报》

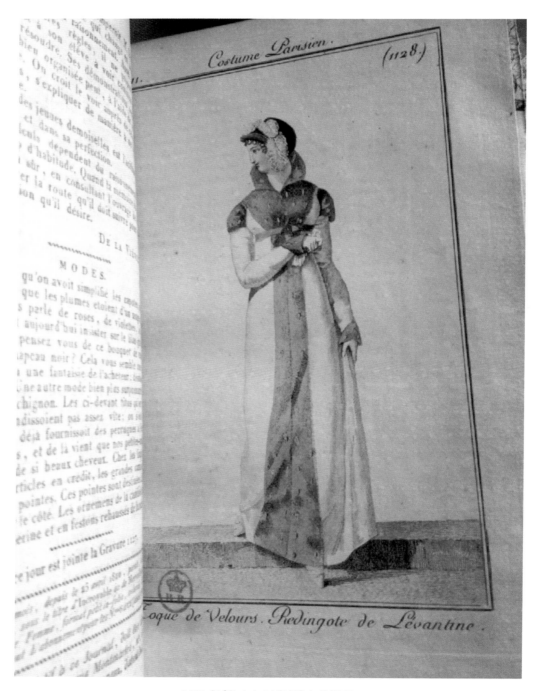

1811 年《仕女与时尚报》中的插图

(Mg. f.ᵈᵉ 78, 9,10,16,17,13,14 ᵈ Pt. 1-9.)

LA MODE,

Revue des Modes. -- Galerie de Moeurs. --

ALBUM DES SALONS.

TOME PREMIER. — 1ʳᵉ LIVRAISON.

PARIS,

RUE DU HELDER, N.° 25, CHAUSSÉE D'ANTIN.

1829.

1829 年第 1 期《时尚杂志》封面

索引

"绝美女人"(Merveilleuse) 150—179,
201,206,211

"玫瑰少女"(Rosière) 136—139

"项链事件"(L'affaire du Collier) 54,
61,63,68

《爱弥儿》71,74,131,210

《巴黎图景》(Tableau de Paris) 5,58
—59,113

《秘密回忆录》(Mémoires secrets)
40,43

《民法典》204

《女精灵》(La Sylphide) 17,183—
187,205

《时尚与品位杂志》(Journal de la Mode
et du Goût) 17,81,83—84,88,129
—132

《新爱洛漪丝》71,131—132,205

《信使报》(Mercure) 38,103

艾琳·里贝罗(Aileen Ribeiro) 3,
131,159,202

安郭夫人(Madame Angot) 173

奥兰普·德古热(Olympe de Gouges)
88,95,107,118,144—145

贝尔丹(Rose Bertin) 38,41,50,68—
69,158

布雷东(Restif de La Bretonne) 18,74
—75,139

丹尼尔·罗什(Daniel Roche) 6,37,
56,78,108,189,210

丹尼斯·戴维森(Denise Davidson)
12,206,208

德塞尔(Nicolas Toussaint Des Essarts)
33,39

杜白丽夫人(Madame du Barry) 41,
43,49,60,62,66,104,140,169

杜勒伊宫(Tuileries) 1,56,73,126,
167,183,190

杜歇老妈(la Mere Duchêne) 99—101

多米尼克·戈迪诺(Dominique Godineau)
11—12,90,112

凡尔赛(Versailles) 1,20,41,45,48—
49,55—56,58—59,62,69,83,104,

113—116,133,185

菲利普·佩罗(Philippe Perrot) 24,56,59,180,188,190,195

费内隆(Fénelon) 20,28,31—32,40

弗瑞德·戴维斯(Fred Davis) 3,193

伏尔泰(Voltaire) 20,30,124,133

赫卡米夫人(Madame Récamier) 154,157,174,206

霍尔巴赫(Paul-Henri Thiry, baron d'Holbach) 28,33

加利亚尼(Renato Galliani) 31

禁奢令(Les Lois somptuaires) 22—24, 26, 31, 34, 45, 59, 177, 181, 183,210

勒布菡(Louise Élisabeth Vigée Le Brun) 16,47,68,156,168,172,174—175

理查德·瑞格利(Richard Wrigley) 8—9,79

林·亨特(Lynn Hunt) 6—7,9,11,61,79

路易十六(Louis XVI) 3—4,41,43,49,55,57,60—63,66,69,81,99,102,109,113,133,185

路易十四(Louis XIV) 24,32,47—49,59,61,64,71,104,133

路易十五(Louis XV) 40—41,43,49,56—57,60—62,131,133,146,185

路易丝·菲西(louise Fusil) 5,16,126,174

罗伯特·达恩顿(Robert Darnton) 66

罗兰·巴特(Roland Barthes) 3,9,181

罗兰夫人(Manon Jeanne Phlipon) 73—74,95,107,124,146

玛丽·安托瓦内特(Marie Antoinette) 16,21,38,41,48—49,55,60—66,68—70,102,104,106,121,140,156—157,168,179,185,210

曼德维尔(Bernard Mandeville) 29—30,33

梅里古(Théroigne de Méricourt) 86—88,90,107

梅隆(Jean François Melon) 20,30—31

梅西耶(Sébastien Mercier) 5,18,50,56,58—59,74—75,97,113,159,167,169—172

孟德斯鸠(Charles de Secondat, Baron de Montesquieu) 28—30,32—33,40,124,133

尼古拉·佩尔格兰(Nicole Pellegrin) 4,105

女性共和革命者俱乐部(Le Club des Citoyennes Républicaines Révolutionnaires) 95, 110, 112, 116,118—120,124—125

蓬巴杜夫人(Madame de Pompadour) 40,43,49,60,62,104,185

琼斯·珍妮弗(Jones Jennifer) 38

让—雅克·卢梭(Jean-Jacques Rousseau) 11,20,32—33,71—75,124,131—

132,139,205,210

三色徽章(Cocardes Nationales) 7,9,
　12,78,81,88,90,112,129,142

三色徽之争 (la guerre des Cocardes)
　13,79,109—106,119—125,211

圣朗贝(Saint-Lambert) 27,31

市场妇女(Les Femmes de la Halle)
　79,99,110—122,125

索布尔(Albert Soboul) 111—112

塔里安夫人(Madame Tallien) 153—
　156,162,164—165,167,169,173,
　177,206

薇薇安·克鲁德(Vivian Gruder) 60,
　63,67

肖梅特(Pierre-Gaspard Chaumette)
　104,107

小红帽(Bonnets Rouges) 4,6—8,12,
　79,98,104,107—108,111,121,
　126,211

新古典主义(Neoclassicism) 15,133,
　167—168,192—193,201

雅各宾派 (Jacobins) 106,111—112,
　119,121,123,159,162,179

雅克·路易斯·大卫 (Jacques Louis
　David) 6—7,133,137,159,168

亚马逊女战士 (Amazones) 78,81,
　88,91—95,98,100,106,118,128,
　147,156

约翰·肖福林(John Shovlin) 4—5

詹姆斯·拉维(James Laver) 2—3,
　70,131,158,161

致
谢

　　早在读研期间,我就很喜欢服饰方面的研究,然而辗转这么多年才在博士论文的基础上出版了自己的第一本书。欣喜之余未免感叹良多。让我始终没有放弃的缘由,既出于自己对法国历史文化的挚爱,也因为众多师长的支持和鼓励。我最为感谢的人是我的导师高毅教授。十八年前,在文史楼那个光线阴暗的教室里,高老师给我们讲授世界近代史的情景还历历在目。从那时起,对法国史的热爱已在我心中埋下了种子。当我决心读博的时候,高老师并不嫌弃我史学基础薄弱,而是给予了莫大的鼓励和支持。从寻找合适的选题到出国搜集资料、从撰写提纲到最后成文,自始至终,高老师一直竭尽全力帮助我。虽说大恩不言谢,但借此机会,我还是想真诚地说一声谢谢您!

　　此外,我还想感谢法国里尔第三大学的荣休教授 Jean-Pierre Jessenne、巴黎政治大学历史系的 Stéphane Van Damme 教授、巴黎东方语言学院的王论跃教授,以及浙江大学的吕一民教授、沈坚教授。Jessenne 教授,不仅逐字逐句修改我文章,还与自己的博士生联系,将后者尚未出版的博士论文中相关章节寄给我参阅。Van Damme 教授多次修改我的写作计划,并为我收集材料提供了很多便利条件。吕一民教授不仅在学术上给予我指点,还费心为我寻找工作的机会。沈坚教授的鼎力相助解决了此书出版的资金问题。王论跃教授则从我念硕士开始,一直在学术上和生活上给予我无尽的支持。没有他们的帮助,很难想象这本小书能有面世的一天。

　　撰写过程中,来自同门师兄师姐的鼓励和相助也让我心怀感激。无论是顾杭师兄、黄艳红师兄、张弛师兄还是庞冠群师姐、倪玉珍师姐,都曾在我的求学过程中给予指点和鼓励。困惑或低迷的时候,来自他们的一个电话,能让我重拾信心和勇气。尤其感谢张弛师兄,他不仅将自己辛苦收集的资料与我分享、帮我寻找需要的材料,还对我的论文提出了大量修改意见。

此外,还要感谢浙江大学出版社陈佩钰编辑的辛勤工作、浙江大学人文学部及浙江大学"董氏文史哲研究奖励基金"给予的出版资助。

最后,衷心感谢我的父母、我的先生及我的孩子,感谢你们的支持和付出。